谨以此书献给

David Feige 和 Alex Ojeda

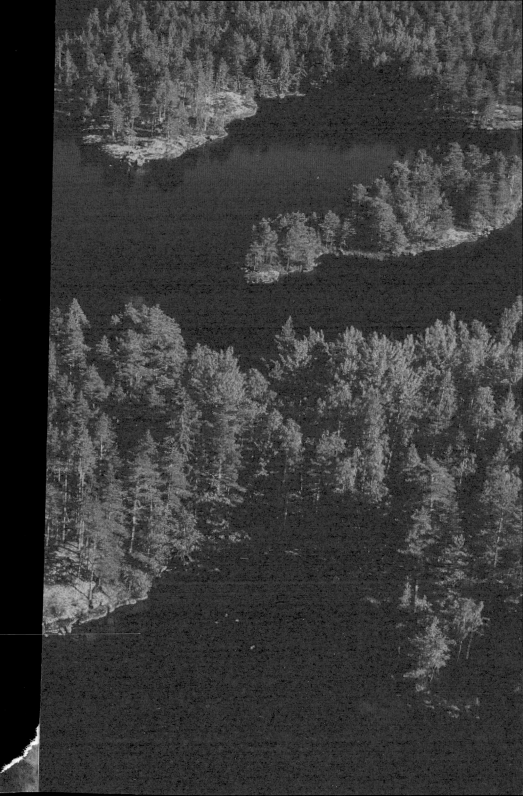

Nature and Space:
Aalto and Le Corbusier

自然 与 空间
阿尔托 勒·柯布西耶

〔英〕萨拉·梅宁
（Sarah Menin）
弗洛拉·塞缪尔
（Flora Samuel）著

李辉 译

中国建筑工业出版社

Nature and Space:
Aalto and Le Corbusier

自然与空间

Nature and Space

本书是专门针对现代建筑中两位大人物的比较研究，他们是阿尔瓦·阿尔托与勒·柯布西耶。历史、个性及才智等因素影响了他们对自然的态度以及创造性的工作取向。依据这些评价，本研究提出对于现代主义核心多样性的新理解。通过分析两位建筑师自身的性格特征和形而上的哲学观念，可以更好地理解他们所设想的现代都市生活。纵览他们最广为人知的作品，作者揭示了他们将自然构筑于其建筑核心的意图。此外，借用唐纳德·温尼科特（Donald Winnicott）的心理学理论，本书提供了一个独特的视角，以探察二人的生活与创造。尽管二人对自然的态度有许多相似性，但作者坚持认为两位建筑师从实质上存在根本不同的理念。

萨拉·梅宁（Sarah Menin）主攻建筑学专业，在攻读博士学位期间，针对阿尔托和西贝柳丝生活与创造性工作的相似之处进行了研究。她以此为题发表论文，并且探讨了阿尔托、勒·柯布西耶、场所构建、心理和创造力模式等内容。1999 年她获得利弗休姆特别研究奖学金（Leverhulme Special Research Fellowship），研究阿尔托和勒·柯布西耶对自然的兴趣及其创造力模式的相似之处，这成为本书写作的一个缘起。她曾是英国纽卡斯尔大学建筑、规划与景观学院的教师，讲授建筑历史与理论及设计课程，同时也持续从事建筑设计实践。

弗洛拉·塞缪尔（Flora Samuel）在剑桥大学和普林斯顿大学接受教育并获得资助，其后从事建筑设计实践工作，数年之后开始撰写有关勒·柯布西耶在圣波美项目的博士论文——勒·柯布西耶曾希望在那里创建一个"光辉"社区，与自然和谐相处。作为建筑史与建筑设计教授，她在数本学术杂志上发表与勒·柯布西耶、精神疗法、文学、神学及哲学相关的论文。她曾在英国卡迪夫大学威尔士建筑学院从事研究工作，并成为巴斯大学建筑学院的硕士研究生导师。自2009年起的4年中，她出任谢菲尔德大学建筑学院院长。她目前任教于英国雷丁大学，并于2018年成为首任英国皇家建筑师学会（RIBA）的研究副会长。

中文版序

Preface for Chinese Version

很高兴见到萨拉与我合著的书被翻译出来，也非常感激李辉博士以辛苦的工作将其带给中国读者，赋予它新的生命，这也让我倍感荣幸。二十多年前，我们将萨拉关于阿尔瓦·阿尔托以及我关于勒·柯布西耶研究的两篇博士论文融为一体，形成了这本书。我无比感激萨拉引领我走进温尼科特与科布的著作，时至今日，对我研究良好居住环境的重要性而言，其中的一系列观点仍然发挥了重要作用。

记得我们这本书的发行仪式是在位于伦敦的芬兰大使馆举办的。作为萨拉的鼎力支持者，柯林·圣约翰·威尔逊莅临现场——萨拉与斯蒂文·凯特曾针对柯林·圣约翰·威尔逊所设计的大英图书馆，合写过一本具有权威性的专著。《自然与空间》的发行，对于我们二人都是极其重要的事件——这毕竟是我们的处女作，并且在整个写作过程中我们始终携手前行，甚至在身为人母的角色上也彼此支持。在那个时候，并没有这么多的女性或是母亲撰写建筑方面的书籍，更不必说针对如此知名的建筑师——即便当下也依然如此。讨论阿尔托与勒·柯布西耶的私人生活，并试图将其与他们的建筑事业联系起来，确实极为标新立异。而拥有一个如此充满希望的开端，萨拉却无法继续从事研究工作，对此我深感遗憾。

从多个角度而言，这本书都旨在认识自然在我们生活中所扮演的关键角色；我们从诸多方面与天地产生千丝万缕的联系，自己却并未觉察。我始终将其视作一本环境方面的书，其中已蕴含了可持续性的理念。在我们完成这本书之后，建筑议题中对于精神健康的关注与日俱增，在英国更是如此。回首过往我甚感欣慰，我们曾面对这两位建筑巨擘在私人生活中所经历的一些困扰，并认识到某些早期经历对于他们创造建筑的重要意义——那些建筑促使人们更容易理解这个艰辛而又美丽的世界。对我而言，恰是这些——而绝非那些墙垣与屋宇——构成建筑的终极目标。

期待就这些问题听到读者的各种想法，我当然也愿意讨论其他的一些观念。再次对李辉博士的卓绝工作深表感谢——我真心祈求自己能阅读这个版本。

弗洛拉

2021 年 7 月 3 日

目
录

Contents

注：本书正文中的所有页末注均为译者注，
原版书的注释均集中放在各章后。

致

谢

Acknowledgements

我们竭诚感谢那些为此研究铺就道路的学者。

为了研究我们经常奔走于法国与芬兰，感谢那些促成此工作的学者、文章作者、图书馆及档案馆馆长和管理员。尤其想要感谢的是阿尔瓦·阿尔托基金会与勒·柯布西耶基金会，他们帮助提供了非常宝贵的档案。特别是阿尔瓦·阿尔托基金会的 Mia Hipeli、Arne Heporauta 和 Mar jaana Launonen，玛丽亚基金会的 Anna Hall，以及勒·柯布西耶基金会的 Evelyne Trehin 女士与 Stephane Potelle，他们提供了大力帮助与配合。Kati Blom、Sharon Jones、Meg Parque、Mary Kalaugher、Elizabeth Warman 与 Wolfgang Weileder 等在翻译方面提供了无偿帮助，我们深表感谢。国内的 Sylvia Harris 为本项目所需资料提供了非常必要的协助，而 Peter Hill 和 Nick Pears 对电脑方面的棘手问题鼎力相助，在此一并致谢。

我们还想感谢那些曾支持本研究的人。特别是 Andrew Ballantyne、Peter Carl、Robert Coombes、James Dunnett、Suzanne Ewing、Gareth Griffiths、Charles Jencks、Peter Kellett、Sylvia King、Stephen Kite、Mogens Krustrup、Judi Loach、Frank Lyons、Jo Odgers、Juhani Pallasmaa、C.A. Poole、Christopher Powell、Colin St John Wilson、Göran Schildt、Henriette Trouin、Russell Walden、Nick Weber、Richard Weston，以及 Simon Unwin 等，他们在不同阶段提供了帮助。我们还要特别感谢已故的 Anthony Storr 博士，在解读书中人物个性与创新驱动力方面得到了他的支持——他给予我们的启发、鼓励和他永不倦怠的信念贯穿于我们的整个工作过程，他有力的观点也支撑了这本书。

我们感谢来自团体、基金会及信托机构的支持。在博士研究阶段，它们为我们个人提供了大力支持，为我们撰写本书提供了动力。利弗休姆信托（the Leverhulme Trust）提供一笔特别研究资助，从而推动了本书的写作。另外，英国国家研究院、温盖特基金会（the Harold Hyam Wingate Foundation）、英国皇家建筑师学会研究基金会，以及英国建筑历史学会所提供的多萝西·斯特劳德奖学金（Dorothy Stroud Bursary）均提供了支持。

我们也要感谢在本书写作过程中为我们提供实务性帮助的人，特别是劳特利奇出版社（Routledge）的 Caroline Mallinder 和 Michelle Green，他们支持我们的工作并指导我们完成出版流程。

感激之情还要给予众多的朋友，感谢他们在研究与写作过程中的友情与支持。他们包括 Kati Blom、Prue Chiles、Liisa Hellberg 与 Jan Hellberg、Esa Fagerholm、Gisela Loehlein、Adam Sharr、Kostia Valtonen 与 Ilona Valtonen 以及 Edmund de Waal。

我们很想感谢我们的孩子——Anna、Amos、Alice 和 Otilia，感谢他们的耐心。最后，还想感谢我们的丈夫——David Feige 和 Alex Ojeda，他们不懈的支持让我们受益良多。我们愿把这本书献给他们。

英国国家研究院为本书的出版提供了全部版权费用，在此一并深表谢意。

前

言

Foreword

本书集十年研究的成果，深入聚焦阿尔托和勒·柯布西耶的生活与创造。成果源自极为独立的探索，探索二人深植于自然的生活经验对其性格的影响，继而引发他们对自然进程的痴迷，并试图将这些激情转译到他们的建筑与艺术中。讨论的结果让我们意识到其中存在的纽带，用以联结貌似迥异的建筑形态，并从更深层次解释了他们作为两个人而非建筑师的友谊。

文学理论家乔治·斯坦纳（George Steiner）近来提及，尽管 20 世纪呈现理性的趋势，但永恒的神性依然存在于"大量习语与典故的表达中"。他描述神性的存在宛如"一个语法的幽灵，一块嵌入早期理性言语的化石，因此尼采与众人都沿袭着它"。在勒·柯布西耶与阿尔托的著述中，通过使用诸如精神、和谐、真相、统一以及我们即将讨论的自然等词汇，神性的表现以这样的方式被感知。

本书无意将他们的作品整理编目，也不想依据某一位的标准对另一位进行评价，而是探究二人对于自然的深挚感情，以及如何将之渗透进自己思想与作品的核心。通过并置呈现他们兴趣的本源，我们试图勾画出他们各自的本性，继而反过来描绘他们作品的共同本质。

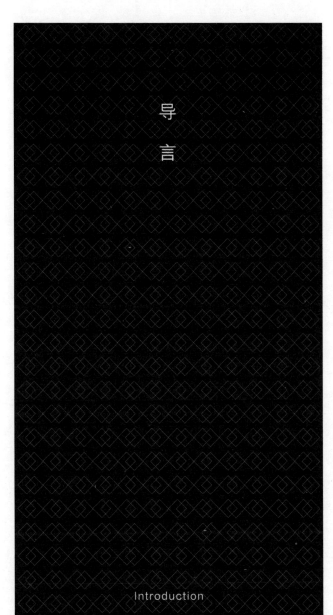

导

言

Introduction

自然为勒·柯布西耶和阿尔瓦·阿尔托提供了至关重要的灵感来源。在本书中，我们将探求自然对于二人才智与心理发展方面的影响，这是一个未被探究的领域。只有仔细审视他们各自生活的方方面面，以及他们那一代人对于自然王国的兴趣，才有可能完成这样的研究。我们还将探求二人之间友谊的本质，以及他们观念的异同。

技术与艺术：自然的纽带？
Technology and Art: A Natural Unity?

勒·柯布西耶与阿尔托坚持认为，物质环境可以与形而上的领域建立联系。他们不停地绘图、绘画，确信这项活动有利于为他们的工作带来灵感并解决一些复杂的问题。与此同时，在使用技术方面，他们都极富创新精神，认为有必要把客观世界与精神世界统一起来，创造更高层次的建筑学，把人与自然重新联结，以弥合他们强烈感受到的割裂。勒·柯布西耶认为，"艺术是理性与激情相互平衡的产物，对我而言是人类快乐的源泉"。[1]在追寻精神安乐的时候，艺术处于核心的重要位置。他认为，绘画是身心和谐工作时所创造的一个"奇迹"。[2]因此，二人似乎都相信在实现内心平衡的过程中，艺术发挥了核心作用。

本书深入探讨了一些形而上的东西，甚至二人的工作在精神层面的特征。但这并非否认他们对于技术产生兴趣的重要性，以及他们想创造高效房屋的意愿。为了实现这样的高效，他们提出自然选择与"生物多样性原则"。[3]勒·柯布西耶对于自然的信仰及进化论的信念，融入他对于科学的信仰，以及他渴望相信有一个可以支配万事万物的统一模式。

阿尔托与勒·柯布西耶确实都付出了巨大的努力，琢磨对于功能问题的创新解决方案，不论源自传统建筑还是新建筑类型。他们在环境技术方面获得的进展，例如勒·柯布西耶的遮阳板（brise soleil）和阿尔托的圆形屋面天窗，可以说是被他们敏锐的直觉激发出来的——他们认为建筑构件决不应阻断人类生活与自然环境的联系。在他们对技术的态度中，有一种对自然的热爱，激发出寻求功能解决方案的深层渴求，例如光、空气的自由流通，以及对太阳能的控制使用。他们创造性地解决这些问题，是技术性的创新，也是富于诗意的敏感。

滋养自然
Nurturing Natura

阿尔托曾谈及他试图通过居所对"环境和地形"的敏感适应，来避免产生"心理上的贫民窟"。[4]同样的，勒·柯布西耶也把阴暗与肮脏跟不良的人体健康状况联系起来。在《今日的装饰艺术》（*The Decorative Art of Today*）一书中，他推测如果人们依据法则粉刷自家墙面，将会发生什么：

那将不再有肮脏、阴暗的角落。所有的东西都呈现自己本来的样子。内部变得洁净，所有那些不正确、不被认可、不打算接受、不被期待、未经深思熟虑的都将被拒之门外——不经思考决不动手。当你被阴影与黑暗的角落环抱，只有在你的眼睛看不透的朦胧的黑暗边缘，你才觉得自在。你不再是自家的主人。一旦你用上瑞普林涂料（Ripolin），你就是自己真正的主人了。[5]

无论对错，很显然他相信通过改变人们的住房，可以改变人们的思想方式。

除了界定一个潜意识中的角色，阿尔托还提出面对社会大众特别是建筑师，一系列复杂的问题"需要某种神秘元素"，并"从人的角度以积极的方式"[6]来解决。他似乎觉察到，神秘的层面可以引发共鸣，进而确保实现对于"小人物"（little man）更周全的爱。他坚信这种神秘主义可用以对抗他所见到的机械化"对个体以及有机和谐生活所带来的冲击"。[7]确实，基于古希腊智慧带给他的主要影响，他的经验以及他对自然的认知，阿尔托关于和谐、有机与爱的系统研究尤显重要。父亲向他灌输的公仆角色，或许成为阿尔托生活中决定性的影响因素，似乎从道义上指引着创造力的方向，并对他人甚至其自身发挥爱的疗愈（至少是维护）作用。所有这些都为阿尔托的工作提供了一个目标范本，对于他的生活也同样重要。

他们二人对于古希腊思想的兴趣，与他们共有的对于自然的兴趣错综复杂地交织在一起。实际上，从词源上"nature"有助于界定这项研究，并且探究他们思想中与此相关的内涵。在古希腊，自然是"physis"，意为"产生、制造、使之生长"。[8]英语中自然一词来源于拉丁语词汇"natura"，同样意为天性（instinct）与出生（birth）。于是"natura"提供一个缘起，与"nascor"密切相关，意思是出生、成长或上升。[9]由这些古典的起源，我们考虑将研究始自一个孩子生命萌芽时期的家庭环境，置于特定的地理脉络中，并从个体的发展与教育开始。因此我们试图把这项研究置于个体发展的过程中，探索阿尔托与勒·柯布西耶自然的成长与创造力、个性与艺术天赋。这一点尤为重要，因为所有他们成年后对于"自然"概念的理解，毫无疑问都受到其个性和个体发展过程的影响，这与此后对于知识的求索同样重要。在本书中，我们讨论阿尔托和勒·柯布西耶在其建筑场地中进行构筑，不可避免地会联系到他们如何在自己的心底里构筑"自然"。我们试图证明这些构筑的核心在于与自然环境的丰富经验相关的自我认同意识——这类经验首先源自于他们的青少年时期，继而是成年后他们对于健康体魄的追求。无论是对自然环境中身体感知的刺激还是心理空间，他们的探求都至关重要——包括何为自然的概念，以及相伴而生的在其建筑中何为自然的概念。实际上，两位建筑师以实践（物质方面）、构成（概念方面）和象征（超物质方面）的方式，通过多种途径，在不同层面配置自然。在此我们将追寻他们的足迹。

阿尔托与勒·柯布西耶的建筑挑战的核心（针对空间最本质的概念与意义的诘问）在于让自然挑战建筑的边界。他们鼓励植物的生长淹没他们在环境中所进行的人工介入。阿尔托相信"房子的用途是充当一件器具，收纳自然赋予人类的所有积极影响，并遮蔽那些自然中出现的不利因素"。[10]正如我们将展现的，基于这个原因，他把光线、日照和绿色植物引入室内空间的核心。

"裂隙"中的生长环境
Growing Environments in the 'Gap'

在历史学家们的描绘中，勒·柯布西耶严谨而勤奋，似乎打算将他对于适合机器时代的新建筑的观点昭告天下。阿尔托则有所不同，他通常被认为是个乐观开朗、无忧无虑的人；据他的朋友兼传记作家、后来又成为其吹捧者的约兰·希尔特（Göran Schildt）所说，还具有某些依赖酒精作为驱动力的特征。显而易见，阿尔托与勒·柯布西耶实际上比乍看起来更为相似。在这些情形中，恰恰是他们的个性特征在其生活与创造力的方向上都发挥了举足轻重的作用。无疑，他们都需要创造力以维持平衡。而这种平衡的特征也将在下文得以揭示。

◆梅拉妮·克莱因（1882—1960年），出生于奥地利的英国心理分析学家，擅长与幼儿一起工作，观察他们的自由游戏，提出了对孩子潜意识幻想生活的见解，以至能够对两三岁的孩子进行心理分析。
◆◆唐纳德·温尼科特（1896—1971年），英国儿科医生和心理分析学家，在对象关系理论和发展心理学领域尤其有影响力。他曾是英国精神分析学会英国独立小组的主要成员，两届英国精神分析学会主席以及玛丽昂·米尔纳（Marion Milner）的密友。

两位建筑师都具有改善他人生活的强烈意愿，值得讨论的一个原因是他们如此明确地意识到自我的缺失。跟其他学者一样，我们承认心理学无法全面解释艺术，但仍需展现勒·柯布西耶和阿尔托的生活条件，以揭示他们的心理挫败与缺失。因为这类"裂隙"影响他们的性格养成。[11]我们的论点是，自然在修复或补偿此类缺失方面发挥了重要作用。正是由于这个原因，自20世纪50年代开始从业并与梅拉妮·克莱因◆（Melanie Klein）共事的精神病学家唐纳德·温尼科特◆◆（Donald Winnicott）提出了一个心理框架，从自然生长状态的语言和意象阐明他们各自生活中某些真实的东西。与同时代人不同的是，温尼科特相信对于人的精神健康，经历与环境扮演着一个重要角色。他强调生活条件的影响，那些文化与环境因素对于人的成长过程如此重要。他写道："当人们谈及一个人的时候，其实是在总结他的文化经历——所有这一切形成某个个体"。[12]对于阿尔托和勒·柯布西耶的个体解读，自然与建筑空间应为其内在本质。

设计填平"裂隙"
Designing to Fill a 'Gap'

依据温尼科特的说法，从最初的抱持性环境（与母亲或其他最初保育者的关系）中产生的断裂或"裂隙"（gaps）无法被婴儿理解，被体验为"原始痛苦"（primitive agony）[13]的片断。对亲情的克制以及注意力的缺失，阻断了孩子跟"母亲"的交流，因此妨碍心理的发展。如同植物一样，个体也需要一个滋养的环境。从母亲的凝视中，婴儿看到自身以至自我感情的投射。环境（母亲）为婴儿成为自我提供可能性。然而温尼科特观察发现，如果母亲忧心忡忡，心中投射的是自我，婴儿便无法获得环境反馈的东西，被迫感知母亲的心境，而非他（或者她）自己的。[14]这也表现为自恋型人格疾患。[15]

温尼科特相信，人类的自然创造力对于身心成长发挥着作用，它排斥、挑战秩序的碎片，并最终将其整合于个体体验的内在世界。而那些断裂、匮乏以及"裂隙"会妨碍这种创造力。[16]另一方面，健康与生活、内在的富足以及获取文化体验的能力有关。[17]温尼科特把婴儿与母亲的关系视作这个创造性过程的核心，因为她是婴儿的基本环境，在其中孩子可以创造性地生长。[18]

温尼科特把这一观点发展为"可转化现象"（transitional phenomena）的概念，在其中孩子可以天马行空地游戏。这是其内心与外部世界的一个中间区域，在其中能产生可转化的或游戏的现象。安东尼·施托尔◆（Anthony Storr）的观点认为："充分的生物学理由使我们承认一个事实，那就是人的构成依赖于他所拥有的一个想象的内在世界，尽管其与外部现实世界相联，却彼此迥异。而正是两个世界之间的差异激发创造性想象。"[19]

创造性潜力包含"裂隙"两侧内外世界的不断联结，在童年时期经常被"可转化的事物"所促发，可以是一件喜爱的衣服或是泰迪熊。这些事物促发对母亲的依恋与对后来事物——换言之，那些将被孩子喜爱和依赖的人——依恋之间的转化。此类可转化现象介于孩子的已知与未知、内在与外部世界之间。温尼科特坚信，这就是孩子最初的创造行为。当孩子哪怕仅有一点爱的时候，她也会将其投射到某个"其他东西"上；诸如一个喜爱的玩具，作为某种转化，可以不再需要"母亲"的真实存在。由此推断，那些经过婴儿期仍需要紧紧依靠母亲的人，是由于没有形成其他健康的联系。温尼科特认为，这类个体依然渴望早期

◆安东尼·施托尔（1920—2001年），英国精神病学家、心理分析学家和作家。

环境中的舒适与安全，只因那些环境无法以某种方式提供适合心理成长而走向独立的条件。此类个体终其一生找寻母亲的替代者，以一种或几种形式一再重建母性的环境，这并非无稽之谈。

创造性的潜能空间
Potential Space for Creativity

温尼科特还发展了"潜能空间"的理念，这在建筑语境中饶有趣味，它形成一个空间，促发对于内、外部世界相互作用的探索。[20]这一理念源自他认为游戏与创造力在可转化的领域（介于主客观之间）彼此相联的观点，形成类似避风港的场所。[21]温尼科特认为这是人类与艺术创造力发展的核心领域，也是一个心理领域，在其中孩子觉得自己可以探索他者（otherness）——那些存在于"母亲"安全领域之外的东西。

温尼科特坚持认为，环境的断裂（或者说"裂隙"）不仅影响个体的成长，也妨碍个体可能拥有的"潜能空间"。[22]他把潜能空间定义为从不被侵扰的"场所"中雕刻出来的。他相信，"当孩子知道如果突然需要，母亲绝对会出现在那里，从而形成对于她高度信任的体验，就会产生一个介于孩子和母亲之间的潜能空间。"[23]在他的观点中，文化体验始自游戏。这是进入潜能空间的入口。阿尔托在其随笔"鳟鱼与溪流"（The Trout and the Stream）[24]中谈到富于游戏意味的草图工作方法，也表明了这一点——他会不由自主地中断绘图，跟孩子们玩耍，以放飞那些想法，然后再回去设计。勒·柯布西耶更是有意识地将时间尽可能分为工作期与休闲期。作为例证，二人都不间断地创作草图与绘画，充分意识到需要让想法在潜意识中自由流淌，有时甚至难免非理性。[25]

当把生命投入游戏中的能力消失时，乐趣随即消失，于是绝望便会淹没自己。施托尔研究发现，这经常发生在特别有创造力的人身上——他们在工作中投入巨大，却再也无法乐在其中。假设这类创造性的工作刚好位于"裂隙"之上（不论能否被意识到），他便会在"游戏"中与大量无法消解的痛苦、悲伤密切相伴。通常观念认为，工作（不论什么种类）如果成功，生活便会美好；与之相应的是，如果失败，则会再一次体验到"裂隙"。

精神病学家弗兰克·莱克◆（Frank Lake）基于机能相对完善的个性，创建了一个动态生命循环的模型[26]，在其中以接纳之心构筑支撑，继而从这种状态自然而然地走向并获得成就，绝无艰辛与焦虑。但现实中这个心理动态模型经常反向运转，对于失败与被拒绝的预判成为最大的焦虑之源。从那些成就中我们寻求某种状态，它给予我们支撑，以及我们所期望的接纳。[27]但很明显，阿尔托和勒·柯布西耶都生活在某种完全相反的动态生命周期中。

对环境（最初是"母亲"）怀有充分信任，便产生具有潜能的创造性空间，以促进对内心与外部现实世界相互作用的探索。经由破坏性行为与创造性活动，个体都可以重蹈失败的境遇。而这两种回到"裂隙"的方式，也都能通过阿尔托和勒·柯布西耶身上的积极创造力和消极个人行为模式得以展现。

温尼科特由此观察发现，当孩子被置于无法获得充分养育的早期环境中，其发展受到抑制，常常导致精神疾患。这种状况的发生存在不同程度，如果环境极度紊乱，孩子的精神成长相应受到严重阻碍。如果环境的缺失较轻，孩子受到的阻碍也会相应较小。也有可能，在他们不可预知的环境之外，孩子紧紧把握住一个有序的系统，使之内化为

◆弗兰克·莱克（1914—1982年），英国牧民咨询的先驱之一。1962年成立临床神学协会，其主要目的是使神职人员更有效地理解和接受教区居民个人困难的心理根源。

自己的一部分，尝试利用它为繁杂的内心找到一些秩序：通过创造性的演进，尝试"构建一个世界"。[28]这就像是一个避难所，也是未来创造性旅程的重要组成部分。[29]

想象力的生态
Ecology of Imagination

勒·柯布西耶与阿尔托利用自然来提升人性需求，以利于实现人类进步的某种理念——通过对此动因的一项深入调查，引发心理与生理彼此融合的同构过程。正是由于这个原因，温尼科特的思想被伊迪丝·科布（Edith Cobb）的思想所补充，后者在其著作《童年想象力的生态》（*Ecology of Imagination in Childhood*）中，深刻地阐述了人类创造力的成长与自然生物成长之间的关联。[30]科布相信，为了避免罹患精神疾病，孩子们可以参与"构筑世界"（world-building），尝试对照一个外面的系统来构筑他们的生活。[31]她相信作为一条路径，通过内化外部结构或系统（例如以自然或音乐的形式培养的系统）的过程，从中借用某些关于秩序的经验和概念，尝试构建不可预知的环境。科布探究了有关精神、社会心理及精神物理方面健康的途径——它们主要基于童年自发的创造力，可以是形象化的游戏或具有艺术感的随手涂鸦。[32]一些研究确也显示"具有创造力的人"相比那些没有创造力的人，在童年曾更多地饱尝精神创伤，特别是失去父母所带来的创伤。[33]我们也会看到，勒·柯布西耶与阿尔托童年时都存在感受与表达方面的错乱，从而引发内心脆弱与缺乏信心的长久意识。两位敏感的艺术家都曾寻求某种母亲角色的认可，却都遇到行为更加残忍的复仇女神（这既可以从他们对待女性的态度和征服中看出来，也可以从他们对待法西斯分子逢场作戏的轻浮态度中看出来）。与此同时，他们对自然的兴趣不断发展，并决心了解自然系统；青年时期他们都曾花费与日俱增的时间去了解这一系统。如同这种对自然怀有的深挚感情需求，他们对自然世界也都有着北方式的浪漫观点，与其同辈并无差异。

在心理层面构筑内在与外部世界的活动，与赖以从中发现自我的真实外部自然世界的结构之间存在无数相似之处——当内心觉察到这一点，情感"裂隙"的延续会刺激将自然环境当作庇护的某种需求，即便那些裂隙微不足道。玛格丽特·米德◆（Margaret Mead）在科布那本书的引言中提出："人们需要获取、重塑，再以某种修正后的形式发表他们对自然界和宇宙的认知"。[34]这种针对相异甚至相反经验（诸如混乱与有序、欢乐与痛苦）的同化过程，对于真实世界观的形成至关重要。[35]值得关注的有趣之处在于，宇宙与混沌之间的任何对立都是纯粹的现代发明。[36]

许多心理学研究揭示，一个人创造力的本性与发展方向都根植于其早期经历的某些关键因素——正如安东尼·施托尔、理查德·韦斯伯格（Richard Weisberg）以及艾伦·温纳（Allen Winner）在他们的工作中所阐明的。[37]倘若恰如温尼科特所相信的，童年的缺失（"死亡、缺位或失忆"）[38]导致情感"裂隙"，并且人们在其创造中回访这些"裂隙"；那么，我们认为勒·柯布西耶和阿尔托将他们创造性的使命指向了弥补他们自己或他人的此类缺憾。的确，当勒·柯布西耶和阿尔托将他们未曾付诸文字的现实编织进艺术的天地（亦即他们创造的建筑），他们使那些非凡创造性的成长更为茁壮。他们以这种方式，将其自我及众多他人精神层面的未知化为已知——那些未知经常难以言喻，亦正亦邪。勒·柯布西耶说："当意识到我们的世界有如此之多与机器时代相伴而生的痛苦，实现和谐对我而言似应成为唯一的目标。自然、人类、宇宙：这些都是天之所赐，同

◆玛格丽特·米德（1901—1978年），美国文化人类学家，20世纪60—70年代经常在大众媒体上担任主笔与演讲人。她在纽约哥伦比亚大学巴纳德学院获得学士学位，并在哥伦比亚大学获得硕士与博士学位。米德于1975年担任美国科学促进会主席。

时也是彼此相视的驱动力量。"[39]结合温尼科特和科布的观点，或可认为在表达对满足"秩序"与"和谐"需求的渴望时，他和阿尔托实际上是在明确地表达一种内在需求（也就是"裂隙"的某些方面）。

毫无疑问，建筑学赋予勒·柯布西耶与阿尔托某种非凡的能力，由此他们可以解决人类情感与艺术所面临的问题。事实也表明，他们坚信这些问题在本质上相互关联。他们都将艺术与建筑视作一条探访形而上领域的途径，他们觉得那一领域常常被人们忽视。正如阿尔托满怀深情——或许还有点救世情怀地表明，他寻求"将环绕我们的所有周遭环境纳入平衡之中"，从而提供了"一种真正的文化标志……以适当的方式服务于人类"[40]。

阿尔托在情绪上不。他太稳定有时脆弱得像个孩子，有时又会陷入狂躁。与此同时，勒·柯布西耶执着于自己的追求，却并非没有片刻迷茫，尤其是在晚年，工作得不到认可，正如他在最后的遗嘱"调节焦点"（Mise au Point）中所清晰表明的。[41]最初取名夏尔·爱德华·让纳雷（Charles Édouard Jeanneret），他又为自己创造了一个身份——勒·柯布西耶——一名建筑师，强硬、不为任何批评所动摇，一个局外人、一个公正无私的见证者。他也有意识地付出努力，在主观与客观、艺术家与工程师、生活与工作之间创造平衡。他描述绘画是"一场介于艺术家和自我之间的战斗"，以之化解那些几乎要吞没自己的内在冲突。[42]这个"艺术家柯布"的形象，内心充溢着人本主义，浮现于彼得·卡尔（Peter Carl）、斯坦尼斯劳斯·冯·莫斯（Stanislaus von Moos）、理查德·穆尔（Richard Moore）、莫根斯·克鲁斯特鲁普（Mogens Krustrup）、罗素·沃尔登（Russell Walden）等人的研究中。

正如一个人无法单纯通过物质层面被充分理解，假使忽视已创建场所的形而上特性（特别是社会心理或精神层面），物质场所的建造也无法得以充分展开。同样情况也可以认为，当一个建成场所的预想状态以某种方式"受到损伤"，一个例证就是勒·柯布西耶的公寓联合体，因其生命线不再涌动，构成其观念核心部分的自由共享公共设施也便无法正常运行。

自然的抱持性空间
Natural Holding Space

通常情况下，在一个"足够好的环境"中不存在"裂隙"，不管是从物质还是精神层面，"母亲"都会促发而非阻碍基本的人性创造力。"母亲"与"裂隙"之间的关联得以显现——当"环境"迅速由"母亲"扩展到更大的影响力范围，这种关联在此语境尤显重要。因此，本书的第一部分致力于研究自然何以成为二人思想中如此重要的部分。在第1章中，我们将探讨两位建筑师生活中"裂隙"的本质，并描述他们早期的生活条件。我们将举例说明自然与创造性的短途旅行是他们童年接触自然的主要方式。在第2章中，我们将审视成人时期的经历、个性以及才智诸方面因素对他们有关自然态度的影响。这引发我们在第3章审视他们在现代主义主流中的角色，并借以描述二人之间关系的发展。在第4章中，我们将通过勒·柯布西耶和阿尔托的著述来揭示自然在其思想与哲学观念中的地位。

从自己内心痛苦的亲身经历中，勒·柯布西耶和阿尔托意识到机器时代人们生活的巨大不平衡。正因为如此，他们感觉从精神方面创造再生环境的某种需求，在其中人能和谐地生长于自然之间。正是这一驱动力提供了本书

第二部分的关注焦点。在第5章中，我们将直面二人的个性特征，并分析位于马丹角（Cap Martin）与莫拉特赛罗（Muuratsalo）的个人度假屋表现其个性特征的方式。这两个项目的核心意图是通过沉浸于自然之中来恢复与疗愈。这也可以用来解释他们在朗香（Ronchamp）与武奥克森尼斯卡（又译作伏克塞涅斯卡，Vuoksenniska）所设计的宗教建筑背后的主要驱动力量，两座教堂提供了第6章讨论的焦点。通过分析二人淡化自然与神秘体验之间边界的方式，我们可以更好地审视他们的居住建筑设计方法；对二人来说，那是天然的神圣空间。

在本书的第三部分，这一观点将被拓展至讨论他们为其他人所做的居住建筑设计；第7章探讨独立住宅，第8章则是集合住宅。

较之于对二人的工作提出一个对比性的评价，我们更希望描述他们寻求使人类回归"自然状态"的途径，描述他们发展出自己对自然的界定，并付诸各自的设计工作；甚至从某种程度上付诸他们自身。我们会发现，尽管二人有着共同的目标，却在各自的工作中表现得大相径庭。

注释

[1] Le Corbusier, *Precisions*, Cambridge, MA: MIT Press, 1991, p.68.初版为 *Précisions sur un état présent de l'architecture et de l'urbanisme*, Paris: Crès, 1930.

[2] Le Corbusier, *A New World of Space*, New York: Reynal & Hitchcock, 1948, p.14.

[3] A. Aalto, 'The Reconstruction of Europe is the Key Problem of Our Time', Arkkitehti, 1941, 5, pp.75–80, in G. Schildt, *Alvar Aalto in his Own Words*, New York: Rizzoli, 1977, p.153.

[4] Aalto, 'The Reconstruction of Europe', in ibid., pp.155 and 150.

[5] Le Corbusier, *The Decorative Art of Today*, London: Architectural Press, 1987, p.188.

[6] A. Aalto, 'Centenary of Jyväskylä Lycée', in G. Schildt, *Alvar Aalto Sketches*, Cambridge, MA: MIT Press, 1985, p.162.

[7] Ibid., p.163.

[8] L. Brown(ed.) *Oxford English Dictionary vol.VI*, Oxford: Clarendon, 1933; E. Klein, *A Comprehensive Etymological Dictionary of the English Language*, London: Elsevier Publishing Co., 1971; H.G. Liddell and R. Scott, *A Greek-English Lexicon*, Oxford: Clarendon, 1961.

[9] Brown, *Oxford English Dictionary*, pp.1889–1890.

[10] Aalto, 'The Reconstruction of Europe', 1941 in Schildt, *Own Words*, p.153.

[11] D. Winnicott, 'Transitional Objects and Transitional Phenomena' 1951, in D. Winnicott, *Playing and Reality*, Harmondsworth: Penguin, 1971, p.26.

[12] D. Winnicott, *Playing and Reality*, p.116.

[13] D. Winnicott, *Collected Papers: Through Paediatrics to Psychoanalysis*, London: Tavistock, 1958, p.145.

[14] Winnicott, *Playing and Reality*, pp.130–138.

[15] 总的来说，这与孩子无法将其情绪、感觉和表情反射回母亲的眼睛，从而无法识别自我有关。这种早期的自恋合情合理，对儿童成长和个性化方面的健康至关重要。

[16] Winnicott, *Playing and Reality*, p.26.

[17] Winnicott, 'The Concept of a Healthy Individual', in D. Winnicott, *Home is Where We Start From*, Harmondsworth: Penguin, 1986, p.36.

[18] Winnicott, *Playing and Reality*, pp.130–138.

[19] A. Storr, *Solitude*, London: Harper Collins, 1997, p.69.

[20] Winnicott, *Playing and Reality*, pp.2–10.

[21] 这一理念强烈地挑战了弗洛伊德的升华假设，后者认为创造力是本能表达的替代品。

[22] Winnicott, *Playing and Reality*, pp.2–10.

[23] Winnicott, 'The Concept of a Healthy Individual', in *Home is Where We Start From*, p. 36.

[24] Aalto, 'The Trout and the Mountain Stream', 1947 in Schildt, *Sketches*,

pp.96-98.

[25] 两位建筑师创造的抽象艺术都证明了这一点，例如图版4、5和6。

[26] 以下两本著作阐明了这一点：F. Lake, *Tight Corners*, London: DLT, 1981 与 F. Lake, *The Dynamic Cycle*, Lingdale Paper no. 2, Oxford: CTA, 1986. 莱克从马斯洛的存在与不足心理学模型中做出推断，其来源为*Towards a Psychology of Being*, New York: Van Nostrand Reinhold, 1968.

[27] F. Lake, *Clinical Theology*, London: DLT, 1986.

[28] E. Cobb, *The Ecology of Imagination in Childhood*, Dallas: Spring Publications, 1993, p. 17, and H. Bergson, *Creative Evolution*, London: Macmillan, 1911. 科布的最后一章借鉴了亨利·柏格森的话，"创作的发展是一个共情的过程"，p.97.

[29] 这意味着"创造者通常在童年时期遭受一些缺失和痛苦"。R.E. Ochse, *Before the Gates of Excellence: The Determinants of Creative Genius*, Cambridge: Cambridge University Press, 1990, p.81.

[30] Cobb, *Ecology of Imagination*, p.16.

[31] Ibid., pp. 17 and 53.这与埃里克森所说的"孩子的自然天才"概念很接近。E. Eriksen, *Insight and Responsibility*, New York: Norton, 1964, p.45.

[32] Ibid., pp. 15, 17 and 53.

[33] A. Storr, *The Dynamics of Creation*, Harmondsworth: Penguin, 1991, and Ochse, *Before the Gates of Excellence*.

[34] Cobb, *Ecology of Imagination*, p.8.

[35] 例如，前苏格拉底的思想和理念不是根据现在被理解为对立的范畴来构思的，而是倾向于两种观念共同构成整体或宇宙。

[36] W. Jaeger, *The Theology of the Early Greek Philosophers*, Oxford: Oxford University Press, 1947, p.13. 麦克尤恩与追随荷马的希腊早期诗人赫西俄德一样，认为宇宙与混沌之间没有对立，并基于奥维德（Ovid）的思想，相信这是罗马的发明。Indra Kagis McEwan, *Socrates' Ancestors*, Cambridge, MA: MIT Press, 1993, p.62.

[37] 例如：Storr, *Dynamics of Creation*; R.W. Weisberg, *Creativity: Beyond the Myth of Genius*, New York: W.H. Freeman & Co., 1993. 和 E. Winner, *Invented Worlds*, Cambridge, MA: Harvard University Press, 1982.

[38] Winnicott, 'Transitional Objects' 1951, in Winnicott, *Playing and Reality*, p.26. 温尼科特试图依据观察，阐明梅拉妮·克莱因对英国精神分析学会（BPS）方向的把控。A. Phillips, *Winnicott*, London: Fontana, 1988, pp.131-132.

[39] Le Corbusier, *A New World of Space*, p.11.

[40] Aalto, 'Art and Technology', 1955, in Schildt, *Sketches*, p.127.

[41] Le Corbusier, 'Mise au Point', in I. Žaknić, *The Last Testament of Pére Corbu*, New Haven: Yale University Press, 1997, pp.83-101.

[42] Le Corbusier, *Sketchbooks Volume 4, 1957-1964*, Cambridge, MA: MIT Press, 1982, sketch 506.

人性的一面

Chapter 1

The Human Side[1]

不管是勒·柯布西耶还是阿尔托，他们的生活与创造都因悖论和矛盾而充满谜团，也因此变得丰富。承认这一点，对于充分理解二人与他们的生活至关重要。这也提供了一个视点，由此洞察二人创造力背后的生命力量[2]——这不仅根植于对形态的探讨，理性却不乏艺术色彩；也深藏于他们进取与妥协之间的内心争斗，深藏于他们的过去，以及由早期经验建立起来的世界观。在这一章里，我们将着重理解他们早期的情感体验，他们对于自然的体验，以及这些体验对于建立他们特殊的兴趣与确定创造力方向所发挥的作用。

尽管在一篇言辞激烈的文章中，勒·柯布西耶向全世界昭示了一个试图从零开始的人；但他也欣然承认过往的重要性，他说过："任何善于思考的人，在探寻建筑创意的未知之境时，其创造的活力不会根植于别处，而只能根植于过往时代的教益。"[3]阿尔托的作品中遍布古典的线索，在早期的随笔"源自过往的母题"（Motifs from the Past，1922年）中，他论及源自过往且具有风格特征的细部何其珍贵，并"意味着更多的东西"，在某种程度上"与周围环境完全融合"。[4]但他也经常引用尼采的观念"只有蒙昧主义者才回头看"。或许部分原因是想避免沉溺于过往那些不太舒服的情境中，不论是历史上的还是他自己先前体验到的。[5]这种评价出现的一个背景是关于原始与机械的讨论，但他追随一个更主流的说法："回顾过去是无益的，要解决我们自己的问题，我们必须向前看。"[6]这意味着，至少是有意识的，他不愿面对过去存在的某种威胁，他宁愿尝试置之不理。总的来说，这样的否认态度避免了被痛苦回忆所左右，从而化解并恢复情感的平衡。

当然阿尔托并没有彻底否定他的过往。他经常将之置于创造领域的前沿，通过建构它与自然和人的关系，抑或通过将建筑的功能主义推至心理学的边缘，甚至突破界限，以实现局部的调和。以这种方式，他并不否认自己内心的脆弱之处，甚至可以有意识地由此开始他的工作。提到阿尔托的"无法化解的悲情"，约兰·希尔特（Göran Schildt）指出："不接受毁灭的悲剧法则，取而代之，他试图在他的建筑中创造一个可持续的、客观的世界，归根结底，一个具备深度宇宙和谐的世界。"[7]这些话同样适用于勒·柯布西耶，并且提供了一个有关心理、客观与宇宙的并行讨论。

母亲以及"足够好的"环境
Mother and the 'Good-Enough' Environment

当我们试图探索勒·柯布西耶和阿尔托的童年时代，探索他们努力解决随后生命中"裂隙"的本质，他们的母亲在其中扮演的重要角色瞬间凸显——她们影响了两位建筑师的情感，继而影响了二人创造力的发展，不论是在艺术上还是在个性上。

玛丽、母亲以及母爱的缺失
Marie, Mother and Maternal Deprivation

年轻的勒·柯布西耶，那时还叫夏尔·爱德华·让纳雷-格里斯（Charles Édouard Jeanneret-Gris），1887年出生在瑞士侏罗山区一个叫拉绍德封（La Chaux-de-Fonds）的小镇。他的父亲乔治·爱德华·让纳雷-格里斯（Georges Édouard Jeanneret-Gris）是业内一位训练有素的手表釉饰工匠，而母亲玛丽·夏洛特-阿梅莉·佩雷（Marie Charlotte-Amélie Perret）是一名钢琴教师。

◆ 肯尼思·布莱恩·弗兰姆普敦（Kenneth Brian Frampton，1930年— ），英国建筑师、评论家和历史学家。他是纽约哥伦比亚大学建筑、规划和保护研究生院的建筑学教授，被认为是世界领先的现代主义建筑史学家之一。

显然，爱德华是一个复杂的孩子，行为举止不乏矛盾——他时而友善合群，时而又深刻内省。肯尼思·弗兰姆普敦◆（Kenneth Frampton）评价："他在社会生活中有些笨拙，却充满鲜活的幽默感。他炽烈地忠于友谊，但偶尔也会成为一个赤裸裸的机会主义者。在十几岁至二十出头这段时间里，他时而炫耀自己的艺术才能，时而又陷入极度的不安全感。"[8]这些品质后来伴其终生，1954年他写给母亲的一段话可以作为例证："每天早晨醒来，都会感觉自己是一副愚蠢的皮囊……老傻瓜柯布，那个滑稽的家伙，就要在疯人院咽气了。"[9]

爱德华出生在拉绍德封一个中产阶级家庭，而这个小镇理性地镶嵌在19世纪田园牧歌般的景致之中。小作坊的社会结构形成了这个国际手表制造业标志性聚落的中心。受益于手表贸易的成功，这个小镇虽地理位置偏远，却不断显示出其政治与文化方面的领导力。宗教自由与政治反叛的传统，成为小镇至关重要的社会经济特征，赋予其独特的声望。

爱德华与哥哥阿尔伯特（Albert），从他们非常虔诚的姨母宝琳（Pauline）那里获得宗教熏陶。他们的母亲少有信仰。他们定期去本地的独立新教教堂，而父母仅在宗教节日才会光顾。16岁时爱德华接受了为期六周的正式宗教训练，但随着年纪渐长，他很快放弃了信仰，并终其余生追寻一个替代性的精神典范。[10]

在家里，爱德华的母亲玛丽似乎是一个在道德与教育方面最伟大的激励者。H. 爱伦·布鲁克斯（H. Allen Brookes）提到，相比工匠与农民出身的父亲一系，爱德华更以布尔乔亚的母系长辈为荣。[11]实际上，他以勒·柯布西耶为名，以期铸就新的身份，这个名字就源自母亲的家族。玛丽带来具有强烈新教色彩的行为准则，并赋予其新的特征。借用拉伯雷（Rabelais）◆的话就是："不论你打算做什么，都坚信你可以完成"，这也被勒·柯布西耶当成座右铭。或许正是音乐家的身份，使得他母亲崇尚精确，但同时又促使她支持更为抽象的艺术目标——而这正是爱德华将要从事的。勒·柯布西耶曾追忆："这是一个在社会的棋盘上占据独特位置的事：一个音乐之家，乐音伴随我的整个青年时代，对绘画和造型艺术的激情，纯净而敏锐，一种试图触及事物最核心特征——和谐的性格。"[12]由于这个家庭总的来说高度重视技术、才智与美学方面的工作，玛丽显然更喜欢阿尔伯特，他的音乐天分与自己更接近。[13]阿尔伯特觉察到了这种状况，显然，他试图将母亲的注意力转移到弟弟身上："当爱德华让您驻足，去看每一朵花，每一个不同的肌理，每一个色调，您难道不爱他吗？"[14]

爱德华4岁的时候，玛丽经受了一次流产之痛。布鲁克斯提到这件事："祸不单行，日益消沉的状况使这个家庭的发展停滞了"，显示出那段时期很艰难，她的心力被其他事情牵扯，无暇照顾和关注她最小的儿子。[15]的确，布鲁克斯描述了爱德华的母亲在家庭中所处的支配地位，喋喋不休地反驳别人，不断差遣别人做事。她似乎又反复无常，一分钟前还是占有欲强、敏锐犀利的一个人，瞬间又无比温柔——这样的矛盾尤其会让孩子感到困惑。我们的一个论点就是，勒·柯布西耶花费大量时间，试图填平因明显不当的母爱表达方式而生成的"裂隙"，以此寻求那个强势母亲（她活了一百多岁）的认可。在勒·柯布西耶生命的不同阶段，他给母亲写了很多辞藻华丽又不乏奉承的信件，显示出母子关系中某种强烈的东西。[16]

◆弗朗索瓦·拉伯雷（1494—1553年），全名François Rabelais，法国文艺复兴时期的作家、医师、人文主义者、教师和希腊学者。历史上，他一直被认为是讽刺、怪诞的笑话和歌曲的作家。
◆◆南奥斯特罗博尼亚，又称"南博滕区"，是芬兰的19个地区之一，位于芬兰西部。该区域由18个市镇构成，人口数量在芬兰地区排名第九。区域中心是塞伊奈约基（Seinäjoki），有近六万居民，是该地区迄今为止最大的城市。
◆◆◆亨利克·易卜生（Henrik Ibsen，1828—1906年），挪威戏剧家、诗人，欧洲近代戏剧的创始人。他的作品突出生活中个人的快乐，无视传统社会的陈腐礼仪观念，毫不留情地面对生活实际，提出一系列新的道德问题。
◆◆◆◆海达·高布乐是易卜生戏剧中的女性人物，美丽而略带反叛精神。

塞尔玛、悲伤与替代者
Selma, Sadness and Substitutes

阿尔瓦·阿尔托与母亲的关系似乎极富深情，却被无情地斩断，导致了比勒·柯布西耶更加深重的"裂隙"。1898年，阿尔托出生在芬兰南博滕区◆◆（Southern Ostrobothnia）的库奥尔塔内（Kuortane）小镇。他的母亲塞尔玛·玛蒂尔达·哈克斯泰特（Selma Mathilda Hackstedt）来自一个说瑞典语的有教养的家庭。阿尔托与母亲的关系非常亲密。塞尔玛与其姐妹比较激进，热心妇女解放问题，并经过不同的职业培训，实现了财务独立。塞尔玛因此选择成为一个邮局的主事；而她的姐妹——弗洛拉（Flora）和海尔米（Helmi），则通过培训成为教师。阿尔托经常以"易卜生式"◆◆◆的角度来描述他的母亲，追索她关于妇女解放方面闪亮的观点，记录她们（包括他母亲及其姐妹）在男女平等方面的才干，如同海达·高布乐（Hedda Gabler）◆◆◆◆那样，勇于挑战现实。[17]塞尔玛生了5个孩子，阿尔托排行第二。因感染脑膜炎，她在阿尔托8岁的时候突然离世。她的第一个孩子早夭；最小的女孩也叫塞尔玛，童年时期一直体弱。阿尔托最小的弟弟埃纳尔（Einar），因父亲的坚持而参军；在1939年秋天，面对苏联入侵，因惧怕冬季战争的开始而自杀。

阿尔托曾描述，幼年时期的他很享受与母亲之间亲密的身体接触，当父亲外出测绘时，他就睡在母亲的床上，这种状况一直持续到她去世。在后来的岁月里，他经常温暖地忆起母亲的美，甚至母亲内衣的样子。[18]母亲塞尔玛去世不久，姨母弗洛拉就嫁给了他的父亲，这段关系被希尔特描述为便利的婚姻，将爱合而为一。[19]阿尔托一直没能完全承认母亲去世给他带来的深重创伤，他宁可将母亲与姨母融合在一个美好记忆中。他看起来不喜欢伴着痛苦的记忆工作，情愿将它们活活埋葬。据他的朋友们透露，他的妻子不仅是他生活的伴侣，也是"一种安全感，以及逝去母亲的替代者"。[20]有些意外的是，他的传记作者描述他外向的性格，源自"最基本的安全感……他似乎从未怀疑过自己的价值与能力"；却在仅仅一页之后补充道，"他不能忍受独处"。[21]这不合情理，但却给了我们一个暗示——阿尔托对孤独的恐惧更甚于他的安全感。

正如上文所引述的，早期的分离，或说是缺乏与母亲的持续接触，会化作一个人心底里时隐时现的伤痛。加之彻底切断这种关系，阿尔托在心理上体验的震颤会愈加明显，至少可以被描述为精神创伤。因此，随之而来的"裂隙"有可能是长期的，可以一次次反复将人带入疾患，引发失落，或者在创造活动的关键决策时发挥作用。这些反复感受的丧亲之痛，无疑给阿尔托带来了永久的伤痕，伴随其对触及死亡的任何事物的病态恐惧。这些还导致他罹患了亲友所谓长期发作的疑病症、情绪低落，甚至短时间的精神分裂——正如他的女婿、精神病学家于尔约·阿拉宁（Yrjö Alanen）曾描述的那样。[22]然而，阿尔托通过某种方式调动他的"不幸"并利用它；换句话说，在他的建筑作品中，设法满足"小人物"的需求是至关重要的。

在后续章节中，我们将讨论阿尔托和勒·柯布西耶作品中的女性特征，并探讨这些因母亲而形成的"裂隙"所发挥的关键作用。然而，在两位建筑师的成长过程中，父亲的影响也至关重要。

挑剔的偏爱

Fastidious Favoritism

有两个主要的资料来源，可以勾勒出爱德华父亲的形象，一是他自己对父亲的描述，二是新近由H. 爱伦·布鲁克斯公开的他父亲的日记。乔治·爱德华·让纳雷-格里斯是个一丝不苟的匠人，给手表做釉饰，重视以创造性努力成就个人的出色工作。他在一个手表装饰作坊里工作，那作坊构成这个小镇著名的钟表产业的一部分。他参与小镇生活的方方面面，其核心就是职业伦理：我们生而为工作，如果有幸拥有财富，我们也无需炫耀。

布鲁克斯所写的相关传记表明，父亲悉心照顾儿子们，帮助他们认识自身价值，并以此为其莫大的骄傲。他时常在日记中记录儿子们工作、学习以及远足方面的才能，对阿尔伯特夸赞有加。

1895年4月6日
我们的阿尔伯特刚刚胜利通过了春季考试，110分，满分！这孩子带给我们极大的快乐，而他的兄弟却稍显粗心。
1895年7月13日
我们的两个儿子都获得了他们班上的一等奖，这让我们无比快乐。

但在1899年，爱德华的父亲在日记中写下了一段流露真情的话：

1899年2月6日
重要的家庭事业：我们的阿尔伯特在音乐上取得了重大进步，要参加星期三的一个音乐会……我们极其期待成功。不论是音乐方面还是学业方面，这个可爱的小宝贝都带给我们巨大的快乐……他的兄弟（爱德华，败家子）[23]通常也是个好孩子，聪明，但有着不同的性格，敏感、易怒，还反叛，时不时就成为我们的烦恼之源。[24]

这一点很有意思，它表露出父母对于男孩子优先考虑的品质：才智与品行。他用一个"但"字描述爱德华"不同"的性格，勾画出这个小儿子挑战的姿态。阿尔伯特在完成好学业方面承受了巨大压力，特别是在音乐方面。布鲁克斯推断，他严重的口吃，以及1907年妨碍他练习小提琴与在学业上继续深造的身心失调症状，可能就是过分急于求成以及因此而更加缺乏自信的表现。不出所料，阿尔伯特未能实现父母的期待，后来被父亲评价为"很严重"——而这个父亲本身也并不轻松。[25]

正是出于对这种紧张压力环境的抵触，爱德华开始需要寻求独处，几乎像是一种逃避。他回忆孩提时"总是借着餐桌上的光画画"，那笔、那纸与那片圆形的光晕，提供了一块安安静静、与世无争的天地。[26]父亲的日记中还透露出，父母对于阿尔伯特的偏爱并没有造成兄弟俩的隔阂，他们保持着相互挚爱、手足深情伴随终生。[27]布鲁克斯特别提到，当几个建筑师见到玛丽，祝贺她有这样一个天赋异禀的儿子时，她"感谢他们对阿尔伯特的友好评价"。看样子，她从未全面赏识小儿子的天赋。[28]尽管布鲁克斯推断爱德华并不缺少爱[29]，但这个年轻人毫无疑问能够意识到，父母对他们兄弟并非平等相看。然而，他们的关注似乎最终导致阿尔伯特的消极，也导致兄弟两人都缺乏信心。实际上，在这个不健全的家庭中的体验，爱德华相比哥哥可能还更轻松一些。

布鲁克斯还暗示，父亲在日记中所表达的温暖与深情让人动容，但他似乎更是一个矜持内敛的人。他宁可安静独坐，沉入自己的思绪，也不想对孩子们袒露情感。他描绘了一幅家庭图景，妻子处于支配地位，而他相对温和；然而一旦进入自己的王国——那些大山，他会瞬间焕发活力与动感。勒·柯布西耶曾写道："自然是一个场景，在那里我和朋友们度过了童年时代。并且，面对装扮我们美景的山山水水，我的父亲也满怀激情地投入进去。"[30]他的父亲是当地瑞士高山俱乐部（Swiss Alpine Club）的会长，对体验自然充满热情。或许最强烈的影响表现于他的态度，引领爱德华投入自然，开始爬山、徒步等，并且仔细观察侏罗山脉的自然史迹。爱德华当然受到鼓励，努力观察自然。抛开此类远行所带来的兴奋，布鲁克斯形容爱德华的早期"平淡无奇"。然而他还是疲惫地跟随父亲穿行于阿尔卑斯山脉，"我们时常站上山顶，广阔的视野司空见惯"。[31]

勒·柯布西耶接着回忆道："青春期怀有永不知足的好奇心，我从里到外了解花朵，知道鸟儿的样子和颜色，一棵树怎样成长，以及即便在风暴中，它如何保持平衡。"[32]以这种方式，他通过家庭知道怎样欣赏风景。与此相伴，后来也知道了高山景观的文化与政治意义。他的身体经常被父亲形容为"脆弱的"[33]，经受了体力上的挑战与心灵上的激励，貌似也在精神上获得了提升。而重要的是，这些经历都能让父亲受到鼓舞。勒·柯布西耶后来回忆："从童年起，父亲经常带我们穿行于峡谷与山峰之间，指出他最喜欢的：泾渭分明的差异性、万事万物令人惊叹的个性，以及自然法则的一致性。"[34]

在这里，他毫不掩饰地将自己的个性投射于自然事物，并在某种程度上将自然世界的某些方面融于自身。作为事后的文字，勒·柯布西耶可能神话了年轻时的自己。但通过分析这一时期他创作的图纸与风景画，可以清楚地看到他渴望发现并展示"自然法则的一致性"，并且这样的诉求在很早就开始扰动他的内心。查尔斯·詹克斯（Charles Jencks）认为，恰恰是在这些行程中，他拓展了自己与自然独处的品味。[35]

随着手表制造业日益现代化，爱德华的父亲发现他精湛的技艺变得不合时宜。他写道："我日渐退离民众生活，只为更加与世隔绝，乏人问津。很快，我将彻底消失！"[36]然而，非常奇怪的是，他们夫妻会把爱德华送入这个行将灭亡的行业做学徒。他们的做法貌似漠视儿子的未来，但或许并非如此。一直到那时，整个镇子对手表制造工艺的所有依赖，似乎都寄托于某种期待——以之抵制机器的到来。爱德华赖以长大的社会环境是由手工作坊、师傅与学徒构成的。也正是通过师徒相授，他发展了建筑方面的技能。后来在其工作室里，他也采用了相同的工作模式。

阿尔托、自负与坚定沉着
Aalto, Ego and the Stiff Upper Lip

这种对于技术进步的恐惧与抵制，并没有影响阿尔托的祖先。他的父亲是一名土地测绘员，致力于绘制芬兰中部广袤森林的地图。而在阿尔托家里，父子间职业的传承仍然存在问题。据阿尔托后来回忆，通过对于父亲绘图桌的记忆，他甚至幻想过父亲工作环境的富饶高产：

那张白桌子很大，或许是世界上最大的桌子，至少在我知道的世界和桌子中是的……桌子有两层，底下一层，从我刚刚学会爬就待在那里……一直到我能爬到上面一层活动，这白桌子自己似乎也长高了……在那桌子上，可以画一大片芬兰的地图……广袤的森林和无垠的原野……我童年的那张白桌子如此巨大，并且还会不断长大。我已经在它上面工作了一辈子。[37]

这或许已是他最接近父亲职业或引起父亲关注的时候了。

如果说母亲哈克斯泰特最大限度地肩负责任，将文化的重要性灌输给阿尔托；那么父亲或许以更加男子气的方式，绘出一片清晰的图景，告诉儿子理性行为的重要性。如我们所知，他的父亲J. H. 阿尔托，为人体贴却又令人难以接近。[38]他是一个积极、务实的绅士，在情绪方面却似乎并不让人感到轻松，并且如同爱德华的父亲，宁可生活在循规蹈矩的世界中——当然他也并不缺乏文化方面的鉴赏力。据说他对工作非常谨慎，而工作也是一副压在他肩上的重担。他被认为

"举止极其内向"[39]，甚至沉默寡言，但同时又是友善的。因此，阿尔托的父亲给人的印象中包含某些谜团。毫无疑问，他为孩子们提供了一个安全并充满激励的环境，尽管妻子去世后，内向的性格不利于他为孩子们提供身心所需的温暖补偿。或许是他对自己的自知之明促使他说服（也可能仅仅是接受）弗洛拉步姐姐的后尘嫁给自己。实际上，恰恰是弗洛拉征询了孩子们的意见，问他们是否有任何不情愿自己成为他们的新妈妈。

阿尔托家是众多新兴中产阶级家庭之一。在那个社会中，通过微乎其微的教育机会，从生存现实中崛起，对家庭而言是一项艰巨的任务。1869年，J. H. 阿尔托出生于芬兰哈姆省瓦纳亚教区的一个农民家庭。他父亲的水磨坊产业因蒸汽机的兴起而没落；因此，他被鼓励跟随一位巡回教师学习基础知识，并且跋涉4英里来往于海门林纳（Hämeenlinna）的学园——作曲家西贝柳斯也曾在那里学习。在经过无数艰辛的学习之后，他终于从文法学校毕业，当时已经22岁，比他的同学年长许多。他前往赫尔辛基继续接受训练，以成为一名土地测绘员。J. H. 阿尔托十分骄傲于自己的崛起，一路跋涉，从一个农民进入受教育的公务员阶层。后来当他的儿子离开家去学习建筑时，他的临别赠言是："阿尔托，永远记住你是一位绅士"。[40]有趣的是，阿尔托总把父亲描述成一个最伟大的重要角色，尽管如希尔特所指出的，J. H. 阿尔托在被提升为初级测绘员以前的19年，一直是一名代理测绘员，而后也仅仅做了3年的高级测绘员。[41]

1903年，阿尔托的父亲感到库尔塔内的生活对于年幼的孩子们太过孤寂，当测绘较远的地方时，他不得不长时间待在外面。因此他们搬到了于韦斯屈莱（Jyväskylä），很快那里成为才智与创新活动的前沿。[42]作为工作的一部分，

J. H. 阿尔托继续承担户外工作，深入森林深处旅行、测量、狩猎和捕鱼。从很小的时候起，阿尔托就陪着父亲参与这些远足，进入野外。这些远足有时候会持续数日，并且自从母亲去世后，似乎更加频繁。紧随父亲在森林里的这些日子，或许缓解了他的丧母之痛——伤痛的缓解与其说是因为父亲为儿子们分担悲伤，不如说是因为他们与极其繁茂的森林肌理与日俱增的亲密接触。当然，考虑到对他未来的影响，森林中某些自然的东西也似乎滋养了阿尔托的想象力。正如爱德华一样，他将自然世界的某些方面融于自身，或者至少融入他的想象中，通过设计的创造性活动再度激活它们。

除此之外，便是他参与父亲的工作——为铁路立界标的经历。以这种方式进军荒野并努力取得进展，在阿尔托的成长背景中无可置疑。这成为他参与文明与自然之间互动的基本模式。[43]在去世前几年，他曾回忆起这些：

在我家里，不论就父亲还是母亲而言，测量都算是一种传统。所以，即便在我还是个学生时，暑假里作为绘图助手帮父亲工作都是极其自然的事。而芬兰的景致，随时随地环绕着我。在环境平衡状态下工作的经历，也带给我一个观念——人应该怎样对待自己的环境。你（指希尔特）曾在书里说，人类在自然中的活动像是生命体中的一个肿瘤。但也未必尽然；我们反而能与环境寻求平衡，并且集中力量疗治由我们造成的创伤。[44]

如果从阿尔托深深的个人创伤、他对自然的热爱及其创造过程中蓬勃的想象力来看，这段话的后半部分算是对他毕生创作的感人诠释。

就像那时的大多数中产阶级家庭一样，阿尔托家在夏天会更加接近自然。从1910年起，他们会在靠近阿拉耶尔维（Alajärvi）的罗托拉（Rottola）农场租房子，并经常探访海尔米姨母家——她从1911年移居波罗的海沿岸的洛维萨

（Lovisa）。希尔特指出，置身于罗托拉的乡野环境，赋予阿尔托在其后所需之时采撷天籁之声（a vox humana）的能力，这可以冲抵他惯常拥有的自负腔调——那些可能来自父亲的遗传。[45]

阿尔托强烈的理性主义倾向受到测绘员父亲与护林员祖父所营造的客观世界的影响。与此相伴的是后者的创造性以及哈克斯泰特家族姨母对文化的兴趣。跟勒·柯布西耶一样，阿尔托似乎自幼就具有某种冲动，去整合一个理性的、不会为情所动的客观世界；同时，又渴求情感舒适，渴求一个主观的王国。阿尔托对于身体的亲近存在永不满足的渴望，这或许可以追溯至早期与母亲亲情关系的中断。[46]他以父亲某些军人的举止、权威的姿态与傲慢的态度，遮掩那些脆弱与敏感；他经常告诫他的下属："不要对阿尔托发号施令！"[47]希尔特曾描述过阿尔托父亲的权威形象与阿尔托偏重波希米亚风格的差异；相比之下，一些相似之处更显重要——那就是建筑师的办公室，"客观地工作"以求更好结果的强烈愿望，以及在一个大大的"白桌子"上工作的经历。[48]

森林与岩石：物的教育
Forest and Rock: Education of Matter

对于勒·柯布西耶和阿尔托而言，相比早期的正规教育，他们从家庭里获得的东西似乎更多地影响了他们的人生方向。他们都在自然环境中花费大量时光，在自然中探险、狩猎、远足、玩耍、学习，这对他们未来前途的影响是必然的，或许也是至关重要的（图1.1）。勒·柯布西耶后来回忆年轻的自己如何被自然世界中的乐趣所包围时说道：

图1.1

图1.1
拉绍德封外围的森林

我们的童年被自然的奇景所照亮。我们弯腰俯身，在成千上万的花儿与昆虫中度过学习时光。树木、云朵和鸟儿是我们研究的天地；我们试图了解它们的生命曲线，从而得出结论，只有自然才是美的，对于她的形式与美的材质，我们只能成为卑微的仿效者。[49]

确如洛奇（Loach）所指出的，若要理解勒·柯布西耶早期的感性，必须理解山野景致以及山峰在瑞士人精神中的位置——那是民族的基本共识，也是有别于其他民族的标志性因素。[50]毫无疑问，对阿尔托也需如此。

草地与山野
Meadows and Mountains

勒·柯布西耶大部分时间待在侏罗山脉的家中。那些山是阿尔卑斯山的前沿，环抱着拉绍德封网格状的街道。[51]冬季的气候异常寒冷，宛如冷空气从山际源源不断地倾泻下来。那些山还没有达到阿尔卑斯山峰的裸露高度；因此，低海拔处有森林植被，包括橡树和山毛榉林地，高海拔的地方被冷杉覆盖。林木线以上的山顶遍布高山草地，并零星分布着一些沼泽。虽然这样的野外生活当下近乎绝迹，但对年轻的爱德华却并不稀缺。

那时农场的经营方向各不相同，从乳制品产业，到西部与南部那些面对侏罗山的葡萄园。村庄随处可见，尤其是在峡谷中；而大一些的城市几乎全都集于边缘地带，已经成长起来。爱德华在水彩画中描绘出高原峡谷，其中有被森林覆盖的山峰，面对原始的牧场敞开胸襟。[52]实际上，小镇的名字La Chaux-de-Fonds意为"峡谷尽头的草场"，而它的镇徽中则设计了一个蜂房的形象。

小镇被手表制造业簇拥着成长起来，也是历史上著名的革命者避难地——而历史也是爱德华乐于接受的东西。这里存在一种极富象征性的巨大空间划分——井然有序的小镇与自然的山野。这种格局受到普耶维尔（Pouillerel）辖区发展的挑战，最初的别墅就建在其中，依偎在山的一侧，同时触及自然与文明，使城镇的网格本质变得温和。然而爱德华并未在这样的郊野环境度过他的青年时光，相反总是待在阴郁的城镇住宅街区中。

云杉、松树与小镇的根基
Spruce, Pine and Small Town Radicals

阿尔托5岁的时候，全家搬至省会于韦斯屈莱。这是一个于1837年刚刚建立的年轻小镇，正如它的名字所暗示的，它从一个简陋的"如同一粒谷子的小村子"成长起来。那片地方的特征可以描绘为"无限宽广却被离弃的森林"[53]，无数延展的水面从其中穿流而过。它位于派延奈湖（Päijänne）◆的源头，该湖向南延伸约150km，直抵拉赫蒂（Lahti）。然而在20世纪的早些时候，由于铁路（部分由阿尔托父子立桩监造）的到来，湖泊已不再是主要的交通干线。于韦斯屈莱迅速步入工业化，同时人口也达到近3000人。

当时的于韦斯屈莱已经以"北方的雅典"著称于国内，这主要得益于19世纪下半叶芬兰语族的文化生活。阿尔托则希望它成为芬兰的佛罗伦萨。[54]这是吸引他父亲来到这个小镇的部分原因，而最终起决定作用的则主要是1858年第一座芬兰语民族学校的建立（后来阿尔托在那里就读）。随后小镇在1863年主办了第一次芬兰的民族学校教师会议。同时，这一年也是教师进修学院（后来由阿尔托重新设计）开办的标志。在随后的一年，第一所芬兰语女子学校也创建起来。[55]

虽然地形有所差异，侏罗山的高度与芬兰中部的纬度，意味着勒·柯布西耶与阿尔托所体验到的动植物种群并无不

◆派延奈湖位于芬兰中部，是芬兰的第二大湖泊。

同。与芬兰的大部分地区一样，这片阿尔托年轻时游荡的地方，被针叶植物（主要是松树和云杉）所占据，尽管银桦树也随处可见。有超过一千种开花植物被记录下来——这至今还是学校的一项实践学习内容。这个地方的野生物种迄今仍然相对丰富，有麋鹿、狼、狼獾、猞猁，偶尔还能遇到熊，湖里可以看到各种水禽。在阿尔托的时代，还可以看到野生驯鹿。正因为如此，他热衷于狩猎和捕鱼，能捕到鲑鱼、鳟鱼、白鲑、梭子鱼、红点鲑和鲈鱼。

同瑞士一样，自然环境对于一个年轻国度的自我形象至关重要。因此，理解森林的本质关乎芬兰抵御俄国东部威胁的坚定决心。[56]诚如希尔特以不乏浪漫的语气所说：森林是阿尔托、父亲与祖父之间的"共同特征"——"将自然体验为自发成长、不断变化的环境，它给予人类恩赐，而人必须以专业知识和爱照料它。"[57]不论从阿尔托的文字还是他的创造性工作中，他对于自然环境的激情都显而易见。

小结
Conclusion

上述研究引发两个主题。首先关乎一个事实，阿尔托与勒·柯布西耶赖以成长的童年环境，都可以被粗略地描述为某种由母亲造成的"裂隙"，以及对母亲或母亲替代者关系的渴求。当然，在勒·柯布西耶和阿尔托的生活与工作中，有关女性和母亲形象的特定主题将日益清晰地得以展现。

第二个主题涉及勒·柯布西耶和阿尔托在自然环境中大量参与体力与想象力活动的程度。他们早年的自然体验确实形成了某种基本的、不变的秩序，且似乎已渗透进两个男孩的心灵。这种对于自然进程的认知，影响了他们此后生活中的一切。

注释

[1] 引自阿尔托想在20世纪40年代初发行的期刊。在赫尔辛基的阿尔瓦·阿尔托基金会（以下简称AAF）中有该项目的概述。

[2] S.K. Langer explores this in *Feeling and Form: A Theory of Art Developed From Philosophy in a New Key*, London: Routledge, 1953, p. 98.

[3] Le Corbusier, *Le Corbusier Talks with Students*, New York: Orion, 1961, p.57.

[4] Aalto, 'Motifs from the Past', 1922, in G. Schildt, *Alvar Aalto Sketches*, Cambridge, MA: MIT Press, 1985, p.2.

[5] Aalto citing Nietzsche, 'Interview for Finnish Television', July 1972, in G. Schildt, *Alvar Aalto in his Own Words*, New York: Rizzoli, 1997, p.274.

[6] Ibid.

[7] G. Schildt, *Alvar Aalto: The Early Years*, New York: Rizzoli, 1984, p.71.

[8] K. Frampton, *Le Corbusier*, London: Thames & Hudson, 2001, p.8. 爱德华的父亲在日记中写道："格拉蒂克太太（Mrs Grattiker）是负责照顾他的护士。一切都很顺利，她很快便给他喂了牛奶，他像个男人一样喝那瓶奶"，引自：Brookes, *Le Corbusier's Formative Years*, Chicago: University of Chicago Press, 1997, p.9.

[9] Le Corbusier, letter to his mother, 10 November 1955. Fondation Le Corbusier（以下简称FLC）R2 (2) 171.

[10] H. Allen Brookes, *Le Corbusier's Formative Years*, Chicago: University of Chicago Press, 1997, p.20.

[11] Ibid., p.8

[12] Le Corbusier *Modulor*, London: Faber, 1954, p.182.

[13] Brookes, *Formative Years*, p.16.

[14] A. Jeanneret, letter to his parents, 24 November, 1908. Cited in ibid.,

p.152.

[15] Ibid., p.9.

[16] 例如1940年8月18日他写给母亲的信，FLC R2(4). 勒·柯布西耶写信给母亲，讲述他遇见了一位美国精神科医生，对方告诉他，从其画作来看，勒·柯布西耶与母亲显然存在某些始终未能解决的问题。参见1937年2月19日勒·柯布西耶写给母亲的信，FLC R2.1.149.感谢尼古拉斯·韦伯（Nicholas Weber），目前他已完成为勒·柯布西耶传记所进行的研究，可进一步证实这一印象。

[17] Selma Hackstedt, cited in Schildt, *Early Years*, p.32.

[18] Ibid., p.48.

[19] Ibid., p.49.

[20] Ibid., p.71.

[21] Ibid., p.69.

[22] G. Schildt, *Alvar Aalto: The Mature Years*, New York: Rizzoli, 1992, p.14. 理查兹（J. M. Richards）写道：阿尔托"完全迷失了方向，失去了一贯的热情并开始酗酒，直到朋友们对他的未来感到绝望！" *Memories of an unjust fella*, London: Weidenfeld & Nicholson, 1980, p.203.

[23] 这些括号是布鲁克斯添加的。Brookes, *Formative Years*, p.13.

[24] Diary entry of G.É. Jeanneret-Gris. Ibid., pp.12 and 13.

[25] Diary entry of G.É. Jeanneret-Gris December 1905. Ibid., p.41. 勒·柯布西耶写给里特尔（Ritter）的信中说："事实是，我父亲绝对相信他的儿子永远都不会好。到现在为止，他一直是有道理的，但是该死的，他是如此着急！"参见1911年初夏勒·柯布西耶写给里特尔的信，FLC quoted in J. Lowman, 'Le Corbusier 1900–1925: The Years of Transition', unpub. PhD thesis,

University of London, 1979, p.46.

[26] Le Corbusier, *A New World of Space*, New York: Reynal & Hitchcock, 1948, p.10.

[27] J. 洛奇（J. Loach）在对布鲁克斯的书进行批判性评价时表明了这一点。'Jeanneret becoming Le Corbusier: Portrait of the Artist as a Young Swiss', *Journal of Architecture*, 5, 2000, pp.91-99.

[28] Brookes, *Formative Years*, p.16.

[29] Ibid., p.42.

[30] Le Corbusier, *The Decorative Art of Today*, London: Architectural Press, 1987, p.194.

[31] Ibid., p.194.

[32] Ibid.

[33] 引自乔治·爱德华·让纳雷-格里斯日记。Brookes, *Formative Years*, p.12.

[34] Le Corbusier, *Modulor 2*, London: Faber, 1955, p.297.

[35] C. Jencks, *Le Corbusier and the Continual Revolution in Architecture*, New York: Monacelli, 2000, p.20.

[36] 引自乔治·爱德华·让纳雷格里斯1893年12月日记。Brookes, *Formative Years*, p.18.

[37] 阿尔托于1972年7月与希尔特的谈话，参见：Schildt, *Own Words*, p.274.

[38] 在19世纪末的芬兰，受过良好教育的阶层将被人们以其名字的缩写称呼视为时尚。

[39] Schildt, *Early Years*, p.25.

[40] Ibid., p.26.

[41] Ibid., pp.24-25.

[42] 阿尔托的家庭接待了当时的许多知识分子和艺术精英，例如诗人艾诺·莱诺（Eino Leino），作家尤哈尼·阿霍（Juhani Aho）和画家亚克瑟利·加伦-卡雷拉（Akseli Gallen-Kallela），他们往返于当时的创意之都卡累利阿。

[43] Ibid., p.59.

[44] Aalto, from a conversation with Schildt, *Own Words*, p.274.

[45] Schildt, *Early Years*, p.63.

[46] 瓦奥拉·瓦尔斯泰特·吉勒摩（Viola Wahlstedt-Guillemaut，原名瓦奥拉·马克利乌斯Viola Markelius）就曾对希尔特公开表明与阿尔托的桃色关系，认为"他随时随处拈花惹草"，他"难以置信地渴望柔情"，不知何故竟像个孩子。希尔特站在某个不知名裸女的素描旁，暗示阿尔托的无数绯闻。G. Schildt, *Alvar Aalto: The Decisive Years*, New York: Rizzoli, 1986, p.50.

[47] Schildt, *Early Years*, p.27.

[48] Ibid., p.27.

[49] Le Corbusier, *Decorative Art of Today*, p.132.

[50] Loach, 'Jeanneret becoming Le Corbusier', p.93.

[51] 侏罗山脉以茂密的森林而得名，jura的意思是"森林"（来自高卢语jor, juria；最终与斯拉夫语中的山gora有关）。

[52] 例如：G. Baker, *Le Corbusier: The Creative Search*, London: Spon, p.17, Fig.1.7 and p.20, Fig.1.13.

[53] J. L. Runeberg, 1832, cited in Kalevi Riikinen, *A Geography of Finland*, Lahti: University of Helsinki, 1992, p.121.

[54] Schildt, *Early Years*, p.252.

[55] 在这些学校开办之前，芬兰的学校讲瑞典语——那是更富足的少数民族的语言。

[56] 芬兰曾隶属于瑞典，自1809年以来成为俄罗斯的大公国。在1917年俄国革命期间她首次独立。

[57] Schildt, *Early Years*, p.34.

自然生长、自然契约：从模式到原则

Chapter 2

Natural Growth, Natural Contract:
From Pattern to Principle

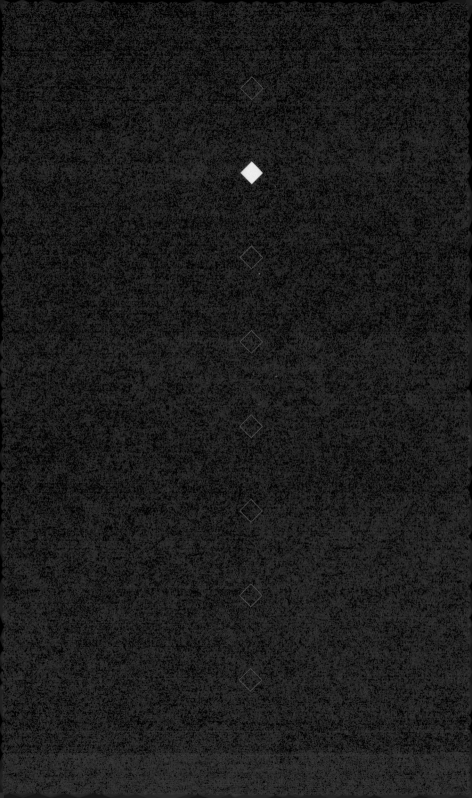

建立绝对准则的需求，似乎经常成为勒·柯布西耶工作的核心，无论那是纯粹主义者的绝对准则抑或自然法则。然而，他的那些进入我们视野的建筑形式却远非绝对，并且拒绝单一解读。正如威廉·柯蒂斯（William Curtis）所说，勒·柯布西耶的创造经常被"思维中完全不相关现象之间的类比跳跃"[1]所激发。而对于阿尔托，风雅形式的创造积极、活跃又至关重要，宛如天然模式一般。它们是将宇宙观念（或自然法则）反向渗透至现代世界、人类生活及大自然之中的理想要素。

勒·柯布西耶与阿尔托在建筑实践中采取了两条截然不同的途径。本章我们将聚焦他们所受教育中主要的影响因素，从最广泛意义上评价他们长大成人的过程中，经历、才智及个性因素在发展他们对自然的态度中所产生的影响。我们试图理解自然在其中是否作为一个整体性的原动力，或者说自然与他们的其他哲学观念之间是否存在分歧。

布鲁克斯将勒·柯布西耶的教育分为三个阶段。第一阶段涵盖了他的基础教育；第二阶段是他在拉绍德封艺术学院度过的5年；第三阶段大体是自我主导的学习、旅行，以及随两位有影响力的建筑师奥古斯特·佩雷（Auguste Perret）和彼得·贝伦斯（Peter Behrens）做学徒。[2]阿尔托的教育则分为他在于韦斯屈莱的学校生涯，以及在赫尔辛基接受的比较传统的建筑训练。

自主发展的天性
A Self-Mastering Nature

被忽视的幼年?
Careless Infancy?

1891年8月让纳雷兄弟俩在一所采用福禄培尔教育方法（Froebel method）◆的私立幼儿园接受早期教育。很多文章曾述及福禄培尔方法对于弗兰克·劳埃德·赖特的工作所产生的影响，人们可能推测它对于幼年的勒·柯布西耶发挥了类似的影响。1894年爱德华转入当地一家公立学校，在那里一个班的44个男孩子中，他始终名列第一。在1895年7月，他跟阿尔伯特在各自的班里双双获得一等奖学金。

1899年爱德华进入一所工业学校，开始接受中等教育，随着那所学校升级为高等学校（gymnase statue），他也迅速进入学术状态。1900年4月的成绩单中，他在35个学生中名列第三。大约在这个时候，父亲曾记下在当地演出的《白雪与红玫瑰》（*Snow White and Rose Red*）里，家中其他成员所担任的不同角色："玛丽伴唱，阿尔伯特在乐队演奏，爱德华是那个叫'讽刺'的地仙。"[3]这时的爱德华已经在做一个滑稽的局外人，一个他后来所沉迷的角色，出离于阿尔伯特与母亲的亲密关系之外。[4]

爱德华的父亲通常把他当作一个"聪明的好孩子"，但也表示儿子具有"强硬的性格，敏感、易怒、反叛"，时不时成为"我们的烦恼之源"。[5]这个看法被爱德华的一个老师所证实，那老师描述他"漫不经心、疏忽大意"。[6]实际上，他在那所学校的表现明显退步，正因为如此，他在十四岁半的时候转入了艺术学院。

◆由德国教育家弗里德里希·福禄培尔（Friedrich Froebel, 1782—1852年）开发的第一种被广泛接受的幼儿教育方法，从某种程度上彻底改变了教育。该方法的前提是人必须具有积极性和创造力，而不仅仅是接受。他主张幼儿园应该是一个完备的环境，而父母和老师作为这个环境中的园丁，负责培育孩子的潜能。

从忽视到热情的培养
From Negligence to the Planting of Enthusiasm

这一改变貌似使爱德华准备转入父亲的工作领域——装饰雕刻是那所学校的一个专业。但实际上这成为一个诱因，使他彻底离开了家庭所涉足的圈子。一俟职业变化的选择中出现了建筑，这一改变的重要性便凸显出来。在艺术学院，至关重要的影响来自他初期的导师夏尔·勒普拉特尼埃（Charles L'Eplattenier），他灌输一种对于自然近乎宗教般的欣赏，并与爱德华形成亲密的友谊。勒·柯布西耶后来在记述这段经历时说道：

我的导师说过，唯有自然激发灵感，真实不虚，支撑人们努力创造。但切勿以风景画家的方式面对自然；除了表象，他们不会揭示任何东西。需审视其缘起、其形态、其勃发的生长，继而在创造装饰之时摹写它。他对装饰持有一种超然的观念——那被他视作一个小宇宙。[7]

看起来，年轻的勒·柯布西耶已能将父亲和勒普拉特尼埃二人的影响融于一身。他写道："我的导师是一个好老师，一个丛林里的真汉子，他让我们也成为丛林里的男人。"[8] 与此相应，勒普拉特尼埃要求他们学习自然的"缘起、形态和勃发的生长……满怀激情地从当下的环境里学习"。[9] 因此，让纳雷很多早期表壳设计的尝试，都是以自然作为主题的。[10]

与大多同时代的人一样，勒普拉特尼埃因循着那个浪漫的想法，认为近距离观察自然会揭示更大的真实。[11]他更倾向于将勒·柯布西耶对自然的领悟聚焦于衔接理论。父亲最初强化了勒·柯布西耶对自然的兴趣；而勒普拉特尼埃更循循善诱，通过推荐约翰·拉斯金（John Ruskin）[12]、欧文·琼斯（Owen Jones）等人的著述[13]，引发他对书本的渴求。勒·柯布西耶后来写道："拉斯金讲到精神性。在他的《建筑的七盏明灯》(*The Seven Lamps of Architecture*, 1849)中，奉献之灯、真理之灯和谦卑之灯熠熠闪光。"[14] 欧文·琼斯《装饰的法则》(*Grammar of Ornament*)一书被称作学生的"圣经"[15]，勒·柯布西耶从中认识到，近距离的观察与描绘作为获取自然教益途径的重要性。它暗示着自然的细胞结构，以或大或小的尺度，在整个宇宙中不断重复，被一条巨大的存在之索维系着。勒·柯布西耶观察认为："所有的事物均依据统一整体性的原则排布：……任何有机体都作为链条上的某种联系——那是由不同形态变化构成的链条，围绕着两极间的轴线。"[16]他相信，自然的外部形态能够揭示内部真理。

琼斯研究认为，"一个人不论在哪里，都会被周遭大自然的美深深打动，并试图付诸全力去模仿那个创造者的工作。"[17]对于琼斯来说，"野蛮人"更有能力重新创造一个"形态与色彩的真正平衡"，因为他"只习惯见到大自然的和谐"。[18]并且，"如果要恢复某种更健康的状态，我们甚至注定要成为小孩子或野蛮人；我们必须剔除后天习得与人为添加的东西，继而回归并发展自然的天性。"[19]以这种方式，琼斯对勒·柯布西耶产生了重大的影响；貌似未受污染的文化的优越性，更贴近本真，成为他作品一直使用的一个主题。

在童年与青年时期，勒·柯布西耶一直坚持绘画。他后期的速写明显受到拉斯金的影响，不论在素材还是绘画方法的选择上。在对勒·柯布西耶速写本的分析中，杰弗里·贝克(Geoffrey Baker)得出结论："他是通过绘画来认识世界的"。[20]他不仅熟悉自然的习性，还理解了自然的内在结构。确实，他早期的速写本被风景题材所主宰。

勒普拉特尼埃曾对田园城市的想法产生重大兴趣，给当地的城镇规划会议写过一篇文章，其中长篇大论地阐述了奥地利建筑理论家卡米洛·西特（Camillo Sitte）的观点。很快他的这份热情便感染了正着手运用这位理论家的模式进行城镇规划史研究的勒·柯布西耶。[21]正如自然为其小尺度的装饰等作品提供了重要灵感，自然也将为其大尺度的作品提供灵感，诸如城镇规划。

分析有机体
Analysing Organisms

所有这些求索像激情一样持续着，从青春期到成人期——尽管这样的追寻更多是在知识探索的领域，而非物质层面。在瑞士的侏罗地区有一句谚语——自然像一个精良有序的钟表。[22]这种直白的说法更像是把钟表制造业的一丝不苟投射于自然，而非意在表述自然环境本身。的确，勒·柯布西耶曾写过："我从父亲那里学会观察，从母亲那里获得热情。"[23]

布鲁克斯认为，尽管许多人都心存疑虑，包括勒普拉特尼埃自己，但他还是独自决定勒·柯布西耶应该成为建筑师。职业改变在1905年被正式提出，其原因被认为是此前的1904年，因视力恶化，勒·柯布西耶的雕刻工作量被迫减少。或许勒·柯布西耶也已经将此视作一个有效的方式，将自己与家庭拉开距离——不论这会制造什么样的紧张局面，或可能带来怎样的痛苦。在此期间他学业出众，以前所未有的状态，在工作中表现出全身心的激情。父亲形容他是"一个真正的重击手"，指的就是他追求学问的积极态度。[24]

这个时候勒·柯布西耶鼓动父母在城外买地建房，尽管父亲的产业正在衰落——这件事曾引发父母间的争执。而工程也被中断至1912年。

在此期间，冷杉对勒·柯布西耶产生了重要影响（图2.1）。在设计中，他将其作为一个母题——贝克认为这是对当地缺乏视觉传统的补偿。在这种情况下，如贝克所说："对于有机体的分析，成为创造性活动的一个起点。"[25]正如我们接下来要阐明的，此后勒·柯布西耶更广泛地专注于树的形象。

勒·柯布西耶曾通过图形、线条和几何形体的方式认识世界，它们在理想状态下彼此联系，在自然中作为一个密不可分的整体被感知。这可以解释他为什么将如此巨大的精力，投入爱德华·许雷（Édouard Schuré）◆所著《伟大的倡议》（Les Grands Initié）中有关毕达哥拉斯的章节，这本书是勒普拉特尼埃送给他的另一份礼物。以《宗教秘密史的素描》（Esquisse de l'histoire secrète des religions）作为副标题，这本书依次记录了几位伟大精神领袖的生平：罗摩、克利希那（一般指黑天，又译作奎师那）、赫尔墨斯、摩西、俄耳甫斯、毕达哥拉斯、柏拉图和耶稣。毕达哥拉斯作为神秘的俄耳甫斯主义的追随者，于公元前6世纪晚期，在克罗顿创立了一个宗教团体。毕达哥拉斯学派以苦修为其生活方式，并以阿波罗作为膜拜的神祇。[26]毕达哥拉斯探索一种理性地表达其宇宙观的方法，也就是数学方法。[27]很有可能，这位年轻的建筑师受到毕达哥拉斯信念的影响，那便是对宇宙中和谐与秩序的观照，会激励心灵中和谐与秩序的发展。[28]数学能提供途径，以创造人与自然的联系。很显然，许雷的书给年轻的勒·柯布西耶留下了深刻印象，他于1908年1月写给父母的信中说：

我两星期前刚刚读完《伟大的倡议》……这个许雷为我开启了一片天空，让我充满愉悦。我预见到这样——哦，不，那还太遥远。更准确地说，我还在两种力量之间争斗：一方面，理性主义强烈地浸染着我活跃的现实生活，还有那一点点我从学校获得的科学知识；另一方面，那种天生的、直觉的对于某种至高无上存在的观念，在我对自然的每一步凝神默祷中为我揭示出来。这种争斗为高贵的收获奠定了基础，这本600页的书满载那些收获。如今我更加轻松、更加喜悦，尽管我并未平息争斗，但希望某一天能得到方法，以便自己可以投身其中去解决它。[29]

他正开启一段贯穿终生的求索。

大约在阅读许雷著作的同时，勒·柯布西耶还读了亨利·普罗旺萨尔（Henry Provensal）◆◆的《明天的艺术》（*L'Art de Demain*）。[30]按保罗·特纳（Paul Turner）的观点，在勒·柯布西耶的作品中几乎可以原封不动地发现普罗旺萨尔的某些想法。[31]普罗旺萨尔总结德国唯心主义观点，并使用自然、科学、哲学、历史和宗教中的例证，创立一种生活的理论。简而言之，普罗旺萨尔相信诸如水晶之类自然现象的结构，能够以艺术和建筑的方式被模仿，从而创造一种人工与自然构成之间的联系。后者被他描述为"最高智慧"，有时也称"天命、天意"，根本上来说就是"神性"。[32]普罗旺萨尔还认为，自然界所见雌雄因素的平衡，也应成为艺术家所追求的某种自然法则。

在此期间，勒·柯布西耶还读了尼采的《查拉图斯特拉如是说》（*Thus Spoke Zarathustra*）◆◆◆。这本书并没有成为让-路易·科昂（Jean-Louis Cohen）所谓的"枕边读物"，实际上一直到1961年，勒·柯布西耶才再次拿起这本书。那个时候，作为一个苦闷的长者，他才开始充分认识到这本书的价值。科昂写道："这位建筑师对尼采哲学议题的具体兴趣是潜在的，不露痕迹。"[33]

潜能绽放
The Flowering of Potential

1905年，18岁的勒·柯布西耶参与勒普拉特尼埃的建筑与装饰设计课程。 老师发现他和一位本地建筑师——雷内·查帕拉兹（René Chapallaz）一起工作。他们为法莱别墅（Villa Fallet）所做的设计，显示其立意源自工艺美术运动和当地风土（图2.2）。那段时间，勒·柯布西耶力图将松树的形象风格化，并转译为设计母题。这些母题可以在诸如阳台的栏杆做法中见到。[34]重复的几何母题在山墙上同样精彩，让人联想到自然中重复的图案，这或许是勒·柯布西耶发展了来自欧文·琼斯的一个想法。欧文写道："花朵或自然中的其他东西不应被用作装饰，除非以它们建立的传统表现形式使人产生足够的联想，将特定的意象传达至头脑中，而不破坏这些被用作装饰之物的统一性。"[35]

此后一个位于拉绍德封最精彩的受托项目是施沃布别墅（Villa Schwob，1916—1917年）。那一时期他的关注点由装饰转向几何形态的游戏。在这个项目中，他玩的是方圆组合的游戏——这是某种对立统一，令他痴迷终生。几何形态和谐的观念，在其工作中已然凸显。

他不断阅读，柯蒂斯相信勒·柯布西耶试图通过前人的思想增强他的直觉力。[36]随着建筑方面的观点与经验不断增长，他追随一个又一个精神导师。然而在这个追索的过程中，如他的兄弟一样，他也体验着因缺乏自信而带来的持续挣扎。

1907年7月，20岁的勒·柯布西耶离开拉绍德封，去意大利北部展开了为期几个月的旅行，在维也纳度过冬天的时光，然后首次去到巴黎。[37]特纳记述这段时间，勒·柯布西耶广泛地阅读拉斯金的著作。在特纳看来，他似乎受到拉斯金"两种性情理论"的深刻影响，"一个是北欧，另一个是南欧与地中海区域"——北方积极、内向、务实并且头脑冷静，而南方则乐于冥想、隐修、神秘，被拉斯金称为"疯狂"（insane）。[38]尽管拉斯金认为最伟大的艺术应融合这两种性情元素，但特纳发现他显然更热衷于后者；正如勒·柯布西耶，考虑到其北方背景，这难免有点儿奇怪。我们会看到勒·柯布西耶对于自然的理想化观点具有南方特征，那是太阳与大海交互作用的缩影。在《当教堂成为白色》（*When the Cathedrals were White*）一书中，他写道："我已感觉自己越来越成为具有一个强健根基的人，根植于地中海，成为光的剧情里主宰形态的女王。"[39]

巴黎、佩雷与建筑实践
Paris, Perret and the Practice of Architecture

20世纪早期，在一些欧洲国家进行过对于自然与宗教角色的重新评价，其中最具影响力的评价产生于德国的包豪斯，由神通学家勃拉瓦茨基夫人（Madame Blavatsky）推动。朱莉娅·法甘-金（Julia Fagan-King）曾解释说，在当时的巴黎艺术圈中，"对新时代高度神秘的理想弥漫着近乎宗教般的信仰"。她认为：

艺术是联结神性与绝对精神的通道；美的创造与欣赏体验可以类比于神秘者与先知者的极乐，承载着相同的神性力量，是一种根基深厚的信仰；探寻其根脉可超越其直接前辈——那些符号学者，直抵作为神秘倾向典范的米开朗琪罗和达·芬奇——甚至企及柏拉图本人。[40]

勒·柯布西耶1908年去到巴黎，为奥古斯特·佩雷工作了16个月。1917年他最终安家于此。这段时间，他结识了

图2.1

图2.1
白雪覆盖下的常绿冷杉，铅笔与墨汁，15cm×17cm，爱德华·让纳雷，1906年

图2.2
法莱别墅的山墙，拉绍德封，爱德华·让纳雷，1905—1907年

（译者拍摄）

图2.2

第 2 章
自然生长、自然契约：从模式到原则

许多不同领域的艺术家与作家，他们的工作将给他带来持久的影响，例如约瑟芬·佩拉丹（Joséphin Péladan）◆、纪尧姆·阿波里耐（Guillaume Apollinaire）◆◆、安德烈·布雷东（André Breton）◆◆◆、安德烈·纪德（André Gide）◆◆◆◆、让·科克托（Jean Cocteau）◆◆◆◆◆。这其中的每一位都受到古希腊宗教与哲学思想的深刻影响，尤其是柏拉图的思想。对这些人著作的激情点燃了勒·柯布西耶对此类思想的兴趣。

1907年阿波里耐发表了诗集《奥菲的随从》（*Bestiare ou Cortège d'Orphée*），其中俄耳甫斯的形象通常被作为诗人与艺术家的象征。[41]确认并界定20世纪初的艺术运动为俄耳甫斯主义，阿波里耐发挥了关键作用。他所跻身的这一群体的成员还有罗伯特·德劳奈（Robert Delaunay）◆◆◆◆◆◆、弗朗西斯·皮卡比亚（Francis Picabia）◆◆◆◆◆◆◆、马塞尔·杜尚（Marcel Duchamp）和费尔南德·莱热（Fernand Léger）◆◆◆◆◆◆◆◆，后者也成为阿尔托的密友。[42]一批俄耳甫斯主义的绘画于1913年3月在独立沙龙（Salon des Indépendants）被展出。在1913年3月29日出版的一本俄耳甫斯主义的杂志《蒙茹瓦!》（*Montjoie!*）对这次展览发表的评论中，阿波里耐宣称："如果立体主义死了，俄耳甫斯主义将获得永生! 俄耳甫斯的王国指日可待"。[43]这些艺术家从俄耳甫斯通过音乐创造和谐的才能中获取灵感。[44]他们期

◆约瑟芬·佩拉丹（1858—1918年），法国作家，具有基督教神秘主义倾向。
◆◆纪尧姆·阿波里耐（1880—1918年），法国著名诗人、剧作家、小说家、艺术评论家。
◆◆◆安德烈·布雷东（1896—1966年），全名André Robert Breton，法国作家、诗人、反法西斯主义者。
◆◆◆◆安德烈·纪德（1869—1951年），全名André Paul Guillaume Gide，法国著名作家，1947年诺贝尔文学奖获得者。
◆◆◆◆◆让·科克托（1889—1963年），法国诗人、小说家、演员、导演、画家。
◆◆◆◆◆◆罗伯特·德劳奈（1885—1941年），法国艺术家，他与妻子索尼娅·德劳奈（Sonia Delaunay）协同其他人共同创立了俄耳甫斯主义，该艺术运动以使用强烈的色彩和几何形状而闻名。
◆◆◆◆◆◆◆弗朗西斯·皮卡比亚（1879—1953年），法国先锋派画家、诗人、作家、版面设计师。
◆◆◆◆◆◆◆◆费尔南德·莱热（1881—1955年），全名Joseph Fernand Henri Léger，法国画家、雕塑家和电影制片人。在他的早期作品中表现出立体主义形式，但个人风格鲜明；后期逐渐改变为更具象征性的民粹主义风格。

待通过绘画达到类似状态的和谐，以颜色与形态来感染情绪，交流思想。[45]这或许将成为勒·柯布西耶工作的中心目标。

东方之旅
Journey to the East

勒·柯布西耶通过读书与阶段性的旅行来扩展知识的获取，正如发生在1911年的那次，在他的著作《东方之旅》中有所概括。在这次行程中，他的旅伴是其密友威廉·里特尔（William Ritter），一位具有影响力的作家和艺术家。[46]里特尔是同性恋者，尽管无人知晓他是否与勒·柯布西耶关系亲密。

在那段时间，不论是写给男人还是女人，勒·柯布西耶的写作风格都激情满怀、热情洋溢，因此从信件的语气上无从判断。迄今为止，关于勒·柯布西耶个人生活的话题都被他的传记作者刻意避开了。不论他们关系如何，值得注意的是性成为那个时代作家与艺术家兴趣浓厚的话题；因此，这或许也是勒·柯布西耶乐于探索的一个领域。在《东方之旅》中勒·柯布西耶写道，"那些令我们激动，以至必需对它表达出来的最爱，当我们斗胆对它说一句话或做一个动作时，我们能体验到那种震颤。"这透露出他心底世界的某些体验——不难料想，一个24岁的人，如此小心地将性欲冲动付诸自己富于创造性的工作。[47] "夜晚，手臂荡动于双腿间，眼神，随心而动，瞥一眼……那位兄弟，哦，煎熬"——勒·柯布西耶如此描述禁欲生活中的诱惑，尽管并不能理所当然地把这些当作严肃的文字。[48]

在阿道夫·马克斯·福格特（Adolf Max Vogt）◆看来，里特尔充当了勒·柯布西耶父亲的角色。[49]勒·柯布西耶通过《作品全集》（Oeuvre Complète）第一册的序言，回溯他与里特尔在一起的日子：

在迷茫年代，当一个人满怀信心投身于生命的伟大游戏……我遇到一位年长的朋友，他愿意接受我的不安与困惑……面对自然的现象，面对撕裂人类的纷争，他会动容。我们一起走过充满史迹的壮丽景观——湖泊、高原、阿尔卑斯山脉。[50]

帕提农神庙之旅使这次行程达到高潮，这座建筑对勒·柯布西耶来说有着异乎寻常的独特魅力，这或许是因为他对于古希腊哲学与神话的兴趣，以及他所信仰的数字与比例的力量，那力量创造出与自然和谐的建筑。

勒·柯布西耶还通过大量细致入微的博物馆学习扩充学识。他后来在《今日的装饰艺术》（The Decorative Art of Today）一书中追忆道：

我只想对那些无法被称作伟大艺术的东西发问。当然，星期天我去看契马布埃◆◆们、勃鲁盖尔们、拉斐尔们、丁托列托们，等等。但为了工作，为了绘画，为了理解一个人赋予其工作的全部丰厚意涵，以及所必需的专注、调整、构筑、创新的程度，那一刻我在无人支起画架的地方驻足——远离伟大的美术馆。我一直是孤独的。
在克鲁尼博物馆，为那些挂毯、细密画、波斯盘子，
在吉美博物馆，为所有那些青铜、木头、石头的神灵，
在鲍狄埃画廊，为那些伊特鲁里亚和希腊的东西，
在特罗卡迪罗，为那些法兰西教堂的大门，
在（自然历史）博物馆，去接受很多教益。
佛罗伦萨的人类学与民族学博物馆里的那些伊特鲁里亚藏品，
那不勒斯博物馆以及庞贝的那些古老装饰艺术，
那是怎样的教益！怎样的教益！怎样的画作，发自内心的提出问题，然后以一个鲜明形态的清晰轮廓回答那些问题。[51]

◆阿道夫·马克斯·福格特（1920—2013年），瑞士艺术史学家、记者、艺术和建筑评论家。
◆◆据意大利画家和历史学家乔治·瓦萨里（Giorgio Vasari）称，契马布埃（Cimabue）是乔托（Giotto）的老师，而乔托则是意大利原始文艺复兴时期的第一位伟大画家，被誉为西方绘画之父。

这些研究为他后来的大量工作提供了原始素材。[52]通过这些素材他开始学习欧洲以及其他地方的早期宗教和图像学方法；与此同时，他学习自然史以及自然的模式。

阿尔托的教育
Educating Aalto

显然，在本地学园以及赫尔辛基建筑学校中，阿尔托接受了一种更为保守的教育，尽管他的课余活动与勒·柯布西耶类似。

阅读障碍与想象力的自主游戏
Dyslexia and the Free Play of Imagination

希尔特提供了阿尔托学业中重要的记述，搬到于韦斯屈莱后，学业开始于一个很小的预备学校。10岁的时候阿尔托进入镇子上的芬兰语文法学校（有时也被称作"学园"）。似乎存在阅读障碍的阿尔托，在学校里很活跃，表现出睿智与创造力，但学业上并不勤奋。据说他对读书如饥似渴，痴迷于"书本文化"[53]，获取概念与观点易如反掌，而对教条与细节则毫无兴趣。或许由于存在阅读障碍的问题，语言总会使他困惑，但对于数学与生物这些在家中接受辅导的科目，他却十分擅长。即便如此，如果忽略拼写，他的作文在学校也很优秀，特别是那些可以任由他创造性发挥的内容。最重要的是，他的创造性绘画技能非凡，赢得过竞赛（**图版2**），并且有一次得以出版。

希尔特把阿尔托的学校描述为"双语、面向国际并对宗教持怀疑态度"，却对发展持开明信念。[54]在纪念学园创建百年活动的一次演讲中，阿尔托忆起一个叫加布里埃尔·伊德翁·罗尼穆斯（Gabriel Gideon Ronimus）的法语老师，对他曾产生过特别的影响，进一步培养了他心底里源自家庭的质疑以及怀疑主义的哲学思想。这种质疑鼓励建筑师去挑战他所认为的因过分强调机械化而带来的非人性之处。[55]

阿尔托是一个运动健将，并被推举为运动俱乐部的负责人，这也足见他的人缘。他的体育老师施托（Store）从身体活力与竞技精神两方面激发阿尔托的兴趣。更重要的是，正如希尔特所表明的，施托推崇学业与身体训练的平衡，推崇他在文化研究中发现的能充分表现文艺复兴理念的"通才"理想模式。[56]这种实践与学习的结合，日常生活与文化、历史的结合，一直吸引着阿尔托。与此类似，勒·柯布西耶也相信身心同时培养的重要性，这一观念可能源自他曾读过的柏拉图的著述。[57]

在此有必要提及阿尔托的外祖父，胡戈·哈米尔卡·哈克斯泰特（Hugo Hamilkar Hackstedt）。这个大家长从事林业工作，任教于埃沃林学院（Evo Forestry Institute）。这是芬兰的第一所林业学校，创建于1862年。[58]学院的目标是开启林业研究并培养林业官员，发明并采用林业技术方法，尤其鼓励更大范围的林地生活研究，包括自然疗法、水疗、采伐理论，以及在小型社群中建立储蓄银行的重要性。不止于此，它还提倡广泛的全面教育，例如讲授歌德、狄更斯和达尔文的作品。这种多样性对阿尔托的发展产生了至关重要的影响，发明家兼护林员的外祖父也为他灌输了一些进步观念，诸如伟大的艺术家都是应该追随的向导。跟他父亲类似，外祖父的影响兼具根深蒂固的怀疑主义和富于创造力的实用主义。二者都基于歌德关于有目的地与自然互动的理念。按希尔特的说法，阿尔托确实认同歌德的

◆埃罗·耶内费尔特（1863—1937年），全名Erik Nikolai Järnefelt，芬兰画家、艺术学教授。
◆◆萨卡里亚斯·托佩柳斯（1818—1898年），在本书中称他为the Finn Zacharias Topelius，芬兰作家，被誉为芬兰历史小说之父。
◆◆◆儒勒·凡尔纳（1828—1905年），多产的法国科幻小说作家。

观点，认为人是自然循环中不可分割的一部分，而这似乎也影响了勒·柯布西耶。[59]同样重要的是，父亲与外祖父的共同影响都与以森林为根基的生活实践相关。1904年，哈克斯泰特以首席指导的身份从埃沃退休，搬至于韦斯屈莱；仅在阿尔托母亲溘逝的3年后，他于1909年终老于此。他对于外孙观念的影响亦如对埃沃的影响，只能作为我们所讲故事的点缀，而非实际探访的记录，却依然具有说服力。

阿尔托花费大量时间真正地玩耍——可能是剧场演出、竞技游戏或是扮演虚构的角色。实际上，正如他的女儿汉尼·阿拉宁（Hanni Alanen）所说，在后来的生活中，阿尔托感到跟孩子们在一起更为自在，甚至乐于耍孩子气。[60]童年时期，他似乎也花时间练习与演奏音乐，完成素描与绘画，或是以某种方式在野外嬉戏。他跟着于韦斯屈莱一个叫约纳斯·海斯卡（Jonas Heiska）的画家学习，并声称在赫尔辛基的学生时期，曾跟著名的民族浪漫主义画家埃罗·耶内费尔特（Eero Järnefelt）◆学画——尽管无法证实此事。阿尔托十几岁时的画作，确有一些耶内费尔特的浪漫主义影子，并且对于自然的浪漫颂扬，与勒·柯布西耶的早期作品别无二致（图2.3）。

重返欢乐的希腊
Rehabilitating Happy Hellas

自年轻的时候起，阿尔托就怀有广泛的文学兴趣。他受母亲兴趣的影响喜欢歌德、易卜生以及萨卡里亚斯·托佩柳斯（Zacharias Topelius）◆◆，当然也拥有男孩自己的童书。实际上，在后来的岁月中，他仍会重温年少时文学英雄的作品，儒勒·凡尔纳（Jules Verne）◆◆◆、阿纳托

第2章
自然生长、自然契约：从模式到原则

尔·法朗士（Anatole France）◆——特别是其中的阿贝·夸尼亚尔（Abbé Coignard）以及安徒生（H.C.Andersen）◆◆。在青少年时期，他读过克鲁泡特金王子（Prince Kropotkin）◆◆◆、艾尔贝·恩斯特伦（Albert Engström）◆◆◆◆和奥古斯特·斯特林堡（August Strindberg）◆◆◆◆◆的作品。从各方面来说，他都是一个如饥似渴的阅读者。在这些文学之旅的路途中，阿尔托珍藏了一部重要的七卷本巨著，那曾是他外祖父的。书名为《发明之书：各领域工业发展概览》，译自瑞典语。[61]第一卷已被翻烂，因年久破损而被重新装订，其中章节有"人类文明的历史""建筑技术与各种形式的房子""城镇的建造"以及"通信设施"。外祖父或许就用这本书在埃沃讲授建筑的基本原理，临终时交给阿尔托。它以简单的方式涵盖一系列复杂问题，与这位建筑师相伴终生。

是否受到了外祖父的单独影响犹未可知，但毫无疑问，阿尔托受到了这本书的影响。书中关于比例合宜的、被"希腊乐土上热爱艺术、欢快的原住民"所钟情的建筑章节，关于罗马人建造的家园以及社会与实践对建筑师需求的重要性的章节，都被反复翻阅过，并很可能已融入他的建筑蓝图。他的某些早期设计，例如他为兄弟设计的瓦伊诺别墅（Villa Väinö）（图4.4）以及于韦斯屈莱葬礼礼拜堂（Jyväskylä Funeral Chapel）（两个设计都始于1925年），其中的室内草图显然受到《发明之书》中罗马中庭蚀刻画的启发。

◆阿纳托尔·法朗士（1844—1924年），法国诗人、记者、小说家。1893年，法国出版了他最著名的小说《雷讷·佩道克的标志》（La Rôtisserie de la Reine Pédauque，英译名：At the Sign of the Reine Pédauque），书中描述18世纪法国生活的画卷。小说的中心人物阿贝·夸尼亚尔是一个复杂的人物，具有一定讽刺意义却不乏可爱。

◆◆安徒生（1805—1875年），全名Hans Christian Andersen，著名的丹麦童话作家。

◆◆◆克鲁泡特金王子（1842—1921年），全称Prince Peter Kropotkin，俄国革命家、科学家和哲学家，是提倡无政府共产主义的俄国激进主义者。其父是俄国世袭亲王，因此他也被称为"无政府王子"。

◆◆◆◆艾尔贝·恩斯特伦（1869—1940年），瑞典艺术家、作家，自1922年成为瑞典研究院成员。

◆◆◆◆◆奥古斯特·斯特林堡（1849—1912年），全名Johan August Strindberg，瑞典剧作家、小说家、诗人、散文作家与画家。

结合父亲与外祖父的影响，愈发彰显了这本书的重要性——表现在提供实践细节的信息，或者揭示普遍真理。它与达尔文主义者相互应和，策动自然与社会双重领域的生活进步。书中的某些观点，被希尔特称为具有"19世纪天真、进步的乐观主义"特征，这些在阿尔托后来的著述中得以体现。[62]即便如此，他并没有被这本书掌控。或许除了童年的创伤，他不允许任何东西掌控自己，因为他的怀疑主义决定了他只会抵触或无视教条。

在于韦斯屈莱，阿尔托的家庭环境很热闹。很多人混居于此，那是或亲或疏的家人、朋友、到访的文化界人士或房客。那所房子本身也很复杂。他的家位于岭街（Harjukatu）的尽头，占据很大一片斜坡地，上面有几栋房子和一个两层高的"花园"空间。房子包括一个很大的单层主体，一个包含两套居室的小房子，以及下面的一些次要用房。对被不同建筑形式围合的庭院的描述，或许暗含在他后来的很多建筑之中，每一座建筑的精神都呼应着由不同需求构成的特定社群。的确，在阿尔托的住宅中就存在某种社群精神，某种从未被彻底取代的混乱感觉。

阿尔托晚年时提到，1907年看到伊利尔·沙里宁（Eliel Saarinen）画的维特莱斯克综合体（Hvitträsk Studio Complex）的室内水彩画，受此激励，10岁的他就明确自己想成为一名建筑师。[63]希尔特指出，建筑职业使阿尔托从两方面保持着他的"信念"：一是家里那张"白桌子"的传统——这与客观性相关，二是自己的创造天性。[64]

勒·柯布西耶决心寻求某种适合的建筑教育；与此同时，阿尔托却接受能提供某种更为传统方式的教学系统，而热情却不相上下，或许动力也不分伯仲。从所发表的演讲与文章来看，阿尔托确实显得在学术上远不及勒·柯布西耶，仅是追逐经典而非目标驱动的研究。尽管如前文所引，希尔特描述他如何热爱"书本文化"[65]，但阿尔托给人留下的印象依然是想象力充沛、内心富于直觉力。一位美国朋友哈蒙·戈德斯通（Harmon Goldstone）◆一直认为，阿尔托"拙于文字表达，却可以通过绘画、直觉和手势完美交流"，例如学会英语之前他在美国的演讲。[66]但希尔特却指出，阿尔托的谈话有着戏剧性的体验，从而滔滔不绝地展示伟大的真理。阿尔托当然自视为一个教养深厚的公仆，一个波希米亚人。对他来说，繁琐复杂的财务管理与社交礼仪都无足轻重。

无政府主义、虚无主义或民族浪漫主义
Anarchy, Nihilism or the National Romantics

阿尔托在赫尔辛基的建筑学习从1916年开始，那一时期赫尔曼·格斯柳斯（Herman Gesellius）◆◆、阿马斯·林格伦（Armas Lindgren）◆◆◆和伊利尔·沙里宁构成维特莱斯克三人组（the Hvitträsk trio），他们的最后一批青年风格派（Jugendstil）项目正在这个芬兰大公国的首都付诸实施。阿尔托最早受教于乌斯科·尼斯特伦（Usko Nyström）◆◆◆◆[67]，他的个人特质给阿尔托留下了极其深刻的印象。希尔特认为尼斯特伦"鄙视所有寻常与缺乏创意的东西，他希望所有的问题都可以通过全新的、独特的方式得到解决"。[68]例如尼斯特伦探索利用胶结多层硬纸板来做椅子，阿尔托或许从中撷取了制作弯曲层压木制家具的原理。对阿尔托的发展极为重要的是，尼斯特伦批评沙里宁作品的特性，推崇本真的、亲切的，而非巨大厚重的、具有纪念碑性质的东西。尼斯特伦可谓阿尔托建筑方面的启蒙导师。

◆哈蒙·戈德斯通，1911年5月4日出生于纽约市。他就读于林肯学校并于1928年毕业，1932年获得文学学士学位，此后又在哥伦比亚大学建筑学院获得建筑学学位。
◆◆赫尔曼·格斯柳斯（1874—1916年），芬兰建筑师。
◆◆◆阿马斯·林格伦（1874—1929年），芬兰建筑师、艺术史教授与画家。
◆◆◆◆乌斯科·尼斯特伦（1861—1925年），全名Zachris Usko Nyström，芬兰建筑师，颇具影响力的建筑学教授。他的学生包括伊利尔·沙里宁与阿尔瓦·阿尔托。

阿尔托描述："系部是一个大大的家庭，没有屈从，却有因慈父般的权威而养成的内部规则"。[69]这种气氛部分源自阿尔托学生时代的后期，那时他受教于林格伦。1929年这位老师去世时，阿尔托记下他如何像个同事一样诠释"建筑师"的理念，而非典型的教授，这对学生很重要；他还记下林格伦如何以"无尽的自我克制以及荷马式的诙谐"对待不守规矩的学生。[70]林格伦的影响尽管与其他教师同样重要，却大不相同，因为它包含某种或许被尼斯特伦视为异类的规则，以及接近青年风格派的思想，从而触及设计中自然的重要性。

阿尔托不愿承认别人对他工作的影响，但有时他的确认可沙里宁的影响。在9岁的时候，少不更事的阿尔托已经对其作品留下最初的深刻印象[71]，尽管他会在某些场合否定那位建筑师的重要性。

此后，包括20世纪30年代在赫尔辛基以及1946年在美国，即便沙里宁与阿尔托以平等的身份相见，但对于学生辈的年轻建筑师，承认卓越的维特莱斯克三人组的影响似乎仍然有些困难——毕竟面对前一代人更需要寻求抗争。相对于新艺术运动，阿尔托更愿意选择浪漫的古典主义作为起点。

历史探究与对意大利的激情
Historical Enquiry and a Passion for Italy

林格伦的课程培育了阿尔托对于古代希腊、意大利以及意大利文艺复兴（特别是伯鲁乃列斯基）的爱，这些内容自此在他心目中将保持核心地位——考虑到他的创作观以及对"南方"生活态度的偏爱，这件事的意义绝不应被低估，尽管一直到1933年阿尔托才初访希腊。林格伦还向阿尔托推荐雅各布·布克哈特（Jacob Burckhardt）◆的著作，从而接触文艺复兴建筑。他早已熟悉歌德，并在学习特别是后来回望过去的探究中，以德国文化作为某种中间媒介。正如先前所指出的，阿尔托似乎曾受到激励，从自己深层个性缺失而产生的混乱中寻求秩序——而那种心理上的"裂隙"威胁着他，偶尔确实也会真的吞噬他。这样的驱动力恰如一块磁石，将其本身吸引到寄寓自然法则的观点，以及朝向某种不稳定的和谐状态生长的潜能。尽管如前面所说，阿尔托无法接受芬兰新艺术运动中精巧的植物式样，但在第4章我们将看到，他如何在早期的文章中开始发展自己的有机生长观念。那种观念所产生的想法与形态，根植于对自然的学习，以及他要成为人类社群中一部分的需求。

转向风土
Veering to the Vernacular

阿尔托结束学业的时候，作为民族建筑运动的一部分，芬兰的建筑遗产正值被研究、测绘与记录的过程。在这个过程中他发挥自己的作用，通过这样的分析，对风土形式表达尊重。正如他所说："在这里我们才算遇到建筑"。[72]他带着涅梅莱农舍（Niemelä Farmstead），从孔因康阿斯（Konginkangas，一个靠近他的家乡于韦斯屈莱的村子），来到赫尔辛基的塞拉沙里（Seurasaari）民俗建筑博物馆，去实现"建筑学所能达到的最高成就"（图7.15）。[73]这一系列建筑显示出他心目中的某些"古代权威"——属于芬兰而非希腊。[74]在《过往时代的母题》（*Motifs from the Past*，1922年）一书中，阿尔托解释国际风格中"自外而来"的动因会依当地的条件而改变，使建筑"如你所愿具有芬兰特征，在一个新的环境里，即便是首度露面，这些母题也全然如在自家；这样的事实证明了建筑师对自身的忠诚以

◆雅各布·布克哈特（1818—1897年），全名Carl Jacob Christoph Burckhardt，瑞士艺术史与文化史学家，在这两个史学领域都颇具影响力，甚至被称为文化史的主要鼻祖之一。
◆◆C. L. 恩格尔（1778—1840年），全名Carl Ludvig Engel，芬兰新古典主义建筑师，曾设计了赫尔辛基的参议院广场。

及芬兰恶劣的条件。"[75]

阿尔托曾表达他深切的渴望，渴望建筑根植于人类活动与自然肌理的双重脉络中。《过往时代的母题》也是他这种观念的一个早期诠释。这种观念包括整合甚至内化那些借鉴的素材，其中蕴含需要培养与成熟以实现风格吸收的观点。大约15年后，玛丽亚别墅的蒙太奇意象进入他的头脑中（图版20）。当然并非所有的早期作品他都构思得如此成功。阿尔托感到，学习这些谦卑的形式与寻求从中再创造某些形式之间差异巨大，而后者恰是民族浪漫主义者曾经做过的。

在此有必要认识小城赫尔辛基的都市背景，那时它仅有15万人口，却是年轻知识分子与艺术家的沃土。俄国革命的时候，芬兰刚刚脱离俄罗斯获得独立。当时阿尔托正在赫尔辛基读书。对比其他首都，它那么小，文明教育程度那么低，却可以接纳知识分子与艺术家的小小圈子中大量创造力的喷涌。因此，尽管在讲芬兰语的学校读书，阿尔托却进入了一个主要讲瑞典语的知识圈，并蓬勃发展。[76]

生（或死）与自然

Life (or Death) and Nature

另一个老师卡罗吕斯·林德贝格（Carolus Lindberg）对于阿尔托似乎尤为重要。这个被称作卡拉（Cara）的老师，是赫尔辛基建筑学校的一位助教，也是那些活泼学生的朋友。[77]在1921年圣诞节给《科勃罗斯》（Kerberos）撰写的文章中，阿尔托设想卡拉、林格伦与C. L. 恩格尔（C. L. Engel）◆◆之间的一场虚拟对话。在此过程中卡拉重复着一个词"有机性……有机性"（Organic）。这被代表恩格尔的"我们"（La Notre）所挑战，一直在说"修剪……

修剪，必须是那个样子"。[78]不论阿尔托是否曾思考过他后来所谓"有机路线"（organic line）在这场对话中的答案[79]，但显然存在一个清晰的理念——那是一条途径。任何引入这个理念的教导都会坚定阿尔托的个人体验，它茁壮地根植于野外林地的严酷现实中，而非一段浪漫的田园牧歌。希尔特指出："森林呼唤另一种适应；它不是非理性的，而是某种更为复杂的生物群落，其中各部分相互作用，并相互结合形成一个更为有机的整体，而不仅是一块场地。"[80]

在写给《科勃罗斯》的这篇文章的其他地方，阿尔托解释其早期关于统一性的某些想法。关于其中的一个特性，他这样写道：

我们聚集于此……我们怀着的使命是……那不可能实现的梦……无比完美的梦……每个人都相信自己闪着生命的火光……但我们懂得，我们意识到自己仅是一部分……他何时驾临，以联结所有的一切？他记取幽默，也写下悲剧；他是建设者，也是毁灭者。他比任何人都热爱物质的精神。他能，又不能……世界的奥秘……那结合体……女人们……为他干杯！[81]

这段轻松的文字是典型的阿尔托式幽默，语调和创作的流畅性表明了他的信仰、方法以及经历中的某个重要层面。针对1930年斯德哥尔摩博览会中的新功能主义，他有一段更为严肃的见解："于是，艺术家深入民众，借由自己天生的敏锐，帮他们创造一个和谐的生存状态。"[82]然而这也透露出他对于建筑虚幻脆弱的评述，除非他所说所写都被认为是基于个体经验。于是，这变作一个隐晦的解释——怎样在总体而言业已破碎的人类生活现实之中进行工作？正如他后来所说："喜剧与悲剧——兼而有之。"[83]于是骤然间，针对他如何从贫瘠、匮乏的土壤中培育出丰富多彩的建筑，答案愈显深刻。

◆ 雅格运动（芬兰语：Jääkäriliike，瑞典语：Jägarrörelsen），由来自芬兰的志愿者展开的独立运动。他们在第一次世界大战期间在德国接受雅格斯（轻型轻步兵）的训练。在德国的支持下，通过该运动芬兰得以建立主权国家。

阿尔托不是政治上的理想主义者，也无意将社会问题置于政治层面。他赖以建立自己最初事业的家乡，是一个坚定支持右翼的环境，周围围绕着保守的农民阶层。家中的自由主义氛围相对激进；因此，他的言论和怀疑论观点，使得他能够愉快地与不同观点的人交流，且左右逢源。

阿尔托因被怀疑参与雅格运动（Jaeger Movement）◆，抵制俄国当局，而受到短期监禁并中断了学业。[84]在伴随俄国革命而来的复杂内战中，由于担心共产党赢得政权而被苏联接管，整个芬兰社会处于右翼恐惧引发的动荡中。[85]尽管阿尔托似乎在某些方面同情左派的议题且后来也有不少共产党朋友，但他还是选择支持白方对抗红方。他一路北上，去到白方控制区，如其所愿为芬兰的独立而战。

服役的经历困扰着阿尔托，对此他后来并不曾历数细节，只是对于处决红方将领表达出自己的厌恶。他知道自己不具备参战的天分，于是后来以某种戏剧化的方式避开征招。[86]阿尔托以直接拒绝或开玩笑的方式应对征招。回首这段经历，正如一个朋友所描述的："饶有兴味地编造貌似可信的谎言"。[87]

内战后阿尔托恢复学业。在1918年写给父亲的信中，他透露出自己真正的喜好："理论上我是个不折不扣的自由主义者与机会主义者，但事实上我是个建筑师，总的说来顶天立地。"[88]

阿尔托的早期文艺复兴
Aalto's Early Renaissance

1922—1923年退役后的阿尔托作为一个"团级建筑师"（regimental architect），思维变得更加广阔。他曾探访哥德堡，去领略建筑与规划中最新的观念，去见识朗纳·奥

图2.3

图2.3
皮哈沃利圣山（Pyhävuori）远眺，水彩，阿尔托，1916年

图2.4
穆拉梅教堂透视图，于韦斯屈莱附近，纸面铅笔，阿尔托，1926—1929年

图2.4

第 2 章
自然生长、自然契约：从模式到原则

斯特贝里（Ragnar Östberg）◆的作品。他希望跟随贡纳尔·阿斯普隆德（Gunnar Asplund）◆◆工作，却遭到谢绝，后者甚至拒绝接待年轻的到访者。[89]在哥德堡，阿尔托被认为"分外土气""粗鄙"，却具有"鲜活的才情"以及某种惊人的"表达自我的天赋"。[90]然后他回到了于韦斯屈莱，创建自己的事业。

在于韦斯屈莱的阿尔托对艺术中的激进运动产生兴趣。[91]他敏锐地意识到塞尚已摒弃严格的透视；并如前面所讲，1918年他曾定期去埃罗·耶内费尔特在赫尔辛基的画室学画。他也从朋友——芬兰画家特科·萨利宁（Tyko Sallinen）◆◆◆那里学习某种原始主义绘画以及对寻常事物的描绘，从而融为其作品中某种非正统的平衡主题。

1924年阿尔托与艾诺·马尔西奥（Aino Marsio）◆◆◆◆的婚姻，使他的人生更加叶茂根深。艾诺比阿尔托年长。她自己就是一名建筑师，对社会问题有深度关注，这也逐渐影响了她的丈夫。二人乘飞机去意大利开始蜜月旅行，阿尔托描述这次飞行是"我生命中第一个希腊般的日子"。[92]这是阿尔托的第二次飞行经历，也表示他对进步的信念。对他而言，在技术进步与古典主义者的热情之间并无鸿沟。这次旅行也强化了他对威尼斯、托斯卡纳的爱，特别是对"非主流建筑"（architecture minore）的爱。

阿尔托自视为一个"来自北方的年轻建筑师，梦想着实现一种冷酷的、经典的线性美"。[93]的确，在职业生涯的初期，阿尔托写道："于韦斯屈莱在芬兰中部必须有自己的角色。作为首府，它是一个平台，在此区域内各种智慧的

◆朗纳·奥斯特贝里（1866—1945年），瑞典建筑师，以设计斯德哥尔摩市政厅而闻名。

◆◆贡纳尔·阿斯普隆德（1885—1940年），全名Erik Gunnar Asplund，瑞典建筑师，通常被称为20世纪20年代北欧古典主义的主要代表。在生命的最后10年，他成为现代主义风格的主要支持者，并参加了1930年的斯德哥尔摩国际博览会。

◆◆◆特科·萨利宁（1879—1955年），全名Tyko Konstantin Sallinen，芬兰表现主义风格的画家。1916年末，萨利宁成为芬兰表现主义和立体派团体"11月小组"的创始人。

◆◆◆◆艾诺·马尔西奥（1894—1949年），全名Aino Maria Marsio-Aalto，芬兰建筑师，也是斯堪的纳维亚设计的先驱，阿尔托的首任妻子。

力量可以彼此对垒。"[94]他相信"艺术间神圣的一统，决不意味着某个枯萎的文艺复兴理想"[95]；并且开始游说当地的机构："于韦斯屈莱山脊下的斜坡，几乎就是菲耶索莱（Fiesole）山的葡萄园"。他展开自己活跃的想象力与决心，要引领这个镇子进入意大利城邦国的文化背景，并且一如既往地回到自然环境中。通过全神贯注于地中海这个无疑是与勒·柯布西耶一致的内容，他希望创造意大利和希腊环境的北方写照。在某种程度上，这似乎是个滑稽的幻想，但从深一层的理解不难看出他的决心，要用借来的文化遗产支撑那些年轻的、浸透自然气息的芬兰小镇。从他的穆拉梅教堂（Muurame Church）设计透视图（1926年，图2.4）中，这一点有所暗示。他寻求将建筑与地形结合起来——就像意大利那种攀附在残余火山锥上的山村，被藤蔓覆盖——即便这需要些技巧，将松枝形成的树荫变成葡萄的层层枝蔓。

与这种对新古典形式的爱相伴而生的是希尔特所谓阿尔托的无政府主义倾向，似乎要对抗古典"秩序"中的所有意义。当然，他自1901年始的文学挚爱之一，来自彼得·克鲁泡特金王子所著《一个革命者的回忆》，便讲述了在封建俄国的一段童年时光。对于阿尔托这个感情化的无政府主义者，希尔特确信吸引他的是沙俄末期那些趣事以及作者仁慈、善良的态度，而非克鲁泡特金的理论。[96]

古代人对事物自然规律的感受以及赫拉克利特所涉足的河流，瓦解了古典秩序与无政府主义混乱之间可能的矛盾。自然和谐与人文主义哲学体系支撑了古代希腊文明，也是阿尔托的灵感之源[97]，他是古希腊文化活力的一个杰出拥趸。[98]在谈话中他经常参考古代关于文化与自然的观点，以此作为一个途径使话题更趋深刻。对于抽象的心智构建他毫无兴趣，宁可讨论那些接近人们普遍体验的东西，抑或他的那些可能引发争议的亲身体验。

以于韦斯屈莱为例，阿尔托引用文艺复兴风格，以矫饰主义的扭曲方式将其转化为北欧文脉，以适应主题与环境。在他的心目中，这是古典主义"秩序"的某种健康的错乱。以此为例，我们能看出阿尔托工作中无政府主义的性格特征。

在于韦斯屈莱工作的日子里，除去蜜月，阿尔托仅有的一次出国旅行是1926年去斯德哥尔摩与丹麦。他赞赏阿斯普隆德作品中构件的简洁与斜向布局。以此作为转折点，在自己的作品中，他不再使用过多装饰，正如在穆拉梅教堂图纸中精简了文艺复兴巴西利卡的形式（图2.4）。[99]或许此番行程最重要的收获，是他与斯文·马克柳斯（Sven Markelius）◆的接触，这位建筑师曾与奥斯特贝里共事。通过后者，阿尔托开始学习欧洲的现代建筑。

纯净主义、帕伊米奥和言简意赅的艺术
Purism, Paimio and the Art of Aphorism

巴黎与纯净主义
Paris and Purism

这个时候的勒·柯布西耶正在给他与艺术家阿梅代·奥赞方（Amédée Ozenfant）◆◆合办的杂志命名为《新精神》（L'Esprit Nouveau），语出阿波里耐的一篇散文"新精神与诗人"（L'Esprit nouveau et les Poétes）——作者在文中表明现代诗人是预言家，而柏拉图是其灵感的基本来源。[100]1918年勒·柯布西耶在奥古斯特·佩雷的建议下结识奥赞方。[101]战争期间，奥赞方曾创办《动量》（L'Élan）期刊，旨在宣传法国艺术，从而最终传播"法国精神"。[102]他鼓励他的朋友绘画，这让勒·柯布西耶耳目一新：[103]

◆斯文·马克柳斯（1889—1972年），全名Sven Gottfrid Markelius，著名的瑞典建筑师。他于20世纪20年代将国际风格引入瑞典。1944—1954年，他曾是斯德哥尔摩的城市规划总监。
◆◆阿梅代·奥赞方（1886—1966年），法国立体派画家和作家，与柯布西耶一起创立了纯净主义。

我于是认识了那种艺术——比所有的一切都更宽广、更深邃，它意味着个体的人得到充分重视。当意识到我们的世界如何在机器时代的产痛中抽搐，对我而言，实现和谐或许是唯一的目标。自然、人类、宇宙：天之所赐，彼此相视的驱动力量。[104]

这种通过艺术解决自身问题的渴望，回应了温尼科特的著名论断："通过艺术的表达，我们可以期待与原始的自我保持联系。那是最强烈的情感，甚至是最敏锐的知觉之源。如果仅仅是四肢健全，我们实际上是不幸的。"[105]

1918年的晚些时候，奥赞方与勒·柯布西耶共同举办了一个展览，此后很快出版了《立体主义之后》(Après le cubisme)。随即在1920年，《新精神》第一期问世。"我们创办《新精神》旨在开辟一条路"，面对"笑意盈盈而清澈美丽的天空"，勒·柯布西耶写到。[106]作为"对现代运动的国际化评论"，这本杂志意欲成为纯净主义的喉舌——这场艺术运动产生于他们的联手鼓吹，他们意图使用范围极其有限的题材，主要包括瓶子、玻璃和书本等，探索最具诗意的效果（图版1）。

透过《新精神》的字里行间，勒·柯布西耶与奥赞方的很多想法首次发表，从而最终汇集成那本颇具影响力的《走向新建筑》(Vers une Architecture)。杂志也刊发题材广泛的其他文章，包括考古、科技、精神分析、性科学、医学、炼金术、艺术与文学。其中第19期发表了他们二位合写的一篇题为"自然与创造"(Nature and Creation)的文章。然而，如此丰富多彩的一本杂志与他们绝妙的纯净主义画作之间的联系，却从未被充分探究。在《立体主义之后》中，二人将绘画比作方程式。按照他们的说法，万事万物都能通过数字来表达。对于奥赞方和勒·柯布西耶而言，艺术必须恪守一系列规则。很显然，这些想法源于自然，并且大量得益于古希腊与古埃及的思想。他们写道："古代的原则——总的来说被当作人为的规范、样板——仅仅基于对自然法则普遍性的准确认识；那些自然法则支配着外部世界，并决定了艺术工作。"[107]由此，才可能将迥异的个体结合成一个与自然和谐相处的紧密整体。

1920年爱德华·让纳雷开始使用"勒·柯布西耶"这个名字。他以这个名字发表文章，表面上意在避免与即将共事的堂弟皮埃尔·让纳雷混淆，但还有其他可能的几个原因。特别是这能够让他从心底里区分一个作为人的让纳雷与肩负使命的英雄人物勒·柯布西耶。[108]在《空间的新世界》(*A New World of Space*) 中，他记下自己最初如何在画作上署名"让纳雷"，而在建筑设计中署名"勒·柯布西耶"。[109]

到1918年底，奥赞方与勒·柯布西耶的合作如此紧密，以至从那时起直到1925年，凡提到两位艺术家时，奥赞方都用"我们"：勒·柯布西耶-索格尼尔（Le Corbusier-Saugnier）——那是他们合用的笔名。他们之间专业与才智的配合如此默契，使得奥赞方感觉有必要与第一任妻子吉娜·克林伯格（Zina Klingberg）分开，并开始一段新的岁月——这被卡罗尔·S. 伊莱尔（Carol S.Eliel）称作"他生命中全新的、身体更加轻松的篇章，后来被他自己以恰当的机械术语称之为'被真空抽吸清洗的岁月'"。[110]

勒·柯布西耶父亲这一时期的日记表明，父母担心他的健康，不论是精神还是身体："他因疲惫而瘦削……他投身于所有的事物中……他的目标太高了"。[111]勒·柯布西耶的父母似乎感激奥赞方照顾自己的儿子。[112]伊莱尔研究发现，勒·柯布西耶在1918至1922年期间全力以赴投入他与

◆古斯塔夫·斯特伦格尔（1878—1937年），芬兰建筑师和建筑评论家。他生长在一个医学家庭，1896年大学毕业，1899年获得哲学学士学位，1900年获得科学硕士学位，并于1902年获得建筑学专业证书（diploma of architecture）。
◆◆西古德·弗罗斯特鲁斯（1876—1956年），芬兰建筑师，艺术评论家和收藏家。1899年毕业于赫尔辛基大学艺术史专业，1902年获得建筑学专业证书，1920年获得博士学位，研究方向为艺术色彩的运用。
◆◆◆亨利·凡·德·费尔德（1863—1957年），比利时画家、建筑师和室内设计师。他与维克多·奥太（Victor Horta）和保罗·汉卡（Paul Hankar）一起，被认为是比利时新艺术运动的创始人。他的职业生涯主要在德国度过，并对20世纪初德国的建筑和设计产生了决定性的影响。

奥赞方的工作，以致没有设计任何建筑——这也算是二人紧密关系重要性的一个佐证。但随着1925年第28期《新精神》的发行，他们的合作戛然而止。伊莱尔发现，"很明显，奥赞方于1926年再婚；他自1918至1925年间对于让纳雷精神与才智方面的基本忠诚，显然到此结束了"。[113]

与奥赞方分开不久，勒·柯布西耶开始与一个来自法国南部的"模特"伊冯娜·加利斯（Yvonne Gallis）交往。他们于1930年结婚。传闻表明，在勒·柯布西耶因家族压力与她结婚之前，曾跟她生活过几年。[114]当伊冯娜走进勒·柯布西耶生活的时候，他的绘画正在发生变化。他开始尝试一些新的题材，包括他所谓的"诗意的反应对象"（objets à réaction poétique）——骨头、贝壳以及其他自然物。女人也成为他艺术探索里钟爱的主题（图版3）。同时，他的工作也发生了根本性改变，正如我们将在第7章看到的。

走向帕伊米奥
Towards Paimio

阿尔托职业生涯的早期，最初在于韦斯屈莱，后来在图尔库（Turku），遇到了几位更年长的本土师友，向他们学习并依托他们成长。芬兰评论家古斯塔夫·斯特伦格尔（Gustav Strengell）◆便是其中最主要的一位，他是《作为艺术作品的城市》（Staden som konstverk）一书的作者。[115]这本书关注"整体"的重要性，阿尔托显然对此十分熟悉。[116]芬兰建筑师协会（SAFA）的另一盏指路明灯西古德·弗罗斯特鲁斯（Sigurd Frosterus）◆◆，是一位富于革新精神的建筑师，在此期间也开始引领阿尔托的职业道路。重要的是，弗罗斯特鲁斯曾与亨利·凡·德·费尔德（Henri Van de Velde）◆◆◆共事，此后怀着满腔热忱回归故园，决心以先进方式在北欧的蛮荒之地开始建设。他还引领阿尔托关注瑞典艺术评论家格雷戈尔·保尔松（Gregor Paulsson）◆关于社会责任的观点。[117]受到妻子艾诺社会担当的影响，阿尔托支持保尔松对当时保守势力抗争的议题，他们之间也建立了友谊。通过这些接触，阿尔托对于建筑最新发展的兴致与日俱增。此后，他与凡·德·费尔德的关系也渐行渐近，成就了令他十分珍视的一份友情。[118]

1927年赢得图尔库农业合作大厦竞赛后，阿尔托决定搬到这个芬兰最西面的城市，那里云集了大量来自瑞典的新兴事物，更接近变革的力量。不久以后，他开始与埃里克·布吕格曼（Eric Bryggman）◆◆合作，这个敏锐的建筑师年长他7岁，并已经在那里开创自己的事业。

这一时期阿尔托开始思考节制的功能主义，但仍延续先前的理念，以新古典主义风格设计了几个项目。[119]1927年通过参加一个新古典主义竞赛，获得了维普里图书馆（Viipuri Library，又译作维堡图书馆）任务之后，他于1928年1月重新设计了这个项目，剔除了它的新古典主义装饰——很久之后，项目基地发生了彻底改变。[120]与此同时，他大胆承接了另外几个单纯功能主义的项目，其中最著名的是图尔库邮报大厦（Turun Sanomat Building）。阿尔托此时已通晓勒·柯布西耶早期建造及审美体验背后的思想。而实际上，在1927年见到图尔库邮报大厦业主之前，阿尔托从未见过功能主义建筑；然而，他很快就说服业主接受了一个基于勒·柯布西耶路线的新建筑。仅仅一年之后，他便以更为充沛的现代主义自信，开始创作类似帕伊米奥疗养院（1928—1933年，又译作帕米欧疗养院）的建筑。但在其中，他以自己特有的打破传统的方式迎候来访者，将现代语汇与他自己的结合起来：曲线形入口雨篷那弯曲得近乎亲和的姿态，以及帕伊米奥椅（图2.5）。

◆格雷戈尔·保尔松（1889—1977年），全名Nils Bernhard Gregor Paulsson，瑞典艺术史学家，主要活跃于乌普萨拉大学。他是裁缝大师的儿子，曾在隆德大学（Lund University）学习，于1915年获得博士学位。
◆◆埃里克·布吕格曼（1891—1955年），全名Erik William Bryggman，芬兰建筑师，出生于图尔库。

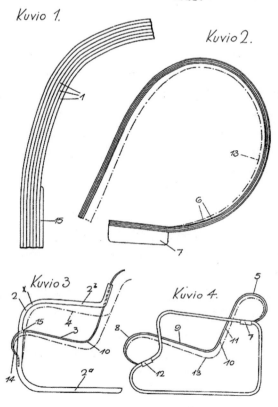

图2.5

图2.5

帕伊米奥椅设计图纸，阿尔托，约1932年

（引自：Eeva-Liisa Pelkonen, *Alvar Aalto: Architecture, Modernity, and Geopolitics.* New Haven: Yale University Press, 2009, p.113.）

第2章
自然生长、自然契约：从模式到原则

以这种方式，阿尔托自如地周旋于韦斯屈莱这类文艺复兴小镇平和的新古典意象与新建筑之间。在他手中，原本大异其趣的两种审美风格似乎已变得相当微妙。

筹备1930年斯德哥尔摩功能主义大展对阿尔托非常重要，这使得他对于格罗皮乌斯与包豪斯，J. J. P. 奥德（J. J. P. Oud）◆和勒·柯布西耶的革命性思想愈加熟识了。他与布吕格曼决定先于斯德哥尔摩博览会，于1929年举办纪念图尔库建城700周年的展览。[121]意识到自己位于欧洲现代主义的最前沿，对于阿尔托至关重要，因此图尔库展会过后，他开始向功能主义的全新领域挺进；而生性低调的布吕格曼则转向自己的道路，意义重大却悄无声息。

技术时代的古希腊宇宙观
Ancient Greek Cosmology in an Epoch of Technology

上述这些在现代时期最前沿的探索，并未摒弃与代达罗斯（Daedalus）◆◆以及古代形式和思想在本质上的关联。不论是思考作为建筑师的角色，还是自己对社会与生活的观念，勒·柯布西耶与阿尔托都承认古希腊在他们思想中的重要性。

◆奥德（1890—1963年），全名Jacobus Johannes Pieter Oud，荷兰建筑师，风格派的追随者。

◆◆代达罗斯，希腊语意为"熟练锻造"，神话中的希腊发明家、建筑师和雕塑家。据说他曾为克里特岛的米诺斯国王建造迷宫。

◆◆◆富瓦的埃斯克拉蒙德（Esclarmonde）是富瓦伯爵（Count of Foix）的罗杰·伯纳德一世（Roger Bernard I）和塞西尔·特伦维尔（Cecile Trencavel）的女儿。她是13世纪奥西塔尼亚（Occitania）与宣教有关的杰出人物。她的个人历史很难确定，因为当时该地区的几位贵妇拥有相同的罕见名字。Esclarmonde这个名字在奥西塔尼亚语中的意思是"世界的净化"。

◆◆◆◆纯洁教派是12—13世纪在普罗旺斯成立的一个基督教派。他们认为物质世界是邪恶的，只有精神世界是纯净的。

◆◆◆◆◆比科·德拉·米兰多拉（1463—1494年），全名Giovanni Pico della Mirandola，意大利文艺复兴时期的人文主义哲学家。他生命短暂却充满灿烂、活跃的影响力，富于冒险精神。

◆◆◆◆◆◆奥利金（约184—254年），也称为Origenes Adamantius，早期基督教学者、禁欲主义者。出生于亚历山大，职业生涯的前半段时间都在此度过。他是一位多产的作家，在神学的多个分支中撰写了大约二千篇论文，包括文本批评、圣经释经和圣经诠释学、人类学和灵性论著等。

勒·柯布西耶与建筑现象
Le Corbusier and the Architectural Phenomenon

勒·柯布西耶认为，"一直到1919年，32岁的我才真正见识到'建筑现象'"。[122]在职业生涯的这个阶段，勒·柯布西耶的哲学与思想观念已经充分成熟。在此前阅读许雷作品的讨论中，不难发现他把古希腊的哲学——诸如柏拉图与毕达哥拉斯的观点，看作思想观念之源。而对那些受此影响的人，比如中世纪教堂的建造者以及那些早期的科学家与炼金术士，勒·柯布西耶也关注他们的观点。《富瓦的埃斯克拉蒙德》（*Esclarmonde de Foix*）◆◆◆是一本关于约14世纪神秘异教徒"纯洁派"（Cathars）◆◆◆◆的书——该教派出自朗格多克地区（Languedoc），寻求通过弃绝身体的物质享受以达到纯洁。通过勒·柯布西耶在这本书上的批注可以看出，他对这个宗教兴趣浓厚。那些批注还显示，他相信"纯洁派"接收了源自柏拉图的知识[123]，继而再传达给14世纪法国的游吟诗人。[124]更多的批注表明，他或许曾相信，被游吟诗人传颂的骑士之爱与崇敬女性的传统都依托于柏拉图的观点[125]，或是所谓的"点金术之父"、埃及的赫尔墨斯·特里斯墨吉斯忒斯（Egyptian Hermes Trismegistus）的观点。[126]这些影响对于塑造勒·柯布西耶自然观念的重要意义，在随后的章节中将愈发凸显。勒·柯布西耶的朋友兼客户爱德华·特鲁安（Édouard Trouin）称这种传统为睿智的俄耳甫斯主义，回溯到古代以此为名的神秘宗教，也涉及与此同时由阿波里耐发动的艺术运动。[127]

新柏拉图主义哲学家比科·德拉·米兰多拉（Pico della Mirandola）◆◆◆◆◆受到勒·柯布西耶的高度推崇。[128]他认为俄耳甫斯主义具有"某种与数字相关的神秘信条"，被古代埃及人、毕达哥拉斯、柏拉图、亚里士多德与奥利金（Origen）◆◆◆◆◆◆理解并使用。[129]勒·柯布西耶在朋友马蒂拉·吉卡（Matila Ghyka）◆的一本书《金色的数》（*Nombre d'or*）中，着重划出关于那条连续知识脉络的部分，后来在《模度2》（*Modulor 2*）中提到这些内容，并将其传播至20世纪。[130]

在走向宗教的过程中，古代的俄耳甫斯主义者们高度融合，他们准备看到所有宗教见证唯一，并且是共同的唯一。正因为在古代具有如此的影响力，俄耳甫斯主义才能够与数个世界级宗教的历史相关联；也正因如此，它可以被当作一条途径，突破种族与宗教的藩篱。

聚焦矛盾的俄耳甫斯之神，这种联系着柏拉图与毕达哥拉斯的宗教，围绕着那些二元论——光明与黑暗、白天与夜晚、阳刚与阴柔，在勒·柯布西耶的思想中扮演了重要角色。这些二元论同样是阿尔托思想的关键部分，只是未得俄耳甫斯的真传。

俄耳甫斯据称是神秘宗教中某种特殊类型的先知，被W.K.C.格思里（W.K.C.Guthrie）◆◆描述为"狄俄尼索斯（Dionysos）◆◆◆教派的神秘变体"[131]，或是"巴库斯（Bacchic）◆◆◆◆教的某个分支"。[132]对于追随者，狄俄尼索斯常常示现为一头公牛（这也是勒·柯布西耶喜欢的绘画主题）。[133]依格思里的说法，他也以包括山林之神潘与太阳神阿波罗在内的多种名义供人膜拜。[134]于是便产生俄耳甫斯的音乐之美，使他能劝说众神放他进入冥府，去追寻所爱的欧律狄刻（Eurydice）。因此，在音律和谐的传播中，他扮演了一个特殊的角色——而恰如我们先前所见，

◆马蒂拉·吉卡（1881—1965年），全名Matila Costiescu Ghyka，罗马尼亚小说家、数学家、历史学家、哲学家、外交官，著有《艺术与生活的几何学》。他的名字有时被写作Matyla。

◆◆格思里（1906—1981年），全名William Keith Chambers Guthrie，苏格兰古典学者，以其《希腊哲学史》知名，1962年在其去世前共出版六卷。

◆◆◆狄俄尼索斯是葡萄收获、酿造及葡萄酒之神，在古老的希腊宗教和神话中是生育力、狂热仪式、宗教狂喜以及戏剧表演的代表神祇。

◆◆◆◆巴库斯在罗马神话中是农业、葡萄酒和生育的神，相当于希腊的狄俄尼索斯。

◆◆◆◆◆丹尼尔·内格勒博士是艾奥瓦州立大学的建筑学副教授、建筑师。他毕业于耶鲁大学和伦敦建筑联盟学院，并于1996年在宾夕法尼亚大学约瑟夫·里克沃特（Joseph Rykwert）的指导下完成论文《柯布西耶眼中的事物：现代建筑中的歧义和错觉》。

这一主题对勒·柯布西耶来说有着特殊的魅力。

可见，俄耳甫斯的角色在起死回生的旅程中独一无二。他旅居地府意味着唯有他洞晓冥王的秘密，并能晓谕追随者准备复生的最佳途径。[135]俄耳甫斯的目标是获取关于数字神秘信条的知识，使精神在死亡的刹那出离肉体，经由天宇飞升，并与神——亦即勒·柯布西耶所说的自然，再度团聚。[136]数字提供通达神性的路径。对丹尼尔·内格勒（Daniel Naegele）◆◆◆◆◆而言，勒·柯布西耶组织空间的方法"证明了另一种现实的存在，一种更高的秩序，一个诗人见到并意欲再创造的空间"。[137]这位艺术评论家揭示出在勒·柯布西耶的作品中，究竟是什么为温尼科特的潜能空间理念提供了创造性素材。勒·柯布西耶创造"神性"（ineffable）空间的理念似乎是某种迫切需求，试图为人类的非语言（non-verbal）——若非特指前语言（pre-verbal）——的本性提供庇护。

阿尔托，古风与理想
Aalto, the Antique and the Ideal

阅读《东方之旅》很容易发现一件事，那便是勒·柯布西耶对他所谓"甜美之死"（Sweet Death）的痴迷。[138]他一再沉醉于画墓园与坟地的速写，并且对不同文化中的丧葬习俗发表评论。死亡在勒·柯布西耶的语汇里称为"她"，性格上是阴柔的。[139]我们后续将论证，对勒·柯布西耶而言，死亡与自然几乎是同义词。死亡是回归与万物合一的状态，而这却是阿尔托无法接受的看法。死亡在芬兰语中意味着损毁甚至瘫痪，把他悬吊于母亲猝然离世而形成的"裂隙"之上。他永远无法像勒·柯布西耶在"调节焦点"里所做的那样直接应对死亡[140]，然而他能"幻灭与新生"（Sterben und Werden）的理念轻松地从自然引入建筑领域的所有作品中。[141]

于是死亡在本质上与生命和成长的思想相关，又与古希腊的形式与观念密切关联。学生时代的阿尔托在一封特别的家信中，记下他面对古希腊形态时的兴奋："我的学业进展迅速，石头小屋也已大体完工。过去几周，我非常努力地跋涉在古代克里特与迈锡尼的艺术中，没日没夜。这种令人兴奋的事情，一旦触及，便令人欲罢不能。"[142]

确实，随着时间的流逝，阿尔托似乎对古代"自然秩序"与形态的理念产生了浓厚兴趣。这一切以及他的作品中只鳞片甲的符号化表现，或许残缺不全，却引领他理解自然秩序，这与他对自然界及人类本性的体验完全一致。

德米特里·波尔菲里奥斯（Demitri Porphyrios）◆与柯林·圣约翰·威尔逊（Colin St John Wilson）◆◆曾探究吸引阿尔托关注某种有序形式的理念，其根植于"hetera"，而这个希腊词汇意为"他者"（other）。在他们的研究中有着丰富的材料，将阿尔托的创作及其对自然的态度联系在一起。然而在他们的分析中，二人都未能经由这一理念导出与自然相关的结论，而为其研究提供助益。[143]

在对阿尔托的分析中，波尔菲里奥斯采用了异托邦（heterotopia）的观念，也就是"某种秩序，被西方理性主义所怀疑，或被诋毁地贴上失序的标签"。[144]这种观念是他从米歇尔·福柯（Michel Foucault）所著《事物的秩序》（*The Order of Things*）一书中引述的，却未触及前苏格拉底的源头。福柯自己解释异托邦是"事物被排布、放置、分配位置的状态，彼此各不相同，以至于不可能定义一个普遍为它们所共有的确切地点"。[145]最近，威尔逊曾采用相同的"他者"称呼，

◆德米特里·波尔菲里奥斯，生于1949年，希腊建筑师和作家，曾在伦敦执业，担任波尔菲里奥斯联合事务所的负责人。
◆◆柯林·圣约翰·威尔逊（1922—2007年），英国建筑师、讲师和作家。
◆◆◆胡戈·黑林（1882—1958年），德国建筑师和建筑作家，曾著有关于"有机建筑"的作品，在20世纪20—30年代有关功能主义的建筑学辩论中扮演了重要角色。

只是没有引用相应的希腊词汇"hetera"，也未提及波尔菲里奥斯的重要论述。这一疏漏或许是因为威尔逊发现，那些能被认作自然秩序的东西，是从对功能的满足与表现中展露出来的。换句话说，即胡戈·黑林（Hugo Häring）◆◆◆的箴言"允许他们展现自己的形态"或是"表现形态"（Leistungsform）[146]，而非暗示自己接受并不存在可辨识的秩序。

即便大体上认同威尔逊，我们也可以在此大胆地认为"他者"的希腊词根别具深意，因为它可以指某个"他者"，不同于阿尔托寻求和谐过程中形成秩序的要素。于是"和谐"（这个大大激发了西方文明）的理念被拉回亚里士多德学说与诡辩术之间，在这其中"自然正如其存在的样子"（nature-as-coming-to-be）成为核心，并且认可某种必然的变化是任何自然秩序中固有的存在。这种"他者"形成秩序的原则，允许某些自然生长的要素寄寓于自然秩序的核心，正如在芬兰的森林里，亦如在科布"构筑世界"的心理人类学工作和温尼科特的原始创造力中。

我们认为阿尔托回溯至前苏格拉底"朦胧的逻辑"（logic of ambiguity）[147]中的一些东西，回应着某种不明确的创造需求（即"内在冲动"），也探求着某种自然秩序——那些他自身固有，同时又显然是他所栖身的自然界中所固有的。他接纳这种自然秩序的构想并反馈于自身，作为内心世界构筑的支撑，也作为提升人类身心生活的理念。毕竟在"鳟鱼与溪流"中，他曾写出内心与外部世界在创造过程中的对话。[148]换句话说，在他难以言说的脆弱内心平衡之中存在着一个理念，那便是通过建筑内容所要求的模式（也就是影响全局的人文因素的更广义特征）确定建筑形态。或许这恰恰是他自身所不具备，而需奋力创建的某个意象——人类生命中的和谐。

因此可以说，阿尔托从古人那里寻求启发，正如他由丛林荒野的生态系统中所获取的自我体验。可见他掌握古代创作与思想的途径，似乎更多凭借直觉而非理论，尽管如此，这些启发仍非常重要。有意图地与自然交往——那些从埃沃林学院以及父亲测绘工作中最初接受的东西，在阿尔托的心中与达尔文学说某个关于进化历程的信条相叠加。阿尔托在林地生存中的感知体验成为其自然观念中一个显而易见的部分，被希尔特称为丛林智慧。这引发他将阿尔托描述为一个"现代主义伪装下的歌德，一个技术时代的古希腊宇宙论信徒"。[149]阿尔托使技术人性化的决心，或许确实是对歌德的现代化，甚至是德国理想典范的延伸，因为它接受技术，却又寻求技术策略与自然策略的协调一致。

希尔特指出，阿尔托与歌德秉持相同的理念，亦即人类是自然循环中不可或缺的一部分，因此无法置身其外。[150]歌德曾以《意大利之旅》(*Italienische Reise*)为基础，提出创造性思想的整合；而阿尔托也的确曾于1956年撰文指出其重要性，并相信在艺术、科学及实践工作中存在微妙的整合迹象。[151]从年轻时阿尔托便寻求艺术与科学的融合，那时的生活里弥漫着埃沃林学院的精神。这一次又将貌似极近自然的各种现象汇总，仿佛阿尔托对无序状态已深度熟悉。理所当然，他会被意大利都市环境甚至于韦斯屈莱的建筑组团中特有的繁茂所吸引。而这些观念再一次与阿尔托另外一些对于自然及其偶尔凌乱、原生的秩序的基本理解深度吻合。这些观念与他在家中就曾表露的自由人文主义理想密切关联，也在朋友——杰出的芬兰哲学家G. H. 冯·赖特◆（G. H. von Wright）的著述中被证实，而其论著的主题是人文主义。[152]

◆冯·赖特（1916—2003年），芬兰哲学家，继承了剑桥大学哲学教授路德维希·维特根斯坦的衣钵。
◆◆德日进（1881—1955年），法国理想主义者和耶稣会神父，曾受过古生物学和地质学训练，并参与了北京猿人的发现。

自然形态的统一性、
不确定性与潜在可能性
Unity, Uncertainty and the
Potentialities of Natural Form

走向一统——德日进神父与柯布老爹
Towards Unity– Père Teilhard and Père Corbu

与此同时，勒·柯布西耶正在寻求将生活中的不同方面联合为一体的理论，他已察觉出自己的生活处于某种紧张状态。经年累月他寻求某种进化的理论，以图同时化解宗教体验与自然科学的现实对立。他也在寻觅那些从观点上能确证自己想法的著述。基于这个原因，他在晚年对神父兼古生物学家德日进（Pierre Teilhard de Chardin）◆◆的作品产生了浓厚兴趣。[153]这个耶稣会神父的观点在很大程度上受到歌德的影响，为勒·柯布西耶自己对于人与自然关系的思想提供了理想的解释。

德日进竭力主张他的信徒以更高的境界看待世界的"不确定性"，对其不必过于看重，以便将所有现象视作一个整体。从更广阔的视野他能够观察到，通信的改善以及战争与移民的作用都曾"搅动人类"。他写道："我们越是试图推开彼此，越会相互渗透"，呼唤"永恒增长的融合"。[154]得益于作为一个古生物学家的经历，他使用有关进化论的知识，以支撑预测人类意识发展的讨论。[155]

德日进神父相信，爱是产生变革的一个主要催化剂，首先是男女之爱。他在《人类的能量》（*Human Energy*）一书中写道，男人需要通过女人来完善自我。对他而言，在男人通达自然与神性的道路上，女人扮演了一个重要的角色。[156]这非常接近勒·柯布西耶自己的思考，正如后续我们将在

第6章关于朗香教堂的讨论中所展现的。当然，也可以将勒·柯布西耶的建筑与栖身于他画作中的人物作此类比。

或许有些夸张，但也可以认为勒·柯布西耶设想他的建筑以某种方式具有生命，借由其所谓的"感受的心理生理学"介入我们的生活，暗示它们的存在并非全然被动。[157]德日进的观点认为，"意识……为构成这个宇宙的所有个体所普遍拥有，但在某些特定分子复杂性的比例上各不相同。"[158]从这些角度而言，一幢房子会在分子层面与生命产生共鸣，"人类拥有数以亿计彼此作用的神经细胞，在这个普遍物质化的大千世界，找到某处自然的、遵循宇宙法则的植根之所"。[159]这里德日进似乎指的是神话时代的先民世界，那时万物有灵，那也是个牵动勒·柯布西耶无限怀旧情丝的时代。

卢梭式的猜想
Rousseauesque Suspicions

勒·柯布西耶，这个时常自称为"柯布老爹"（Père Corbu）的人，致力于追随基督教、古埃及与古希腊哲学中他所坚信的根脉，试图探寻一种未被两千年的"伪善"所沾染的纯净信仰。同样，他也追随卢梭◆的信念，认为人性本善，却被人类的组织机构——即他所谓的"学术机构"所扭曲。[160]勒·柯布西耶在《光辉城市》的开篇便说："我被万物的自然法则所吸引。我不喜欢那些团体……我寻求本真的人。"[161]弗格特明确指出勒·柯布西耶跟卢梭类似，依据偏移"原点"的"距离"，衡量"万事万物的异化"。按照他的看法，勒·柯布西耶作为"一个严肃的卢梭理念的鉴赏者及崇拜者……旨在将让-雅克·卢梭思想的主体转置于其建筑语言之中"，并且逐渐形成其根本目标，以便"维持与拯救景观的纯净无瑕"。[162]毕其一生，勒·柯布西耶

◆让-雅克·卢梭（1712—1778年），全名Jean-Jacques Rousseau，是日内瓦的哲学家、作家和作曲家。他的政治哲学影响了整个欧洲的启蒙运动与法国大革命，以及现代政治、经济和教育思想的发展。

坚守着对纯净过往的深挚眷恋，由此激发其对于"原始"文化及古代历史的强烈兴趣。

值得一提的是，表达类似情致的并非仅有勒·柯布西耶一人。那一时期在巴黎艺术圈中，受考古与古生物学领域最新发现的激发，对于精神方面不同形式的兴趣被再度引燃。尤其是对史前文化中洞穴艺术的兴致方兴未艾。

第一个著名的旧石器时代的艺术发现是西班牙阿尔塔米拉洞穴顶部的绘画，被发现于1879年，当时被不少人认为是后世伪造的。此后在法国发现的其他洞穴为史前学者证明了其真实性。[163]先前没人相信如此精美纯熟的作品可能出自原始人之手。[164]这些画作的发现，或许印证了勒·柯布西耶对于早期文化高超性的猜想——一种卢梭式的猜想。在20世纪20年代早期，他与阿梅代·奥赞方在其主持的《新精神》杂志中便刊载了一些洞穴岩画的图片。[165]

阿尔托、阿贝·夸尼亚尔与"普救信徒"（普遍主义者）的议题
Aalto, Abbé Coignard and the 'Universalist' Agenda

借用作家阿纳托尔·法朗士塑造的人物，在1925年发表的题为"阿贝·夸尼亚尔布道录"（Abbé Coignard's Sermon）的重要演讲中，阿尔托明确接受卢梭关于"自然"的观念，并将其推广至远超心理学的范畴。[166]法朗士将社会主义者的观念融入圣徒的生活。与之类似，阿尔托将美的形式融入基督教的信条，"一颗充分成熟的心，远优于受过教育的思想"。[167]接着，阿尔托直接引用阿贝·夸尼亚尔的话，讨论形式如何反映某种激励我们的东西："上天安排下一些东西，却无法借由人的心智去找寻"，此后又表明"形式无非是对于世间之永恒生命的全身心期盼"。在一段仍以笔记形式单独存在的文字中，有一个标题暗合拉斯金关于建筑作

为自然艺术的观点。[168]这始于阿尔托拥抱现代主义之前，那时他仍住在于韦斯屈莱——可见建筑具有自然之根的观念源自他早年受到的影响，这与那次古典之旅中他所关注的并无抵牾，也与他的现代追求没有冲突。

在讨论这些意涵深远的话题时，阿尔托不仅求诸先贤之灵感，也会扣问尼采与奥古斯特·斯特林堡。他经常引述后者试图将互不相容之物合为一体的努力，以及通过一个人的创造性去提出问题的能力。[169]在二人的作品中他也能看到他所熟知的饱受折磨的自我，更有甚者，那种将迥然不同的体验合而为一的强烈需求。阿尔托写道："即便表现出完全针锋相对的东西，也能通过某种方式达成和解"。[170]在他的建筑形态中相似性司空见惯。在彼此迥异的事物间建立联系，这一理念成为阿尔托许多想法的根基，也引发了多种多样的影响。

从包豪斯到弯曲的木材
From Bauhaus to Bent Wood

这一时期阿尔托开始痴迷于批量生产的家具，而此前他仅仅设计过一些一次性的手工制品。继阿斯普隆德于1925年推出森拿椅（Senna chair）之后，阿尔托于1928年生产了一款"大众森拿椅"——一个对其导师原作进行简化及现代化的版本。这把椅子标示出阿尔托的工作始自阿斯普

◆菲利普·莫顿-尚德（1888—1960年），英国新闻记者、作家、建筑师与评论家。
◆◆拉斯洛·莫霍伊-纳吉（1895—1946年），匈牙利画家和摄影师，也是包豪斯学校的教授。
◆◆◆奥托·科尔霍宁（1884—1935年），芬兰家具制造者。与阿尔瓦·阿尔托合作组成建筑师和家具设计师的二人组，以创新的弯曲胶合板家具成型工艺而闻名，并在塑造20世纪斯堪的纳维亚风格的设计中发挥了作用。
◆◆◆◆于尔约·希恩（1870—1952年），芬兰学者，1910—1937年担任大学的美学及现代文学教授。其学术著作涵盖美学、文学、文化史和戏剧研究。
◆◆◆◆◆亚历山大·考尔德（1898—1976年），美国雕塑家，以其创新的动态艺术闻名于世。
◆◆◆◆◆◆汉斯·阿尔普（1886—1966年），又名Jean Arp，德裔法国雕塑家、画家和诗人。其作品有达达主义的抽象倾向。
◆◆◆◆◆◆◆康斯坦丁·布朗库希（1876—1957年），罗马尼亚雕塑家、画家和摄影师；被认为是现代主义的先驱、20世纪最有影响力的雕塑家之一。
◆◆◆◆◆◆◆◆布拉克（1882—1963年），全名Georges Braque，是20世纪重要的法国画家、版画家和雕塑家。他对艺术史的重要贡献是从1905年起与野兽派结盟，并在立体主义的发展中发挥了作用。

隆德与新古典主义；同时，其工作的未来存在于带有弯曲格调的高品质系列产品之中。他的朋友英国建筑师菲利普·莫顿-尚德（Philip Morton-Shand）◆注意到，以包豪斯的钢管替代阿斯普隆德的木腿，"阿尔托已将教条化的功能主义枯骨远远地抛在身后"。[171]而在创新性的弯曲胶合板家具的道路上，他将走得更远。

1931年，拉斯洛·莫霍伊-纳吉（László Moholy-Nagy）◆◆在包豪斯最核心的位置上关注实验方法的重要性；恰在同一年，阿尔托与奥托·科尔霍宁（Otto Korhonen）◆◆◆开始了木质家具的实验（图2.6）。希尔特认为阿尔托通过援引于尔约·希恩（Yrjö Hirn）◆◆◆◆有关游戏的概念作为这些实验的缘起，隐瞒了其受益于莫霍伊-纳吉的事实。[172]通过这些绘画式的木材属性实验，阿尔托发现了更多自然的潜在灵活性，例如生产出优雅柔韧的椅子腿，将其深情地唤作"柱子小姐妹"（little sister of the column，图2.7），以此致敬历史上那些先例。在他的工作中这一概念孵化出其他数不清的建筑形态与特征，然而他感觉不论是在自己的专业领域，还是在文化运动的巨大变革中，"一切都源自绘画"。[173]

几乎终其一生，阿尔托都在绘画。他将自己的绘画视作一个交流平台，以展开形式要素之间关系的实验，1921年他写道："当此之时，我觉得我们正在寻求一统……艺术间神圣的一统，决不意味着某个枯萎的文艺复兴理想。"[174]为此他与几个艺术家过从甚密，包括费尔南德·莱热、亚历山大·考尔德（Alexander Calder）◆◆◆◆◆、汉斯·阿尔普（Hans Arp）◆◆◆◆◆◆和康斯坦丁·布朗库希（Constantin Brâncuşi）◆◆◆◆◆◆◆，以及他非常仰慕的布拉克（Braque）◆◆◆◆◆◆◆◆。从1940年开始，阿尔托的抽象画时常从某个侧面角度窥望自然现实，例如

图2.6

图2.6
　　木材实验，阿尔托，约1935年

　　（引自：Eeva-Liisa Pelkonen, *Alvar Aalto: Architecture, Modernity, and Geopolitics*. New Haven: Yale University Press, 2009, p.145.）

图2.7
　　X形椅腿，阿尔托，约1954年

图2.7

表现一处风景或解剖结构的细节（图版4、图版5、图版28）。但它们往往表达出对有机体与几何形态之间关系的某种解释，其中承载着他的建筑形态间异乎寻常的关系。[175]与勒·柯布西耶一样，阿尔托的绘画本能地与其设计相联系；但不同于那位瑞士伙伴的是，他从未期盼被当作一位艺术家。[176]

人之奥秘：阿尔托与小人物
Man the Unknown: Aalto and Uomo Piccolo

阿尔托并不刻意为他的作品寻找理性的说辞，却会撷取其他与人类普遍状况相关的研究，那些内容与他务实的态度是一致的，因此与他的经验相匹配，也匹配于他在自己文章中反复引述的"uomo piccolo"，亦即小人物。[177]他变得日益关注建筑的现实，无暇也无意扬名海外。他的文章表明他愈发倾心于接近自然核心的多变性，从中发现，这在文化里如同古代希腊与当代日本一般泾渭分明。从1935年起在"理性主义与人"（Rationalism and Man）中他深入思考日本文化，注意到"亲近自然及其不断变化所带来的乐趣是一条生命之路，它与过分形式主义的观念格格不入"。[178]他觉得那些未被开垦处的林间小屋，与日本的房子在物质方面意趣相投。"这些在旧时卡累利阿人（Karelian）领地上的房子尤其让我倾心，它们代表了一种几乎是欧洲之外的（extra-European）建筑，可与日本建筑媲美。"[179]

亚历克西·卡雷尔（Alexis Carrel）◆所著的《人之奥秘》（*Man the Unknown*，1935年）是激励阿尔托的一个源泉，这本书得出了某些与他和莫霍伊-纳吉相同的结论。[180]作

◆亚历克西·卡雷尔（1873—1944年），法国外科医师和生物学家，以开拓性的血管缝合技术而于1912年获得诺贝尔生理学或医学奖。

◆◆亨利·柏格森（1859—1941年），全名Henri-Louis Bergson，法国犹太裔哲学家。在20世纪上半叶直至第二次世界大战期间，柏格森以他的论点而闻名，他认为即时的经验和直觉的过程比抽象的理性主义和科学对于理解现实更为重要。

◆◆◆埃伊洛·凯拉（1890—1958年），全名Eino Sakari Kaila，芬兰哲学家、评论家和教师。他曾在心理学、物理学和戏剧等众多领域工作，并试图在人文和自然科学的各个分支中寻找统一的原理。

◆◆◆◆基尔莫·米科拉（1934—1986年），全名Kirmo Ilmari Mikkola，芬兰建筑师兼视觉艺术家。

为一个生理学家和诺贝尔奖得主，卡雷尔写道，当我们着手去探索与客观科学、生理学、心理学以及时间直觉与智慧方面（aspects of time intuition and intelligence）相关的人类未知领域时［大部分引自亨利·柏格森（Henri Bergson）◆◆的话］，当我们（从优生学的角度）称颂那些天赋异秉个体的崛起，共同奔赴"重新塑造人"的目标时，"我们必须听从柏格森的"。[181]卡雷尔相信，"恢复一个人生理与精神上自我的和谐，将会改变他的宇宙"。[182]卡雷尔的观念对于阿尔托来说似曾相识，他们的想法都接近芬兰思想家埃伊洛·凯拉［Eino Kaila◆◆◆，也正是通过他，基尔莫·米科拉（Kirmo Mikkola）◆◆◆◆得以关注这一时期阿尔托的思想］的观点，以及他将生物学的问题与生活质量及社会进步相联系的思维路径。[183]从本质上讲，卡雷尔的论点在于人应当引领某种从生理学层面上调控得当的生活，但大部分相关的优生学观点如今都从意识形态上令人难以接受。阿尔托想必已经大体理解了柏格森的冲力理论（Vitalism），这一观点认为生命冲力（an élan vital）可以为生活注入能量，通过克服转换与流动中的潜在混乱，提供随机变化中所缺少的统一性。[184]

举例来说，柏格森所说的冲力（élan）诠释了变化，这在达尔文主义中被理解为纯粹的改变（pure change）；而德日进则相信它可以成为某种工具，用以解释"某种情境的动态严苛"（the dynamic rigour of a situation）。[185]生命冲力源自心理学方面，从而游离于科学与道德"法则"之外。[186]在1908年的一封信中，柏格森承认他的著作《创造进化论》（*Creative Evolution*）[187]将神性作为所有的冲力（élans，在此为复数形式）之源（这是他所强调的）[188]，在其他场合，他也曾表明神性是"永不停息的生命、运动与自由"。[189]阿尔托似乎也已在自己的自然体验中发现了这种自由。[190]米科拉的确相信，生命冲力包含了阿尔托作品中固有的自然与发展的关系[191]，强化着柏格森主义信奉者卡雷尔的观点，这些都被阿尔托[192]与莫霍伊–纳吉[193]经常引述。这也表明，艺术的根基实际上也就是生活的根基。莫霍伊–纳吉确乎相信，所谓"生物的"（biological）一词代表"保障有机发展的法则"（the laws which guarantee organic development）；如果能够意识到这一点，这些法则将确保抵御破坏性影响，并促进实现"人的有机功能"（man's organic function）的目标。[194]他指出如果孩子不曾受到精神上的伤害，他们通常会依据生物法则行事，从而避免受伤。[195]这些观点深深吸引着阿尔托，串联起建筑与生活。它们也强化着温尼科特在这方面的见解，提供一个"足够好的"环境，孩子们自会茁壮成长。[196]

小结
Conclusion

从这一章中，我们可以看出，在两位建筑师基础教育的晚期以及建筑训练中，不论是通过教导还是自发驱动，古希腊与意大利文艺复兴哲学观念以及其他某些思想，都深刻地影响了他们。相比之下，阿尔托通过较为直觉的途径接受，而勒·柯布西耶则以更为巨大的热忱学习。柏拉图与毕达哥拉斯观点中所表达的和谐问题，都令二人兴味盎然。然而，对于不同事物间更为不确定的对话中所蕴含的和谐理念之源，阿尔托似乎饶有兴趣——而那对话允许秩序中的"他者"形态，诸如有机模型（organic model），去影响全局。对二人来说，大自然是一个整合者，使他们得以将众多迥异的元素纳入一个完整的哲学体系。

据说在与二人交往的许多艺术家与思想家的观念中，自然都扮演着重要的角色。而那一时期的许多人，确实正从宗教与科学中探究这一角色。他们坚信，与人类、植物和其他自然有机体类似，建筑也是自然选择进程中的主体。因而那些支配有机体演进的法则，同样会左右建筑的发展。

注释

[1] W. Curtis, *Le Corbusier: Ideas and Forms*, New York: Phaidon, 1986, p.11.

[2] H.A. Brookes, *Le Corbusier's Formative Years*, Chicago: University of Chicago Press, 1997, p.24.

[3] Ibid., p.14.

[4] 晚年的勒·柯布西耶在化装舞会的场合，喜欢扮作小丑或囚犯。M. Bacon, *Le Corbusier in America*, Cambridge, MA: MIT Press, 2001, p.218.

[5] Diary entry for 6 February 1899 by Georges Édouard Jeanneret-Gris. Brookes, *Formative Years*, p.12.

[6] 参见爱德华代数教师的学校记录。Ibid., p.21.

[7] Le Corbusier, *The Decorative Art of Today*, London: Architectural Press, 1987, p.198.

[8] Ibid., p.194

[9] Ibid.

[10] 参见：Brookes, *Formative Years*, pp.24-40.

[11] 例如保罗·克里的讨论，参见R. Rosenblum, *Modern Painting and the Northern Romantic Tradition*, London: Thames & Hudson, 1994, p.154.

[12] 参见：M.P. May Sekler, 'Le Corbusier, Ruskin, the Tree, and the Open Hand', in R. Walden (ed.) *The Open Hand*, Cambridge, MA: MIT Press, 1982, pp.42-95.

[13] G.H. Baker, *Le Corbusier: The Creative Search*, London: Spon, 1996, pp.26-28. 让·佩蒂（Jean Petit）援引勒·柯布西耶的话："我们拥有当作自己圣经的宏伟巨著，即欧文·琼斯（Owen Jones）的《装饰的法则》（Grammaire de l'Ornament）——这是埃及、亚洲、希腊等风格最出色的集萃……绵延至中世纪。" Jean Petit, *Le Corbusier lui-même*, Paris: Forces Vives, 1970, p.25.

[14] Le Corbusier, *Decorative Art of Today*, p.132.

[15] Cited by Petit, *Le Corbusier lui-même*, p.25.

[16] Le Corbusier, *Decorative Art of Today*, p.175.

[17] Owen Jones, *The Grammar of Ornament*, London: Dorling Kindersley, 2001, p.31.

[18] Ibid., p.36.

[19] Ibid., p.38.

[20] Baker, *Creative Search*, p.16.

[21] T. Benton, 'Urbanism' in T. Benton (ed.) *Le Corbusier Architect of the Century*, London: Arts Council of Great Britain, 1987, p.200.

[22] Aymon de Mestral citing Louis Loze in *Daniel Jean Richard: Founder of the Jura Watch Industry* (1672–1741), Zurich: The Institute of Economic Research, 1957, pp.50-51.

[23] Le Corbusier. cited without source in Baker, *Creative Search*. p.13.

[24] Diary entry of Georges Édouard Jeanneret-Gris. December 1905. Brookes, *Formative Years*, p.42.

[25] Baker, *The Creative Search*, p.xvi.

[26] W.K.C. Guthrie, *Orpheus and Greek Religion*, London: Methuen, 1935, p.220.

[27] Ibid., p.217.

[28] Ibid.

[29] Letter 31 January 1908. In the archives at La Chaux-de-Fonds (CdF LCms 34, transcription supplied by Mlle Françoise Frey). Quoted by T. Benton, 'The Sacred and the Search for Truths', in Benton (ed.) *Architect of the Century*, p.239.

[30] P. Turner, *The Education of an Architect*, New York: Garland, 1977, p.10.

[31] Ibid.

[32] H. Provensal, *L'Art de Demain*, Paris: Perrin, 1904, p.60 in Fondation Le Corbusier 以下简称 FLC.

[33] J.-L. Cohen, 'Le Corbusier's Nietzschean Metaphors', in A. Kosta and I. Wohlfarth (eds.), *Nietzsche and 'An Architecture of Our Minds'*, Los Angeles: Getty, 1999, p.311.

[34] J. Jenger, *Le Corbusier: Architect of a New Age*, London: Thames & Hudson, 1996, p.14.

[35] O. Jones, *Grammar of Ornament*, p.25.

[36] Curtis, *Ideas and Forms*, p.22.

[37] Turner, *Education of an Architect*, p.30.

[38] Ibid., p.35.

[39] Le Corbusier, *When the Cathedrals were White: A Journey to the Country of the Timid People*, New York:

Reynal and Hitchcock, 1947, pp.29–30.

[40] J. Fagan-King, 'United on the Threshold of the Twentieth Century Mystical Ideal', *Art History*, 11, 1, 1988, p.89.

[41] G. Apollinaire, *Le Bestiaire ou Cortege d'Orphee* in M. Decaudin (ed.) *Oeuvres Completes de Guillaume Apollinaire*, Paris: Andre Balland et Jacques Lecat, 1966, p.17.

[42] V. Spate, 'Orphism', in N. Stangos (ed.) *Concepts of Modern Art*, London: Thames & Hudson, 1997, p.194.

[43] J. Turner (ed.) *The Grove Dictionary of Art*, London: Macmillan, 1996, p.569.

[44] V. Spate, Orphism: *The Evolution of Non-figurative Painting in Paris in 1910-1914*, Oxford: Clarendon, 1979, P.61.

[45] Ibid., p.2.

[46] 让纳雷和里特尔之间的往来书信保存于伯尔尼的瑞士国家图书馆。

[47] C. Green, 'The Architect as Artist' in Benton ed., *Architect of the Century*, p.126.

[48] Le Corbusier, *Journey to the East*, Cambridge: MIT Press, 1987, p.206.

[49] A.M.Vogt, *Le Corbusier: The Noble Savage*, Cambridge, MA: MIT Press, 1998, p.122.

[50] Le Corbusier and P. Jeanneret, *Oeuvre Complete Volume 1, 1910-1929*, Zurich: Les Editions d'Architecture, 1995, p.8. Translation Vogt, Noble Savage, p.124.

[51] Le Corbusier, *Decorative Art of Today*, pp.198-200.

[52] 爱德华·特鲁因曾惊叹于勒·柯布西耶对艺术史的广泛了解。'Rapport du Secrétaire Général (Édouard Trouin) sur nos projets en cours', 8 February 1955, FLC 13 01 390.

[53] Schildt, during a film interview Y. Jalander (dir.), E. Tuovinen (ed.) *Alvar Aalto: Technology and Nature*, New York: Phaidon Video, PHV 6050.

[54] G. Schildt, *Alvar Aalto: The Early Years*, New York: Rizzoli, 1984, p.163.

[55] A. Aalto, 'Centenary of Jyväskylä Lycee', in G. Schildt, *Alvar Aalto Sketches*, Cambridge: MIT Press, 1985, pp.162-164.

[56] Schildt, *Early Years*, p.56.

[57] 对于柏拉图而言，在走向神性的过程中身体起着重要作用。Plato, 'The Republic III', in S. Buchanan (ed.) *The Portable Plato*, Harmondsworth: Penguin, 1997, p.402.

[58] 阿尔托对埃沃在芬兰森林文化发展中的地位感到非常自豪。自青年时期开始，阿尔托便对芬兰的事物情有独钟（希尔特将这描述为非教条的民族主义，*Early Years*, p.164）。他被民族主义者埃利亚斯·伦罗特（Elias Lönnrot）的形象所吸引——后者通过孜孜不倦的探索，搜集卡累利阿偏僻地区口述传统中尚存的片段。家庭多元化的环境氛围鼓励他挑战19世纪芬兰重要的思想家斯内尔曼（J.W. Snellmans）所引领的芬兰民族主义。然而，阿尔托也欣赏斯内尔曼对启蒙哲学家的评价，参见：Aalto, 'The "America Builds" Exhibition, Helsinki, 1945', *Arkkitelitt*, 1, 1945; repr. in G. Schildt (ed.) *Alvar Aalto in his Own Words*, New York: Rizzoli, 1997, p.132.

[59] 勒·柯布西耶曾有一本关于歌德的书，参见：*La Faust*, (Lausanne, 1895) in 1916.

[60] Hanni Alanen during an interview for the film, *Alvar Aalto: Technology and Nature*.

[61] 《发明之书，各领域工业发展概览》(*Uppfinningamas Bok, öfversigt of det industriella arbetets utveckling på alla områden*). Swedish translation 'edited by O.W. Ålund in collaboration with experts', Stockholm, 1873, cited by Schildt, without further bibliographical details, *Early Years*, pp.194-198.

[62] 对比《发明之书》中的"自然万物，由无数单元组成的宇宙，其中的任何一个单元都无法从与周围联系的肌理中被攫取，而不破坏整体的和谐"，以及"自然界与生物界提供了丰富多彩的形式；以相同的构造、相同的组织和相同的细胞组合机理，产生成千上万的组合"，Aalto, 'Rationalism and Man', 1935; repr. Schildt, *Sketches*, p.51.

[63] 在贾纳（A. Christ-Janer）于1948年出版的《沙里宁》(*Eliel Saarinen*, Chicago: Chicago University Press,

1979）的简介中，阿尔托详细描述自己曾被这些图像所震撼。阿尔托和沙里宁在此时还是朋友。

[64] Schildt, *Early Years*, p.66.

[65] Schildt, during an interview for the film *Alvar Aalto: Technology and Nature*.

[66] 哈蒙·戈德斯通在一次访谈中透露。同上。

[67] 请勿与早期的古典主义者古斯塔夫·尼斯特伦（Gustaf Nyström）混淆，后者设计过新古典主义建筑，例如1891年赫尔辛基的房地产大厦。古斯塔夫·尼斯特伦只教高年级学生，他于1919年去世，由阿马斯·林格伦取代。

[68] Schildt, *Early Years*, p.79.

[69] Aalto, in 'Armas Lindgren and We', *Arkkitehti*, 10, 1929; repr. Schildt, *Own Words*, pp. 241–242.

[70] Ibid.

[71] Aalto, 1948, introduction to A. Christ-Janer's book, *Eliel Saarinen*, Chicago: Chicago University Press, 1979.

[72] Aalto commenting on the importance of measuring Naantali's old convent church, 'Motifs from the Past', *Arkkitehti*, 2, 1922; repr. Schildt, *Own Words*, p.33.

[73] Aalto, cited by repr. Schildt, *Early Years*, p.163.

[74] Aalto, 'Motifs from the Past', Schildt, *Own Words*, p.33.

[75] Ibid.

[76] 阿尔托曾在《科勃罗斯》（Kerberos）杂志上撰写过许多幽默文章。

[77] 林德贝格对过往看法的一个例证是他对芬兰建筑的一篇介绍文章：'Architecture', in *Finland: The Country, its People and Institutions*, Helsinki: Otava, 1927. 在这篇文章中，他总结说，需要"在准备穿越道路时回眸一瞥"，p.9.

[78] Aalto, writing as Ping, 'Benvenuto's Christmas Punch', *Kerberos*, 1–2, 1921.

[79] Aalto, letter to Gropius, 1930, AAF, cited in G. Schildt, *Alvar Aalto: The Decisive Years*, New York: Rizzoli, 1986, p.66.

[80] Schildt, *Early Years*, 1984, p.34.

[81] Ibid.

[82] Aalto, 'Stockholm Exhibition 1', *Åbo

Underrättelser*, 22 May 1930, in Schildt, *Sketches*, p.16.

[83] Aalto, 'Instead of an Article', 1958, *Arkkitehti — Arkitekten*, reprinted in ibid., p.161.

[84] 1809年芬兰摆脱瑞典王国的统治，迫不得已成为俄罗斯的大公国。

[85] 有意思的是，芬兰对1939年俄国入侵（冬季战争）的顽强抵抗表明，"工人阶级"并不想被苏联人接管。

[86] Schildt, *Early Years*, p.96.

[87] Sten Branzell's description of Aalto, recounted in ibid., p.97. Letter held in the Anna Branzell Archive, Gotheburg.

[88] Aalto, letter to his father, J.H. Aalto, 27 November 1918. AAF. Cited in Schildt, *Early Years*, p.107.

[89] 阿尔托与阿斯普隆德后来成为好朋友。

[90] Anna Branzell, to Schildt, *Early Years*, p.123.

[91] 他对瑞典人艾萨克·格鲁内瓦尔德（Isaac Grunewald）的野兽派作品感兴趣，熟悉芬兰的艺术运动，在赫尔辛基时与许多艺术家的关系也很密切。

[92] Aalto, in letter to his assistant, Ypyä, October 1924, cited in Schildt, *Early Years*, p.136.

[93] Aalto, in *Iltalehti*, 1923, in ibid., p.113.

[94] Aalto, *Keskisuomalainen*, 30 November 1924, in ibid., p.253.

[95] Aalto, 'Painter and Mason', *Jousimies*, 1921, and *Keskisuomalainen*, December 23, 1923.

[96] 阿尔托的无政府主义使得他偶尔不参加选举投票，并且不信任所有的意识形态团体。康纳（Connar）质疑希尔特在*Aaltomania*中将阿尔托看作无政府主义者的解读，参见：*Aaltomania*, Helsinki: Rakennustieto, 2000.

[97] 阿尔托在纪念赫尔辛基工业大学一百年的演讲中讨论了希腊语中"建筑"一词的起源，5 December 1972. Schildt, *Own Words*, pp. 281–285.

[98] 阿尔托在一次演讲中阐述了他担任芬兰建筑师协会主席的目标（SAFA archives, 1963），提及希腊文明的生命力和重要性。Ibid., p.163.

[99] 于韦斯屈莱葬礼礼拜堂和穆拉梅教堂之间在细节上的差异表明这一变化。

G. Schildt, *Alvar Aalto: The Complete Catalogue of Architecture, Design and Art*, London: Academy Editions, 1994, p.43, fig. 111.2.4 and p.44, fig. III.2.5.

[100] G. Apollinaire, *L'Esprit nouveau et les poète*, Paris: Jacques Haumont, 1946, p.24. 1917年11月26日，阿波里耐召开了一个关于新精神的会议。

[101] C.S. Eliel, *Purism in Paris*, New York: Harry N. Abrams, 2001, p.15.

[102] Ibid, p.12.

[103] Le Corbusier, *A New World of Space*, New York: Reynal Hitchcock, 1948, p.10.

[104] Ibid.

[105] D. Winnicott, 'Primitive Emotional Development'(1945), in *Collected Works*, London: Tavistock, 1958, p.150.

[106] Le Corbusier, *New World of Space*, p.11.

[107] Ozenfant and Jeanneret, 'After Cubism' in Eliel, *Purism in Paris*, p.157.

[108] 饶有意味的是，他选择了一个近于corbeau（法语中意为乌鸦）的名字，很可能早已对乌鸦在炼金术中所扮演的重要角色有一个诱人的形象，飞过漆黑的世界，引发变革。勒·柯布西耶认为自己是一个证人或观察者。像在给阿尔托的一封信中那样，他有时会在签名前面画一只鸟的形象。Le Corbusier's letter to Aalto 5 August 1954 (AAF).

[109] Le Corbusier, *New World of Space*, p.13.

[110] A. Ozenfant, *Mémoires*, 1886–1962, Paris: Seghers, 1968, p.103 quoted in Eliel, *Purism in Paris*, p.22.

[111] Entry in Le Corbusier's father's diary 2 April 1919, Bibliotheque de la ville de La Chaux–de–Fonds. Quoted in Vogt, *Noble Savage*, p.125.

[112] Le Corbusier, 4 September 1919. Ibid., p.125.

[113] Eliel, *Purism in Paris*, p.64.

[114] C. Jencks, *Le Corbusier and the Continual Revolution in Architecture*, New York: Monacelli, 2000, p.191.

[115] 卡米洛·西特（Camillo Sitte）的《社会发展》（Der Städtebau，1888）专注于社会需求的有机增长——德国中世纪城镇美学由此得以发展，其思想影响了斯特伦格尔；布林克曼（Brinckmann）则聚焦于文艺复兴、巴洛克和18世纪时期。

[116] 阿尔托在文章中提出过类似的论点，'Urban Culture', *SisäSuomi*, 12 December 1924. Schildt, *Own Words*, pp.19-20.

[117] 保尔松是瑞典艺术评论家。弗罗斯特鲁斯在《建筑师》（*Arkkitehti*）期刊上回顾了保尔松的书《新建筑》（*Den nya arkitekturen*，1916）。

[118] Letters from Van de Velde to Aalto, AAF.

[119] 某些项目，例如1929年完工的农业合作大厦，被誉为"北欧第一个功能主义剧院"，曾剔除早期的新古典主义壁画。

[120] 在此阶段的入口很像阿斯普隆德的斯德哥尔摩市图书馆。

[121] 它同时也成为第三届芬兰博览会。

[122] Le Corbusier, *Modulor 2*, London: Faber, 1955, p.267.

[123] 参见：annotations to C. Saint Palais, *Esclarmonde de Foix: Princesse Cathare*, Toulouse: Privat, 1956, p.27 in FLC.

[124] Ibid., pp.28-29.

[125] Ibid., p.27.

[126] Ibid.

[127] Trouin, 'Table provisoire' for book entitled 'La Sainte Baume et Marie Madeleine', n.d., FLC 13 01 396.

[128] Le Corbusier, *Sketchbooks Volume 3 1954–1957*, Cambridge, MA: MIT Press, 1982, sketch 1011.

[129] Pico della Mirandola, *On the Dignity of Man*, Indianapolis: Hackett, 1998, pp. 30–31.

[130] M. Ghyka, *Nombre d'or: rites et rhythmes Pythagoriciens dans le développement de la civilisation Occidental*, Paris: Gallimard, 1931, p.57 in FLC.

[131] Guthrie, *Orpheus*, p.39.

[132] Ibid., p.41.

[133] Ibid., p.114.

第2章
自然生长、自然契约：从模式到原则

[134] Ibid., p.41.

[135] Ibid., p.29.

[136] G. Filoramo, *A History of Gnosticism*, Oxford: Basil Blackwell, 1991, pp.52–53.

[137] D. Naegele, 'Photographic illusionism and the "New World of Space"' in M. Krustrup (ed.) *Le Corbusier: Painter and Architect*, Aalborg: Nordjyllands Kunstmuseum, 1995, p.134.

[138] Le Corbusier, *Journey to the East*, p.135.

[139] Ibid., p.163.

[140] Le Corbusier, 'Mise au Point', translated and interpreted in I. Žaknić, *The Final Testament of Père Corbu*, New Haven: Yale University Press, 1997.

[141] 旧的祈使形式为*Stirb and Werde*。

[142] Aalto, letter to his parents, 8 October 1918 from Helsinki. Schildt, *Early Years*, p.106.

[143] D. Porphyrios, *Sources of Modern Eclecticism: Studies of Alvar Aalto*, London: Academy Editions, 1982 and C. St. John Wilson, *The 'Other' Tradition of Modern Architecture*, London: Academy Editions, 1995.

[144] Porphyrios, *Sources of Modern Eclecticism*, p.2.

[145] M. Foucault, *The Order of Things*, Bristol: Arrow Smith, 1977, p.xvii.

[146] H. Häring, 'Wege zur Form', in *Die Form*, 1, October 1925, pp.3–5.

[147] 韦尔南以"朦胧的逻辑"描述前苏格拉底的思想。J.P. Vernant, *Mythe et Pensée chez les Grecs*, Paris: La Découverte, 1985, p.250.

[148] Aalto, 'The Trout and the Mountain Stream', 1947 in Schildt, *Sketches*, pp.96–98.

[149] Schildt, *Early Years*, pp.200–201.

[150] Schildt, *Own Words*, p.37.

[151] Aalto, 'Form as a Symbol of Artistic Creativity', 1956, in ibid., p.181.

[152] 阿尔托非常熟悉维特根斯坦研究专家G. H. 冯·赖特（G.H.von Wright）的哲学著作，后者在剑桥大学任教多年。

[153] Letter from Le Corbusier to Andreas Speiser, 22 December 1954. FLC. Dossier Speiser R3 04 369.3.

[154] P. Teilhard de Chardin, *The Future of Man*, London: Collins, 1964, p.125.

[155] 参见：F. Samuel, 'Le Corbusier, Teilhard de Chardin and La Planétisation humaine: spiritual ideas at the heart of modernism', *French Cultural Studies*, 11, 2, 32, 2000, pp.163–288.

[156] P. Teilhard de Chardin, *L'Énergie humaine*, Paris: Éditions du Seuil, 1962, p.42.

[157] "感受的心理生理学（psychophysiology of the feelings）"作为一个短语被勒·柯布西耶反复使用。例如：*Oeuvre Complete Vol. 6, 1952-1957*, Zurich: Les Éditions d'Architecture, 1995, p.52.

[158] Teilhard, *Future of Man*, p.130.

[159] Ibid., p.131.

[160] 让-雅克·卢梭写给马勒泽布的第二封信。引自：Vogt, *Noble Savage*, p.125. Letter Le Corbusier to Abbé Ferry, 10 July 1956, FLC E2 02 167.

[161] Le Corbusier, *The Radiant City*, London: Faber, 1967, p.6.

[162] Vogt, *Noble Savage*, p.138.

[163] 它们或是被完全密封（带有第四纪沉积物），例如在La Mouthe，抑或掩埋在包含旧石器时代遗物的土壤下。

[164] A. Seiveking, *The Cave Artists*, London: Thames & Hudson, 1979, p.55.

[165] 参见：'L'Angle Droit', *Esprit Nouveau*, 20, New York: Da Capo Press, 1969, unpaginated.

[166] Aalto, 'Abbé Coignard's Sermon', 6 March 1925 in Schildt, *Own Words*, p.57.

[167] Aalto, untitled lecture, dating from around 1925. Alvar Aalto Foundation, 以下简称"AAF"。

[168] Aalto, notes for second part of 'Abbé Coignard's Sermon', read 'Architecture — the natural art (Ruskin)' in Schildt, *Own Words*, p.57.

[169] Aalto, 'Art and Technology', 1955 in Schildt, *Own Words*, p.174, and Aalto, 'The Enemies of Good Architecture', RIBA Discourse, 1957 in ibid., p.203.

[170] Aalto, *Art and Technology*, lecture at his installation into the Finnish Academy, 1955, in ibid., p.174.

[171] P. Morton-Shand, in a radio lecture, repr. in *The Listener*, 11 November 1933. Cited in Schildt, *Decisive Years*, p.39.

[172] 于尔约·希恩是芬兰美学家，阿尔托在晚年才与其成为密友。

[173] Oft-repeated remark cited by Schildt, *Early Years*, pp.153 and 159.

[174] Aalto, 'Painter and Mason', 1921 in Schildt, *Own Words*, p.31.

[175] Schildt, *Complete Catalogue*, p.275.

[176] 阿尔托谢绝法国艺术品经销商路易斯·卡雷（Louis Carré）在巴黎宣介他的艺术，他曾为后者设计过房屋。

[177] 例如：Aalto, 'Culture and Technology', 1947; repr. in Schildt, *Sketches*, p.94.

[178] Aalto, 'Rationalism and Man', speech to the Swedish Craft Society, 1935; Repr. in Schildt, *Sketches*, p.93.

[179] Aalto, letter to Otto Völckers, cited in Schildt, *Decisive Years*, p.114.

[180] A. Carrel, *Man the Unknown*, New York: Harper, 1935.

[181] Ibid., p.155.

[182] Ibid., p.291. 杜尔金发现卡雷尔关于直觉的大量著作受到柏格森的启发。 J.T. Durkin, *Hope in our Time: Alexis Carrel on Man and Society*, New York: Harper & Row, 1965, p.24.

[183] K. Mikkola, 'Aalto the Thinker', in *Arkkitehti* 7/8, 1976, pp. 20–25.

[184] 在这方面，柏格森拒绝对进化论进行机械论或终极因果论这两种极端解释，尽管这也引发人们对他所倾向的终极因果论的指责，然而并未触及有意图的目的论。换句话说，他认为存在最终的结局，但拒绝描述其本质。

[185] P. Teilhard de Chardin, *The Appearance of Man*, London: Collins, 1965, p.261.

[186] A.R. Lacey, *Bergson*, London: Routledge, 1989, p.181.

[187] H. Bergson, *Creative Evolution*, trans. A. Mitchell, London: Macmillan, 1911.

[188] H. Bergson, *Mélanges*, Paris: Presses Universitaires de France, 1972, pp.766–767.

[189] Bergson, Creative Evolution, p.262.

[190] Aalto, 'National Planning and Cultural Goals', Suomalainen-Suomi, 1949. Repr. as 'Finland as a Model for World Development' in Schildt, *Own Words*, p. 167-171.

[191] Mikkola, 'Aalto the Thinker' p.23. 米科拉还坚信，阿尔托对时间的把握类似于柏格森的持续和绵延（durée）。柏格森在《形而上学导言》（1903年）中通过相对和绝对的认知体验，介绍了时间流动性的概念。他试图强调真实的存在——绵延，而非钟表所代表的相对时间。

[192] 例如：Aalto, 'Erik Gunnar Asplund Obituary', *Arkkitehti*, 11–12, 1940, in Schildt, *Own Words*, p.242, and Aalto, 'National Planning and Cultural Goals', *Suomalainen-Suomi*, 1949; Repr. as 'Finland as a Model for World Development' in ibid., pp. 167–171.

[193] 莫霍伊-纳吉相信所有艺术都在追求"表达中的永恒生物学基础——这对每个人都充满意义"。L. Moholy-Nagy, The New Vision, Chicago: Institute of Design, 1947, p.13.

[194] Ibid., p.16.

[195] Ibid., p.17.

[196] D.W. Winnicott, *Home is Where We Start From: Essays by a Psychoanalyst*, London: Pelican, 1987, pp.142–149.

现代心智的交汇

Chapter 3

The Meeting of Modern Minds

在欧洲的北部边缘，进步的诱惑迅速引发阿尔托职业中的彻底变革。他期待走近由现代功能性途径推动进步的那些著名人物。本章最初聚焦于阿尔托与主流现代主义日益密切的交往，由此引领他走入以勒·柯布西耶为中心的那个圈子。阿尔托与这位年长他10岁，因1923年《走向新建筑》的出版而具有一定名望的人物所建立的新友情，随即成为本章的关注点。他们很快就发展出一段相互尊重的友情，因为持怀疑论的阿尔托蔑视任何现代主义的标准规则；他们用木材为渐趋教条化的现代主义核心指点出一个质朴的浪潮（aalto在芬兰语中恰有浪潮之意）。勒·柯布西耶明显感到对这位特立独行者深深的喜爱。二人关系的自然本质，形成本章的核心焦点。

现代性北移
Modernity Moves North

在现代主义影响北欧建筑师之前，阿尔托并未处于欧洲文化的风口浪尖。他的瑞典同事斯文·马克柳斯曾于1927年驾车穿越欧洲，到访诸如德绍的包豪斯与柏林，为自己的实践收集资料并扩大影响。或许比起其他任何人，马克柳斯更有机会向阿尔托介绍当下欧洲其他地方正在发生的一切。阿尔托于1927年搬到图尔库时，这位瑞典伙伴刚刚结束那个夏天的现代建筑考察之旅，他很快加深了与马克柳斯的交往。在马克柳斯为《建造者》（*Byggmästaren*）杂志撰写关于格罗皮乌斯住宅的评论后，这个德国人（格罗皮乌斯）同意于1928年3月在斯德哥尔摩举办演讲。据希尔特讲述，马克柳斯随后应邀在图尔库举行演讲，他认为格罗皮乌斯面向社会的议题挑战了勒·柯布西耶对艺术方面的偏重。[1]这一点很重要，因为相比勒·柯布西耶，这一阶段的阿尔托更接近格罗皮乌斯，并且首次与格罗皮乌斯顺利实现了私人接触。实际上，贯穿他的传记，希尔特似乎试图通过对勒·柯布西耶早期白色建筑的狭隘理解，别有用心地将阿尔托的思想与勒·柯布西耶的一分为二。[2]在他的记述中，阿尔托参考了勒·柯布西耶而非格罗皮乌斯的作品，并且毫不夸张地说，这个芬兰人试图将前者的艺术与后者的社会议题结合起来。然而在后来的时光中，相较于格罗皮乌斯那种可能被描述为枯燥的说教，阿尔托似乎更喜欢接触勒·柯布西耶富于创造的心性，而与格罗皮乌斯保持某种距离——即使是在马萨诸塞州坎布里奇二人共处的日子里。[3]然而在早期阶段，对于这些建筑界的指路明灯，阿尔托倾心结识并花费时间交往，意义非凡。

马克柳斯与布吕格曼那一时期的很多房子似乎都预示了阿尔托的很多更为著名的作品。马克柳斯的妻子曾回忆："阿尔托帮助斯文柔化他的建筑，并且告诉他木材的价值。无论他们想表现出怎样的社会关注，在内心深处他们都是艺术家。"[4]20世纪30年代阿尔托将自己的关注点转回他早年的导师阿斯普隆德，直到这个瑞典人于1940年辞世。阿尔托发现阿斯普隆德对"所有人们情感生活和自然天性细微差异"的关注，更接近自己那颗（受伤的）心。[5]

错过勒·柯布西耶

Missing Le Corbusier

1928年6月阿尔托夫妇登上飞机，开始他们的考察之旅，而目标便是去巴黎拜会勒·柯布西耶。他们途经丹麦，在那里遇到波尔·亨宁森[6]（Poul Henningsen）◆。去到阿姆斯特丹，会见扬·杜伊克（Jan Duiker）◆◆，其阳光城疗

◆波尔·亨宁森（1894—1967年）丹麦作家、评论家、建筑师和产品设计师，经常被简称为PH。在两次世界大战之间，他是丹麦文化生活的主要人物之一。他的设计作品主要有PH-lamp系列白炽灯。
◆◆扬·杜伊克（1890—1935年）荷兰建筑师，结构主义运动的最重要代表之一。
◆◆◆阿尔弗雷德·罗特（1903—1998年）瑞士建筑师、产品设计师和大学讲师，是新建筑的重要代表。
◆◆◆◆安德烈·吕尔萨（1894—1970年）法国建筑师，于1911年进入南希艺术学院，并于1923年毕业于巴黎艺术学院，曾在罗伯特·梅勒·史蒂文斯的办公室工作，为法国最杰出的现代建筑师之一。
◆◆◆◆◆卡尔·莫泽（Karl Moser，1860—1936年）瑞士建筑师。从1915—1928年，他是苏黎世联邦理工学院的教授。

养院（Zonnestraal Sanatorium）影响了阿尔托在帕伊米奥的设计。到达巴黎的时候听说勒·柯布西耶当时正在莫斯科，而在其工作室中他们遇到了阿尔弗雷德·罗特（Alfred Roth）◆◆◆，自此他们成为终其一生的挚友。他们还遇到安德烈·吕尔萨（André Lurçat）◆◆◆◆，看到了他最新的作品，并且他们很有可能跟他提及国际现代建筑协会（CIAM）3天后将在拉萨拉（La Sarraz）召开会议一事。

阿尔托没有去德国，而是回去参加帕伊米奥疗养院的设计竞赛，不久后的将来，它成为了一座最伟大的功能主义建筑。有意思的是，阿尔托径直拜会勒·柯布西耶而非格罗皮乌斯。或许这是因为马克柳斯不曾去到巴黎，却遇到了格罗皮乌斯，抑或由于阿尔托认为勒·柯布西耶更为重要，此事至今未解其详。

紧随CIAM的创建，卡尔·莫泽（Karl Moser）◆◆◆◆◆来信邀请马克柳斯参与其中。他依次邀请亨宁森与阿尔托，并陪同后者一同去法兰克福参加1929年10月的CIAM第二次会议。[7]有意思的是，阿尔托在这次会议上与格罗皮乌斯充分接触，而后者刚好离开包豪斯去到柏林。或许正是由于与格罗皮乌斯的这层关系，阿尔托从未去过包豪斯。尽管对意识形态类组织极端厌恶，阿尔托还是很快被CIAM接纳。在现实中，他给自己的定位是作为主导力量的补充，对其议题提出异议，尽管认同其核心特征。这样的倾向对于他的职业无疑大有裨益。

吉迪恩与社会信息：斯德哥尔摩展览会
Sigfried Giedion and the Social Message:
The Stockholm Exhibition

1930年的斯德哥尔摩展览会证实了现代主义已稳固地进入

瑞典建筑的发展议程[8]，用阿尔托的话说就是"审慎的社会信息"。[9]希尔特相信这是可喜的迹象，是对达尔文学说中为了生存而盲目竞争的积极回应，并将这种观念与展会所表达的无政府主义自由意识相关联。[10]这是现代主义角度新奇却不乏启迪的一种诠释，尤其适合于渴望从自给自足的生存状态中提升自我的年轻的芬兰，透过向欧洲大陆开启的这扇窗，描绘出他们对于进步的渴求。在这次展会中，阿尔托铸就了与西格弗里德·吉迪恩（Sigfried Giedion）◆的友谊。他们相识于一年前法兰克福的会议，当时吉迪恩是CIAM的会议秘书。这段友谊在此后不断加深，尽管阿尔托鄙视那个组织中的一些教条，并且时不时缺席会议。吉迪恩赞赏阿尔托独辟蹊径地整合历史、技术、社会关注以及与自然间的深度默契，在其著名的《空间、时间与建筑》（*Space, Time and Architecture*）一书的第二版中，吉迪恩满怀激情（如果还没有达到夸张的程度）地对此大加赞美与颂扬。[11]

寻求更温和的现代主义
Searching for a Gentler Modernism

延续着从法兰克福到斯德哥尔摩建立的友谊，1930年下半年阿尔托出访柏林，与格罗皮乌斯相处，并与莫霍伊-纳吉共度时光。9月25日，他们一同去棕榈花园，与一些CIAM成员聚会，其中包括赫里特·里特韦尔（Gerrit Rietveld）◆◆、里夏德·约瑟夫·诺伊特拉（Richard Joseph Neutra）◆◆◆和胡戈·黑林。黑林此后背离CIAM，与之分道扬镳。[12]

随后阿尔托与吉迪恩、卡尔·莫泽去往苏黎世，在那里他似乎

◆西格弗里德·吉迪恩（1888—1968年），波希米亚出生的瑞士历史学家，也是建筑批评家。他的思想特别是在其代表作《空间、时间与建筑——一个新传统的成长》中的观念，对20世纪50年代的当代艺术产生了重要影响。

◆◆赫里特·里特韦尔（1888—1964年），又译作里特维尔德，荷兰建筑师与家具设计师，是荷兰风格派艺术运动的主要成员之一。其代表作包括红色和蓝色椅子，以及被联合国教科文组织列为世界遗产的乌德勒支住宅。

◆◆◆里夏德·约瑟夫·诺伊特拉（1892—1970年），奥地利裔美国犹太建筑师，被认为是最杰出和最重要的现代主义建筑师之一。

◆◆◆◆埃莱娜·德·芒德罗（1867—1948年），瑞士画家、动画制作师和艺术赞助人，也是CIAM的发起人之一。

曾接触过埃莱娜·德·芒德罗（Hélène de Mandrot）◆◆◆◆。[13]
在1930年访问柏林后，阿尔托写信给格罗皮乌斯提及他的
使命："为那些认为'有机路线'将不适合未来100年的人
建造房子。"[14]"有机路线"这个词，透露出他所优先考虑
并全心关注的事物，即便是在早期阶段。10年后他以感人
的语调写信给芒德罗［勒·柯布西耶于1931年为她设计了
一个位于普罗旺斯的拉普拉代（La Pradat）乡间别墅］，谈及
现代建筑仍然面临的人文主义问题，或许是受到他个人不幸
的启发："我认为人们从精神上需要安全感。"[15]

自然地建造
Building Naturally

作为一位大自然的向导，莫霍伊-纳吉轻松慷慨地分享丰富
的观点，引领阿尔托探寻诸如电影、摄影以及构成主义理
论的潜能。有意思的是，他将自己的几本激进读物送给阿
尔托，但阿尔托却不愿提及他们之间的交流——这件事颇
有深意。那些读物，特别是1929年出版的《新视野：从材
料到建筑》（*Von Material zu Architektur*），诠释出"有
机"思想在莫霍伊-纳吉观念与艺术中的地位；因而不妨
认为，恰恰是由于这些对自己如此重要，阿尔托才不愿提
及——这并非无稽之谈。在一封表示感谢的短笺上，可以
看到阿尔托关于这部著作重要意义的表述——它"伟大、
清晰而且精彩，或许是您最出色的书"。[16]希尔特推断这
个匈牙利人教会了阿尔托在建造中敞开空间，并且以自然
作为建筑的范本。而阿尔托这时已经谙熟里特韦尔的乌
德勒支住宅以及勒·柯布西耶作品中的空间利用，并且于
1926年已经在"从门阶到居室"里描述自然如何融入建筑。
正如我们将在第4章展示的，在这里他综合吸收了古斯塔
夫·斯特伦格尔《作为艺术作品的房子》[17]以及勒·柯布
西耶《走向新建筑》中的观点。[18]而阿尔托自己早在1925

年，就曾写过一篇关于自然在建筑中地位的文章，题目是"沐浴在于韦斯屈莱山脊上的神殿""自然地建造"，他说到。[19]

莫霍伊-纳吉关于心灵需求与身体需求同为建筑学发现自身秩序的根基的阐述，对阿尔托无疑是重要的；但在其作品中更多表现为某种确定的形式，而非变化导致的形式。这种确定性激励阿尔托更多倾听自我的天性，去创造帕伊米奥那样的建筑，从某种程度上回应他自身的生活经历。[20]这种经历将引领阿尔托远离格罗皮乌斯较为刻板的实践，而转向艺术家勒·柯布西耶那自由且深受自然启发的世界。

帕伊米奥的一击
The Paimio Punch

这一时期，尽管弗罗斯特鲁斯与斯特伦格尔极力推介他的作品，但在芬兰固有的保守氛围中，阿尔托的建筑却经历着严冬。1932年7月，在去往位于赫尔辛基的北欧建筑协会演讲的途中，阿斯普隆德假道帕伊米奥，由此决定将演讲的内容聚焦于被众人所忽视的环境中的建筑问题，并着重强调那是阿尔托首座重要的现代建筑。持保守观念的同僚对这种"进步"充满蔑视，公然指责阿尔托和阿斯普隆德过于布尔什维克。阿尔托的回应是给指责者的一记重拳。这一事件在建筑圈内引发轩然大波，直到昔日的恩师卡罗吕斯·林德贝格出面调停，才得以平息。

1933年阿尔托移师赫尔辛基创建自己的事业。1935年继肺炎引发的一段身心危机之后，阿尔托稍作喘息，即前往布鲁塞尔会晤CIAM规划委员会的同事，此后去往瑞士与吉

◆此处指圣哥达·约翰逊（Gotthard Johansson，1891—1968年），瑞典作家、艺术与建筑评论家，被认为对瑞典现代建筑和瑞典现代自我形象具有重要意义。

◆◆尼尔斯·古斯塔夫·哈尔（1904—1941年），芬兰艺术史学家和艺术评论家。他从1928年开始为芬兰和瑞典的报纸撰写文章。1935年，他与阿尔托夫妇及艺术专家玛丽亚·古利克森（Mairea Gullichsen）共同创立了室内设计公司。

◆◆◆这是一个芬兰发行的瑞典语报纸，至今仍在出版发行，简称HBL。

迪恩一家共度时光。阿尔托带回了对于身体恢复的深层感知、方兴未艾的人情化理性主义原则，以及更为重要的，将其付诸建筑实践的某种直觉。

风雅先知的角色
The Personable Personas of Prophets

在这一阶段，展示二人之间为人所知的关系不无益处。1928年的巴黎行程错过勒·柯布西耶后，阿尔托于次年在法兰克福举行的CIAM第二次会议上见到了他——那是被某位斯堪的纳维亚朋友◆称作"被勒·柯布西耶思想所掌控"的一次聚会。[21]阿尔托的一封家信透露，这次聚会的大部分时间他都在与操德语的代表沟通，而与法语人士交往寥寥。[22]二人将在1930年的布鲁塞尔CIAM会议上再度聚首。

阿尔托、雅典与功能主义预言者
Aalto, Athens and the Prophet of Functionalism

作为古希腊思想对现代主义作品重要性的明确表示，1933年勒·柯布西耶、吉迪恩与CIAM的同伴们穿越地中海，从马赛来到雅典，然后与其他人会合。当时，阿尔托正享受弄潮之乐，或者说恰在风口浪尖，工作室繁忙至极，以致错过了游轮，只得飞来雅典与众人相聚。

阿尔托的门生尼尔斯–古斯塔夫·哈尔（Nils-Gustav Hahl）◆◆代替他乘船赴会，此后撰文回忆那次会议。在发表于《胡夫报》（*Hufvudstadsbladet*）◆◆◆的回忆文章中，他描述在格罗皮乌斯缺席的情况下，勒·柯布西耶如何独领风骚：

……声望卓著的功能主义预言者与哺育者……两个巨大的高音喇叭将他的声音传送至几百位聆听者耳中……从不同角度阐明他钟爱的主题:"空气、son(原文如此)、光"……不言而喻,勒·柯布西耶是卓然不凡的人物之一……他被当作一个杰出的功能主义者,但在他的讲演中,却是最富激情的浪漫主义者。他看起来瘦削而硬朗,镜片后面的双眼饱含坚定狂热的信心。[23]

哈尔还在《火炬手》(*Tulenkantajat*)上报道莱热有关建筑色彩的一场讲座,而勒·柯布西耶与阿尔托曾对此给予热情的评价,"颇具代表性地,他们二人都只考虑色彩所引发的生理反应,而几乎完全忽略了其审美价值。"[24]对勒·柯布西耶来说,色彩无疑与声音和空间一样,能通过巧妙运用,引领人们进入与自然和谐相处的境地。正因为如此,他基于天空、沙地等设计了一系列色彩,供意大利的塞鲁布拉(Salubra)公司◆销售。这是"一个系统,由此可望构建一套细致入微的现代住宅建筑彩饰方案,它与自然合拍,并回应每个人内心深处的需求"。[25]

阿尔托姗姗来迟,错过了游艇,到达雅典后与勒·柯布西耶共进午餐。据希尔特回忆,勒·柯布西耶注意到了阿尔托,并"以志同道合的友善表达了他对这个芬兰年轻人的尊敬"。[26]阿尔托缺席了很多会议性事务,他更愿意去考察卫城,去画画、拍照,以及与老友莱热、莫霍伊-纳吉共度时光。[27]当然,他也完成了一次诙谐的演讲——"与古典希腊的邂逅",回顾他与一条腿打着石膏的一个希腊女子的邂逅,大大缓和了会议的严肃气氛,使几乎所有的代表都深感惬意。希尔特则指出,将令人窒息的战后都市主义比作受伤的希腊美女,事后回想起来难免有一丝辛酸。[28]这并不表明阿尔托有如此前瞻,准确地说,只是他天生的无政府主义对抗弥漫于会议中的决定论,以及那些主要人物不乏教条性的纲领。正是这些才引来阿尔托那打石膏角色的譬喻。

◆ 书中原文为意大利公司,从伦敦维多利亚和阿尔伯特艺术博物馆(Victoria and Albert Museum)的网上资料看,疑为一家总部位于瑞士的壁纸制造公司。资料表明,建筑师勒·柯布西耶受这家瑞士壁纸制造商委托,曾设计过两个系列的壁纸。

乘游艇回到马赛后，阿尔托又花了些时间与勒·柯布西耶待在一起，然后乘车跟莫霍伊–纳吉与吉迪恩一同到达瑞士，以便与芒德罗有更多接触。阿尔托曾从苏黎世写信给家里：

在马赛，每个清晨，勒·柯布西耶与我都坐在一起。他对我非常友善，其他人也如是。按吉迪恩的说法，在雅典我被当成了查理·卓别林。这样的旅程让人信心倍增，但唯有我们在一起的时候才能表达真实想法，尽管这一刻我只能想起勾魂的你（ obschon ich jetzt nur erotisch an dich denken kann ），我的小可爱艾诺。你的阿尔托。[29]

阿尔托从被人接受之中找到信心，即便作为这群人中的小丑。他甚至请求艾诺把他带回现实中来，"以恢复常态"。

行进的森林：巴黎1937

The Forest on the March: Paris 1937

阿尔托与勒·柯布西耶都参加了1935年在阿姆斯特丹举行的CIAM会议，那次阿尔托花了很多时间与吉迪恩在一起。此后他为1937年的巴黎世博会设计了芬兰馆，被他戏称为"行进的森林"（ Le Bois est en Marche ）， 建造期间他有更多的时间在巴黎逗留。展馆受到国际上的赞誉，而他与勒·柯布西耶的交往也翻开了新的一页。勒·柯布西耶写道："在芬兰馆，参观者为深植其中的原真性而喜悦。能选择一位合适的建筑师， 确实关乎主办方的荣耀。"[30]有意思的是，二人都不愿参加他们所尊敬的主办方安排的相关活动。阿尔托没有出席他那个馆的开幕仪式，他的名字也未被提及；而勒·柯布西耶那个螺旋形的新时代馆（ Temps Nouveaux Pavilion ），在其他展览结束后两个月才开幕。[31]这段时间想必二人经常见面，并且展会期间他们也都参加了第五次CIAM会议。在1947年苏黎世举办的第六次CIAM会议上，他们似乎又再度聚首。这一时期，二人所关注的理念以迥异的方式表现出来。阿尔托集中精力于波浪形平面的贝克大楼（1946—1949年），那个宿舍看起来像是"一件旧花呢外套"（图8.8）[32]；而勒·柯布西耶则正将模度理论与光辉城市理念整合进马赛公寓的设计中（图8.2）——第8章将检视这种鲜明的差异。

明智、敏感与饱和：畅饮于"裂隙"
Sanity, Sensitivity and Saturation:
Drinking in the 'Gap'

1949年艾诺的去世令阿尔托严重错乱不安，此间他多次出国旅行。在巴黎他遇到莱热、布拉克、康定斯基与勒·柯布西耶，经后者介绍，他认识了欧仁·克劳迪于斯·珀蒂（Eugène Claudius Petit）◆和安德烈·布洛克（André Bloc）◆◆。1950年布洛克为艾诺和阿尔托在巴黎美术学院组织了一次作品展。开幕式上，阿尔托所有在巴黎的朋友济济一堂，共贺他的成就。尽管如此，他仍很难爬出那道"裂隙"；不论多么成功，他依然不如意，满怀伤感与对死亡的恐惧。他甚至错过了现代艺术家联盟（L'Union de Artistes Modernes）为他举办的一场演讲，却在酒吧里喝得酩酊大醉，浑然不觉。[33]

1952年阿尔托与年经助手埃莉萨·梅基涅米（Elissa Mäkiniemi）◆◆◆结婚，婚后他更为频繁地去往巴黎。他曾提议芬兰建筑师协会（SAFA）授予勒·柯布西耶荣誉会员称号。勒·柯布西耶没有出席颁授仪式，然而作为回馈，1950年◆◆◆◆他分给阿尔托一些自己所设计精美挂毯的

◆欧仁·克劳迪于斯·珀蒂（1907—1989年），原名Eugène Petit，法国政治家。他参加了第四共和国的政府，是Firminy Vert城市规划项目的发起人。后来，他添加了化名"Claudius"。
◆◆安德烈·布洛克（1896—1966年），法国雕塑家、杂志编辑，也是几本专业杂志的创始人。
◆◆◆埃莉萨·梅基涅米（1922—1994年），芬兰建筑师。1941年在罗瓦涅米高等学校取得学士学位，次年在赫尔辛基工业大学开始学业。1949年毕业后不久，开始在Alvar Aalto工作室工作，并在赛于奈察洛市政府、于韦斯屈莱大学等项目中担任设计助理。1952年与阿尔托结婚。
◆◆◆◆原书时间如此。
◆◆◆◆◆原文为mistral，指密史脱拉风，法国南部主要出现于冬季的寒冷强风。
◆◆◆◆◆◆这里用的是leb wohl，为德语，表示别离。
◆◆◆◆◆◆◆这里用的是au revoir，为法语，表示告别。

销售份额。[34]阿尔托婉拒了馈赠，后于次年4月返还相关照片，但提出希望从西班牙返回后去巴黎与他会面。[35]勒·柯布西耶在1950年的一篇日记中曾记录4月24日与阿尔托的会谈。[36]而他仍执着于经营，一直到1951年底，不断写信给吉迪恩与阿尔托的朋友们，试图推销那些挂毯。[37]

1954年，阿尔托邀请勒·柯布西耶访问芬兰，参加本地CIAM小组的一次"小型会议"；与此同时，举行了一个大规模的芬兰建筑师协会会议。阿尔托游说他只需6小时的飞机行程[38]，勒·柯布西耶回复说：

我亲爱的朋友阿尔托：
7月21日的来信如此友善，见信如晤。

我真想去看望你，只是无法成行。我肩负重任，没有勇气离开……我知道夏天的芬兰格外迷人。如果能过去，我们只怕一句也不会聊建筑了——那里绝对是个天堂！

一周前我给自己造了另一个天堂，这是一个小棚屋，2米宽、4米长（只有两个祭台见方），可供我独自冥想，供我此刻写信给你。20米开外，悬崖下面就是大海。西北风◆◆◆◆◆呼啸着；不久前的一天，它把我吹向尖利的岩石，令人惊恐。

阿尔托，我的朋友，再见吧◆◆◆◆◆◆，送上对您夫人最诚挚的祝福，并与您紧紧相拥——这对我将是一种恩惠。再说一遍我那乐观的口号：生活不易！感谢您，再会◆◆◆◆◆◆◆。

你的，
（一只线描的乌鸦）[39]

这里勒·柯布西耶展现出深挚情感的本质，彼此作为单纯的人，而非仅是成功的设计师——尽管那无疑是他们相互结识的所有缘由。

在同一年勒·柯布西耶与阿尔托共同受邀作为巴西马塔拉佐建筑奖评委，最终由格罗皮乌斯获奖。那次他们也荣膺巴西建筑师协会名誉会员。在此期间，阿尔托与奥斯卡·尼迈耶（Oscar Niemeyer）◆接触频繁，称赞巴西的房子仿佛雅致的花朵，却无法移植别处。[40]"我认为您的建筑绝对是热带的花儿。相比柯布经常念叨的那句'生活不易，建筑也难'，它们对我意味着快乐与甜蜜，这对我们的艺术驶上正轨非常重要。"[41]

1954年包括阿尔托与勒·柯布西耶在内的五十余位建筑师，受邀为1957年的柏林住宅展览会（Interbau）设计住宅街区。针对集合住宅的问题，两人都提出了富于自我个性特征的解决方案——第8章将对此展开讨论。

1957年3月，勒·柯布西耶致信祝贺阿尔托获得RIBA金奖。[42]两年后，勒·柯布西耶会同其他嘉宾，诸如芬兰的古利克森家族（Gullichsens）、瑞士的吉迪恩家族，以及布拉克、亚历山大·考尔德、科克托和贾科梅蒂（Giacometti）◆◆，聚会庆贺卡雷住宅落成——这栋房子是阿尔托为富有的艺术代理商路易·卡雷（Louis Carré）所设计，坐落于巴黎郊外。

后来埃莉萨·阿尔托回忆认为，勒·柯布西耶的"容貌与面部表情都显示出极度敏感"，掩饰着其文章甚至某些时候行为中的好斗。[43]她记得在克劳迪于斯·珀蒂家的一次午餐会上，勒·柯布西耶大步走向一幅画，"有些粗鲁地问'这是从哪儿来的'，可怜的主人一脸困惑地回答：'亲爱的先生（Cher Maître），这是您送给我的呀'。于是，勒·柯布西耶便说那幅画还没有完成。整个过程有些滑稽，同时也十分尴尬。"[44]

◆ 奥斯卡·尼迈耶（1907—2012年），巴西建筑师，原名Oscar Ribeiro de Almeida Niemeyer Soares Filho，被认为是现代建筑发展的关键人物之一，对钢筋混凝土美学可能性的探索在20世纪末和21世纪初具有重大影响。

◆◆ 贾科梅蒂（1901—1966年），瑞士雕塑家、画家、制图员和版画家。从1922年开始，他主要在巴黎生活和工作，但定期回到家乡博尔戈诺沃，看望家人并从事艺术创作。

尽管如此，饱含温情的信件在阿尔托夫妇与勒·柯布西耶间往复，历经数载。[45]有证据表明，自1949年以来，阿尔托夫妇几乎每年都去巴黎，有时是假道来访，比如1964年去纽约的那次。[46]有如此亲密的友情，阿尔托便尽可能频繁地造访勒·柯布西耶。1959年他们到访巴黎时，埃莉萨曾送给勒·柯布西耶一束花，作为对他写来一封情意绵绵的信（a flirtatious letter）所表示的感谢。[47]阿尔托后来与克劳迪于斯·珀蒂成为好友，在一封写给他的信中，阿尔托提及勒·柯布西耶去世仅数月前两人的会面：“我将永难忘记我们的三人聚餐，以及联结着我们的友情……我热爱并敬佩勒·柯布西耶。”[48]

1965年阿尔托曾为勒·柯布西耶写下一篇挽辞。

这个悲伤的时刻当然不适合评价我这位伙伴的作品与事业。那些还是留给评论家们吧。学院派的批评更适合其他场合，而非刚刚失去一位尊贵伙伴的此刻。
从激进派同事公司里的初次相遇，到数月前的最后一次会面，我们被一种全然无私的个人情谊所联结。
尽管已成追忆，我还是想表达我对这位朋友的尊敬。令我不断地尊敬，源自他从古典的根基中迸发出来的精神，源自鲜明的地中海特征赋予他的力量，而那特征构成了他缤纷作品中的自我平衡，正如那些作品本身得益于他锐气勃发的姿态，殊非易事。因此，我向他的作品奉上我的恭敬，尤其是对我的朋友。[49]

阿尔托自己于1976年去世。

在1967年与希尔特的一篇谈话记录中，阿尔托说道：“包豪斯从未引发我的兴趣；青年风格派在欧洲大陆的发起者亨利·凡·德·费尔德与其他人，则更没有。这些年，勒·柯布西耶仿佛萦回于空气中的某种普遍感受，非直接地触动我。在很大程度上，他通过那些书表达自我。”[50]档案资料表明，20世纪20年代勒·柯布西耶对阿尔托的影响确实非同一般，更不必说随之而来的深挚友情。阿尔托希望遮掩——若确非试图否认他与勒·柯布西耶的亲近，这显得很有意思。且不说"新建筑五点"对他的明确影响——表现在最初的图尔库邮报大厦、帕伊米奥疗养院或者维普里图书馆的设计中，单说勒·柯布西耶以自由形态的要素与严格的理性主义相对比，例如国际联盟大厦入口雨篷的设计，就能促发阿尔托为帕伊米奥构思一个类似的自由形态入口。然而，正如后文将要展示的，从那座建筑开始，阿尔托的"有机建筑系列"并非装饰性的，而是根本性的。从20世纪30年代起，他们的交往充满温情，并且任何影响都更为相互，正如勒·柯布西耶开始坦诚表达对阿尔托作品的赞许。

小结
Conclusion

勒·柯布西耶年长阿尔托10岁，在走向现代的路途中承担了阿尔托的拓路者（或者某些场合是"决策者"）的角色。与此同时，阿尔托作为一个桀骜不驯的个体闯上这条路，随行几步，此后却明显偏离——尽管最初几年他也曾追随CIAM。具有讽刺意味的是，从这条充斥着教条的道路上分道扬镳后，阿尔托却深化了与勒·柯布西耶的私人情谊——或许，这源于二人对自然的看法所具有的较高相似程度。

注释

[1] G. Schildt, Alvar Aalto: *The Decisive Years*, New York: Rizzoli, 1986, p.48.

[2] Ibid., pp.16–17, 48 and 75.

[3] 阿尔瓦·阿尔托基金会档案馆（以下简称为AAF）中的信件曾述及一次窘态，格罗皮乌斯来信要求阿尔托支付他位于马萨诸塞州坎布里奇市房屋的电话费用，阿尔托让为这颇显吝啬。

[4] Interview between Viola Markelius and Schildt, 14 January 1979, cited in Schildt, *Decisive Years*, p.49.

[5] Aalto, 'E.G. Asplund in Memoriam', 1940 in G. Schildt, *Alvar Aalto in his Own Words*, New York: Rizzoli, 1997, pp. 242-243. 当阿尔托初次拜访阿斯普隆德时，后者无暇面晤这个芬兰小伙子；然而成名后，阿尔托便迅即得到导师内心深处的认可。

[6] 亨宁森著名的PH系列灯具据说影响了阿尔托后来的灯具设计，正如其激进杂志《批判性评论》（*Kritisk Revy*）对后者所产生的影响——这本杂志倡导社会与环境的改变，反对僵化的教条。

[7] 艺术评论家圣哥达·约翰逊（Gotthard Johansson）与他们一道旅行。后于1932年，他以"本能的、明确的比例感"描述勒·柯布西耶和阿尔托所共有的特征。Cited by K. Mikkola, Aalto, Jyväskylä: Gummerus, 1985, p.10.

[8] This has been analysed by Raija-Liisa Heinonen, *Funktionalismin Läpimurto Suomessa*, Helsinki: Museum of Finnish Architecture, 1986, pp. 208-213, and Elina Standertskjöld, 'Alvar Aalto and Standardisation', in R. Nikula, M.R. Norri and K. Paatero (eds.), *The Art of Standards*, Acanthus, Helsinki: Museum of Finnish Architecture, 1992, p.74.

[9] Aalto, 'The Stockholm Exhibition 1930', *Åbo Underrättelser*, 22 May 1930; repr. in Schildt, *Own Words*, p.72.

[10] Schildt, *Decisive Years*, p.62.

[11] S. Giedion, *Space, Time and Architecture*, second edn, Cambridge, MA: Harvard University Press, 1949.

[12] 1931年，阿尔托参加了CIAM高层会议（CIRPAC），但他的大部分时间都与莫霍伊-纳吉一同度过。尽管后者一直是包豪斯的核心人物，但他仍然成为激励阿尔托放飞天性以突破该机构教条的重要因素。

[13] 阿尔瓦·阿尔托基金会（AAF）有大量芒德罗的来信。

[14] Aalto, letter to Gropius, autumn 1930. Cited in Schildt, *Decisive Years*, p.66.

[15] Aalto letter to Mandrot, cited in G. Schildt, *Alvar Aalto: The Mature Years*, New York: Rizzoli, 1992, p.49.

[16] Cited in Schildt, *Decisive Years*, p.77.

[17] Gustav Strengell, *Byggnaden som Kunstverk* (The House as a Work of Art), Stockholm: Bonnier, 1928.

[18] 阿尔托将弗拉·安杰利科（Fra Angelico）的《圣母领报》（*Annunciation*）、庞培风格的别墅以及勒·柯布西耶的新精神展馆等作品用作自己文章的插图。Schildt, *Own Words*, pp.49-55.

[19] Aalto, 'The Temple Baths on Jyväskylä Ridge', *Keskisuomalainen*, 22 January 1925; repr. in Schildt, *Own Words*, pp. 17-19. 也可参见: Aalto, 'Architecture in the Landscape of Central Finland', *Sisä-Suomi*, 26 June 1925; repr. in ibid., pp. 21-22.

[20] 例如: Aalto, 'Rationalism and Man', Speech to the Swedish Craft Society, 1935; repr. in ibid., pp.89-93.

[21] Gotthard Johansson, 'The 1930's in Memoriam', cited in Schildt, *Decisive Years*, p.61.

[22] Aalto, letter to Aino, 25 October 1929, AAF.

[23] Schildt, *Decisive Years*, p.91-94.

[24] Hahl, in *Tulenkantajat*, cited in Schildt,

Decisive Years, p.95.

[25] Le Corbusier, 'Claviers de couleurs' from the trade literature for Salubra in L. M. Colli, 'Le Corbusier e il colore'. *Storia dell'arte*, 43, 1981, p.283.

[26] 勒·柯布西耶在写给朋友——画家费尔南德·莱热的信中，向阿尔托致以特别的问候——后者也是莱热的密友。Letter Le Corbusier to Fernand Léger , 17 November 1938; Jean Jenger (ed.) *Le Corbusier Choix de Lettres*, Basel: Berkhanser, 2002, p.122.

[27] G. Schildt, 'Alvar Aalto's Artist Friends', in T. Hihnala and P.-M. Raippalinna, *Fratres Spirituales Alvari*, Jyväskylä: Alvar Aalto Museum, 1991, p.13. .

[28] Schildt, *Decisive Years*, p.102.

[29] Aalto, letter to Aino from Zurich, 20 August 1933, AAF.

[30] Le Corbusier, repr. in *Arkkitehti*, 9, 1937. Cited in P. McKeith and K. Smeds, *The Finland Pavilions*, Helsinki: Kustannus Oy City, 1992, p.121 and Schildt, *Decisive Years*, p.135.

[31] D. Udovickl-Selb, 'Le Corbusier and the Paris Exhibition of 1937', *Journal of the Society of Architectural History*, 56, 1, 1997, pp.42–63.

[32] 见1947年阿尔托致罗伯特·迪恩（Robert Dean）的信件。迪恩于1985年7月31日在波士顿的一次谈话中向萨拉·梅宁提及此事。迪恩曾是佩里·肖和赫本公司（the firm of Perry Shaw and Hepburn）的年轻建筑师，受阿尔托委托作为驻场建筑师一同参与贝克宿舍大楼的工作。

[33] Schildt, *The Mature Years*, p.141.

[34] Le Corbusier, letter to Aalto, 25 May 1950, AAF and 29 November 1950. AAF and FLC G2 1135.

[35] Aalto's secretary to Le Corbusier,

12 April 1951, AAF. 阿尔托的秘书告诉勒·柯布西耶，在当时的经济萧条时期，此类投机不合时宜。

[36] Le Corbusier's diary, 1950. FLC F3.9.7.

[37] Le Corbusier, letter to Denise Rene Birkerd, 21 December 1951, AAF.

[38] Aalto, letter to Le Corbusier, 21 July 1954, AAF.

[39] Le Corbusier, letter to Aalto, 5 August 1954, AAF. 此处的小棚屋是指他在马丹角小木屋边添加的工作间。

[40] Aalto, interview with a local paper, Brazil, 1954, cited in Schildt, *The Mature Years*, p.238.

[41] Aalto, letter to Niemeyer, 1954, cited in ibid., p.239.

[42] Le Corbusier, letter to Aalto, 1 March 1957, AAF and FLC G1 11 251.

[43] E. Aalto, 'Contacts' in Hihnala and Raippalinna, *Fratres Spirituales Alvari*, p.11.

[44] Ibid.

[45] For example a telegram to Le Corbusier sent by Elissa and Alvar Aalto, 6 October 1962. 'Nos Meilleures Felicitations', AAF.

[46] 当年发自巴黎酒店的信件与电报为这些行程提供了佐证。Letters referring to the trip to New York are dated 24 October 1963, 30 October 1963, 18 November 1964, AAF.

[47] Le Corbusier to E. Aalto, 6 July 1959, FLC G1 1671.

[48] Aalto, letter to Claudius Petit, summer 1965, AAF.

[49] Aalto, *Arkkitehti*, 12, 1965 in Schildt, *Own Words*, p.248.

[50] Conversation between Aalto and Schildt in G. Schildt, *Alvar Aalto Sketches*, Cambridge, MA: MIT Press, 1986, pp.170–172.

光辉的自然书写

Chapter 4

Radiant Nature Writing

前文讨论了在勒·柯布西耶与阿尔托成长及受教育过程中大自然所产生的影响，接下来不妨探索在他们设计哲学的形成过程中大自然所扮演的角色。从中不难发现，自称"学者"的勒·柯布西耶，在通过其他方法获得作品灵感时更显固执；相比而言阿尔托确实博览群书，但在某种程度上，貌似工作中更依赖直觉。勒·柯布西耶出版了数不清的书，阿尔托也写文章、发表演讲，且在他去世后被全部结集出版，但他从未试图以书籍的形式出版一部完整的建筑学论著。的确，他也常常含蓄地表达，从他的角度这是对建筑的忤逆。[1]在这一章，我们将通过他们文字与艺术方面的作品，对比阿尔托与勒·柯布西耶对待自然的不同方式。

二人都有意淡化生物学与设计活动之间的界线，将设计过程看作一个自然过程，并将其成果当作自然和谐之所需。以此作为重要的基础，我们的研究还包括对一些特定方法的详尽评估——通过那些方法他们努力淡化建筑与环境的界线，并从根本上强化自然本身的作用。我们还将更多讨论大自然纷扰甚至"残酷"的一面，及其与二人想法之间的关系，并且回应本书的主旨，亦即他们的需求——创造一种理想化的自然观去填补"裂隙"。贯穿职业生涯的全部，阿尔托将自然与促进身心健康的功能相联系。勒·柯布西耶也相信，在设计中把人与自然联系起来，将有可能提升他所谓的"心理生理"健康——不论个体还是社会。

培养细胞
Culturing Cells

勒·柯布西耶将设计行为比作"由内而外展开的造化天工，在三个维度上联结所有的差异，联结所有完美和谐的不同意向"。[2]创造力是一种"深刻的原始机能"，使得"有机生命中即便最低等的有机体细胞"[3]也被赋予生机。对阿尔托来说，"生物学与文化自身的创造路径"就是"一个单元一个单元"地建造。[4]跟他的瑞士伙伴一样，阿尔托也将自然演进与艺术创造联系起来。在勒·柯布西耶的观念中，城市是一个"生物体"[5]，而"都市生活"（urbanism）是一个"生物组织"[6]的问题。心脏或者叶片的细胞结构[7]为建筑师提供了范例。[8]阿尔托也观察到，"自然界、生物界，提供了丰富多彩的形态"，并相信"细胞组织"的组合机理为建筑师提供了一个可以遵循的程序。[9]

光辉成长：一个现代建筑的象征
Radiant Growth: A Symbol for a Modern Architecture

勒·柯布西耶相信回到"原初"至关重要，以便消解"机器带来的紊乱，它使万物颠倒错乱，并导致一个完全失衡的社会"。他倾注毕生精力，以实现这样的目标。

我的任务……尤其关乎重建或新建人与环境之间的和谐。一个生命体（人）与自然（环境），这个巨大的花瓶容纳了太阳、月亮、星星、未解之谜、潮汐、地轴倾斜的浑圆地球形成的四季变换、体温、血液循环、神经系统、呼吸系统、消化系统、白天、黑夜、二十四小时的日出日落、它那永无止息却丰富仁慈的转换，等等。[10]

在他众多的书籍与文章中，他发展出一个"平面"——那是他的宇宙观，从最小的电子到行星（这是他那句常常被误引的名言"平面是建筑的发生器"的核心所在）。

与阿尔托类似，勒·柯布西耶也花费数年，试图发明某种细胞模式的住宅单元，以适应批量生产。它们大多有穹顶，集中在一起便可形成一个社区。[11]对勒·柯布西耶来说，最重要的是使每个住宅单元臻于完美，正如"在自然中，

◆英语中的"cell"和法语中的"cellule"都包含"细胞""单人小房间"以及"蜂房中的巢室"等意思，因此自然产生了这些联想。

◆◆安德烈亚斯·斯皮瑟（1885—1970年），瑞士数学家和科学哲学家。

最小的细胞也可以发挥效能，决定整个肌体的健康"。[12]在重新建构城市时，"社会肌体的细胞——家庭"将再次恢复它们先前的健康。论及自然界细胞的同时，勒·柯布西耶也同时想到修道院的小单间◆，特别是佛罗伦萨附近的艾玛修道院，他曾于1907年首次去到那里，称其具有某种"光辉的景象"，一个可以"追溯至15世纪"的"现代城市"。那些小间是"风景中最尊贵的剪影，是僧侣们连绵不断的冠冕，每一个小间都能望见一片原野的风景，也在较低的位置上通向一个完全封闭的花园。我想自己从未见过对于住所如此愉悦的诠释。"[13]

艾玛修道院为所有的居住项目提供了可供借鉴的灵感，并逐步形成勒·柯布西耶光辉城市的概念核心。[14]他写道："我情愿终生生活在他们的小单间中。"[15]勒·柯布西耶由此转移精力，以创造一种居住的"细胞"，也取得了类似的成功——在他的住宅方案中，某种基本居住模块可以聚集起来形成一个社区。与面对很多其他问题时一样，他在自然中寻找启发性范例，这一次尤其关注昆虫的网状巢穴。[16]在《蜂巢的隐喻》（*The Beehive Metaphor*）一书中，胡安·安东尼奥·拉米雷（Juan Antonio Ramirez）就曾大量描述蜂巢对于勒·柯布西耶住宅方案的影响。[17]

一旦开始去探索标准尺度下经济、高效地建造，勒·柯布西耶便着手寻求某种方式以构建那些尺度所应有的状态。他最终发明了一套比例系统，而这根植于万千事物：日复一日对于身边世界的观察；测量汽车、轮船、房子，技术与科学，古代宗教与哲学，艺术；当然，还有自然。在这个清单中，水晶、花朵、黄蜂的巢穴、叶片与贝壳都是学习的主题，正如他的速写本所展示的。在《模度2》中，勒·柯布西耶引用朋友安德烈亚斯·斯皮瑟（Andreas Spieser）◆◆的话，解释他的灵感之源：

在空间世界中，数字世界的形象首先是被自然本身投射出来，其次是人，尤其是艺术家。可以说，我们在地球上的整个生命历程中的责任，恰恰在于这种由数字产生的形式的投射中。并且作为艺术家的你们，是在最高层次上践行这些道义法则。这不仅仅因为我们有能力同时触及几何学与算数，更由于这样做才是我们生活的真实目的。[18]

> 对勒·柯布西耶来说，追逐数字的可能性并非美学游戏，而是道义上的必然，甚至根本上是对信仰的实践。借此他创造出"迷茫时代的愉悦"。[19]

> 通过使用模度理论，勒·柯布西耶希望创建一个有凝聚力的环境，与自然和谐相融，也就是他所谓的"光辉"。这个词在勒·柯布西耶1933年出版的《光辉城市》中有最充分的表达，支撑着相关研究。[20]他在《勒·柯布西耶与学生的对话》（*Conversations with Students*）中写道："在1935年光辉城市出现了。'光辉'这个词……具有一种超越单纯功能内涵的意味。它具有意识属性，在这个危机四伏的时代，意识本身至关重要，对学生来说远比经济与技术命题更为重要。"[21]

> 在1948年出版的《空间的新世界》（*New World of Space*）一书中，勒·柯布西耶在题为"妙不可言的空间"一章中描述了光辉现象：

花朵、植被、树木、前方矗立的山峰，存在于一个场景中。如果某一天它们因完美独立的形态而引人注目，那是由于它们看起来出离于背景，却能对周遭施加影响。我们愕然，被自然界的这种相互关系所打动，我们凝神，感动于空间中这和谐的乐章，于是我们意识到我们正注视着光的映象。[22]

◆ 英语为radiates，与前面所译的"光辉"是同一个词。
◆◆ 这是勒·柯布西耶应飞利浦公司委托，于1958年布鲁塞尔世界博览会设计的企业馆，旨在展示其技术进步；而建筑师的意图是想创作一首"装在瓶子里的诗"。作曲家Edgard Varèse为此制作了8分钟的电子音乐，其目的是实现声音的自由释放，为此在整个作品中使用了通常不被视为"音乐"的噪声。
◆◆◆ 1947—1953年，勒·柯布西耶创作了19套版画与带插图的诗歌。而这些诗现在被视为对其世界观的最完整陈述。《直角之诗》的版面和文字被安排在以A—G标记的7个"区域"中，并分配有主题名称和颜色，例如：A是环境（绿色），B是心灵（蓝色），C是肉体（棕色），等等。这些标题及其颜色编码部分受到他对炼金术研究的启发，并且该书的每一章都包含有关元素、颜色和性别之间张力的炼金学理论，以及精神的演化与建筑。这本书于1955年出版，书中保留了所有勒·柯布西耶的手写法语文本。

对勒·柯布西耶而言，一朵花，正如它的环境，是依据自然界的数学法则构建的，它遵从相同的规则。它与自然的其他部分对话，却保留一个独立的实体。审视一朵花与自然的关系，可以看到"光的影像"。自从读过普罗旺萨尔的著作，勒·柯布西耶就能意识到中世纪神学家所创造的神与光的关联；因此，他很可能相信光辉的体验会让人更接近万物核心的神性秩序。[23]

"一个生物体就是一个完美的存在，因真实感而充满活力……真实的存在释放◆着能量。在一个真实的存在与另一个之间，发生着令人惊异的关系。"[24]勒·柯布西耶相信，光辉的建筑同样会对周遭环境产生影响。"一件艺术作品（建筑、雕塑、绘画）对于周遭的影响：波动、尖叫、骚乱（雅典卫城上的帕提农神庙）、线状喷射、像爆炸产生的向四周辐射：周遭环境，或近或远，都被它搅动和震撼，被它支配或抚摸。"[25]如此光辉的建筑将与其他宏伟的建筑相联，无论新旧，都以同样的精神以及对几何同样的敏感性得以建造。

光辉的概念意味着提供能量。电在勒·柯布西耶的作品中无疑是一个重要的主题，正如可以从他为1958年布鲁塞尔世界博览会所做的"电的诗篇"（Le Poème électronique）◆◆中所演绎的那样。在其中的第五部分包含一幅原子弹的图片，勒·柯布西耶将其命名为"时间如何铸造文明"。接着是飞机以及从太空接收信息的雷达天线的图片，全都是相互关联的形式。[26]

正如勒·柯布西耶所喜爱的一个象征，一天二十四小时如周期性的电子波动（图4.1），代表能量由正到负的流动，循环往复。[27]因此，电可以作为充满能量感与现代感的某种方式，表现建筑师思想核心的矛盾。在《直角之诗》◆◆◆

的最后一个方格"工具"（outil）中，出现加号与箭头的符号，这被达芙妮·贝凯-沙里（Daphne Becket-Chary）与男女性别符号联系在一起，但它们同样可以唤起人们对于正负电子符号的联想。[28]

似乎勒·柯布西耶确曾将电与爱相联系。男女之间彼此需要，却"很难相联，因为电压过于悬殊"。[29]勒·柯布西耶如此描述光辉城市："这种惊人的奇观由两种相互作用的元素引发，一个男人，一个女人：太阳与水。两种截然对立的元素都需要对方以获得存在。"[30]

光辉城市的建筑应围绕这种对立统一的理念进行设计，男人与女人（图4.2），这种理念鼓励生活于其中的男女形成和谐关系。勒·柯布西耶眼中的健康细胞——那些家庭，其关键在于男女间的关系，"自然的基本法则，便是做爱的行为"。[31]

正是释放与接受爱、电、光辉，才形成他那"张开的手"标志的基本意涵，在旁遮普邦的昌迪加尔，作为一个纪念物被建造起来。在勒·柯布西耶所展望的和谐世界中，个体的细胞将被某种无形的能量所联结。"建筑波宛如电波，分布在地球上，并且随处都有天线"。[32]

灵活生长：一个现代建筑的模式
Flexible Growth: A Model for a Modern Architecture

虽然阿尔托倡导在建筑中以标准化的方法作为一种现代生产手段，但他同时也对毫无生机的千篇一律保持警惕。"自然本身是世界上最好的标准化机构，但在自然界，标准化几乎都是在最小可能的单元实践的，那就是细胞……建筑标准化必须遵循相同的路径。"[33]阿尔托在细胞与组织间寻找某种灵活的标准化（flexible standardisation），那些东西在他看来正如建筑的构成部分，组合出人类的生活。他相信，"苹果树上的花簇是标准化的，然而它们各不相同。这也正是我们应该学习的建造方式"。[34]人类的栖身之所，不可能"以迥异于其他生物个体的方式"被处置。[35]他将木材的结构延展为雕塑的形态（图2.6、图2.7），再应用于家具或建筑中，所有实验都充分展示了那些观点。当一个此类实验的草图与一幅如武奥克森尼斯卡教堂（Vuoksenniska Church，1955—1959年，图6.8）的构思草图并置时，那些观点尤为彰显；但这项技术在其早期作品中的应用是显而易见的，例如维普里图书馆报告厅的层压板顶棚（图4.3）。斯特伦格尔确曾强调那一时期这些重要的技术，"阿尔托不仅发现了一种崭新而又原始的技术（用以制造家具），同时又合乎逻辑地从中衍生出一种同样崭新而又原始的建筑形态"。[36]阿尔托自己写道："自然界与生物界，都提供了丰富多彩的形态；以相同的构造、相同的组织与相同的细胞组合机理，产生成千上万种组合；而其中每一个都表现出特定的、高度发达的形态。而人类生活源自相同的根源。"[37]这部分源自阿尔托的热情，他借以引领芬兰建造工业中材料与节点的标准化策略，支持高品质设计与建造的实用性。[38]正如将在第8章中表明的，对于受自然启发的灵活性，阿尔托抱有深厚的个人信念，这在贝克宿舍大楼（Baker House Dormitory，1946—1949年，图8.8）、柏林汉萨维尔特尔公寓楼（Berlin Hansa Apartment，1955—1957年，图8.15）中被付诸实践，并在不来梅公寓大楼（1958—1962年，图8.13）的设计中作出微妙的调整。

正如前面所讲，阿尔托跟格罗皮乌斯和莫霍伊-纳吉在20世纪30年代早期的讨论，影响到其有关自然在建筑中地位思想的发展。20世纪40年代他全力挑战"忽视建筑成长性与内部变化的重要性的观点"[39]，认为"多样性与成长性

图4.1

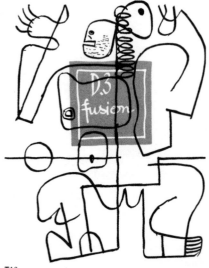

图4.2

图4.3

第 4 章
光辉的自然书写

图4.1

一天二十四小时象征，菲尔米尼居住单
元联合体（Unité Firminy-Vert）入口
石雕，勒·柯布西耶，1959—1967年

图4.2

对立统一，《直角之诗》细部图样

（引自：Le Corbusier, *Le Poème de l'angle
droit*, *Paris*: Éditions Connivance, 1989, p.35.）

图4.3

维普里图书馆报告厅顶棚， 阿尔托，
1928—1935年

（译者拍摄）

让人联想到自然中的有机生命，这是建筑最本质的东西"。他逐渐相信，"自然的多样性"提供"唯一正确的样式"——它源自与人类生活相同的根脉，并且二者的共同本质是不断变化所带来的丰富性。[40]阿尔托确实在本土建筑中看到了这种多样性。[41]他坚信，现代时期所面对的"生理、社会与心理方面的问题"，可以与这种根植于建筑"内在本质"（the inner nature）的灵活系统汇合，形成"使人联想到自然界有机生命的某种变化和发展"。[42]

针对如何运用自然界"有机生长形态的无尽变化"，阿尔托反复引述这一想法，指出"建筑标准化必须遵循相同的路径"。[43]他认为这种努力应确保创造"丰富的微妙差异"，这对精神健康至关重要。[44]从这方面或许可以说，对于自然与生物的兴趣，确乎"影响了"◆（或者说赋形于）他的工作，成为产生艺术形态的类比之源。[45]但这并不表示他盲目照搬自然形态，也不说明他寻求表现自然。

20世纪50年代中期，阿尔托开始着力强调抑制"人在环境中的自然个性与自然差异"[46]的危险，对"全然是空中楼阁的国际主义"的滋长提出批评。[47]这个时候他有更充分的信心提出解决方案，认为灵活的标准化"确实存在"。于是他采用"人性化的标准化"（humane standardisation）的说法，从而赋予它一个道德维度，将其称作某种"生物性的民主"。从本质上，他试图挑战那种认为"既有的形态与统一性"是"实现建筑和谐必由之路"的理念。[48]

对比1950年他在伦敦的讲话[49]与1957年在RIBA获得金奖时的发言"建筑的争斗"，可以看出他在进行现代实验时的自信开始转变为某种失望的感觉。他在RIBA的发言开篇便说："艺术中仅存在两种东西——人性或者人性的缺失"。尽管引发争议，阿尔托似乎早就考虑好周密的对策，他认

◆这里的原文是"literally 'in-formed'"，词语合在一起，意为"对……有影响"；而分开为两个词，又表示"为……赋予形态"；在这里是一个微妙的双关用法。

为受自然启发的"弹性的标准化"（elastic standardisation）可以并且应当被用以造福人类，而非仅仅让经济学家受益，因为基于"人文品质"，它可以"同样提升精神状态"。[50]灵活的标准化从而被赋予一个角色，用以促进"人类的和谐以及有机地适应街道上的小人物"（the little man in the street）。[51]他委婉地提及勒·柯布西耶的观点，指出"对某种模度的探寻（体现出）人类被技术性的无谓之功所奴役，而其中丝毫不包含真正的人性"。[52]当被一个来访者问及"这间办公室的模度是多少？"他会回答"一毫米，或者更小"。[53]

中庭与圣母领报：
花园与房间的边界扩展
Atria and Annunciation:
Extending Boundaries of Garden and Room

在《直角之诗》中勒·柯布西耶描述过一个面对环境完全开敞的空间：

一身孑然

俯就于山川

敞开胸襟，四野无边

天穹为顶

云朵为伴

有星辰，或是一片蔚蓝[54]

与阿尔托一样，他期待整合室内与室外，从而让人们更加亲近自然。在这方面他们探寻出几种不同的路径。阿尔托采用的一条路径便是扩展这一主题，倡导城市应该"变成乡村的一部分"。[55]这或许是"一步一个脚印地发展，一个单元一个单元地建造……毕竟，这是生物学与文化自身的创造路径"。[56]

求其友声
Courting Relations

他们二人都曾从过往时代的房子中找到例证，表明其中的室内外关系是模糊的。庞贝住宅的中庭花园对二人都是一个特别的灵感之源。在1926年所写的"从门阶到居室"中，阿尔托阐述了很多有关建筑与自然关系的想法。他聚焦于中庭住宅的优点，指出中庭作为"更多内部房间与开敞空间"的某种联结机制，将内外空间融为一体。[57]从20世纪20年代中期起，他已在为兄弟设计的瓦伊诺别墅（**图4.4**）以及工人合作大厦的门厅中实践了这些想法。而对勒·柯布西耶来说，中庭住宅几乎成为优秀建筑的某种典范。他称赞其秩序，以及将空间与光线引入内部的匠心。[58]他描写罗马住宅的平和与宁静，描写"中庭里的那片天空"以及"局部也被用作花园的院落"。他注意到，这里的每家每户都有"树木、花草以及涓涓流泉"。[59]

阿尔托解释说，在芬兰的家庭中，"内部空间向外开放的地方，总被毫无用处且混沌难看的东西遮挡着，几乎一成不变"；他认为北欧天气的自然状况是（但未必一定是）某种阻碍。他以弗拉·安杰利科（Fra Angelico）◆的《圣母领报》（*Annunciation*，1432—1433年，**图4.5**）说明这一观点，指出其中"进入房间"的方式以及"人、房间与花园的三位一体"[60]，其本质都蕴含着真理。阿尔托认定画作的奥妙在于，它表现出人物在维系房间、外墙与花园中的突出地位。"花园（或院落）恰如住宅中的任何房间一样，都属于我们住宅的一部分"。他认为必须将花园与室

◆ 弗拉·安杰利科（1395—1455年），早期文艺复兴时期的意大利画家，乔治·瓦萨里（Giorgio Vasari）在《艺术家列传》中将其描述为具有"罕见且完美的才能"。

◆◆ 皮耶罗·德拉·弗朗切斯卡（1416—1492年），早期文艺复兴时期的意大利画家，也被认为是数学家和几何学家。

内看作"一个密切结合的有机体"，必须"以有机的方式对待形态问题"。[61]勒·柯布西耶也痴迷于文艺复兴早期的绘画，尤其赞赏皮耶罗·德拉·弗兰切斯卡（Piero della Francesca）◆◆的《鞭打基督》（*Flagellation*，1450—1460年），其中具有一个与上述《圣母领报》类似的室内外边界模糊的空间。

阿尔托引用勒·柯布西耶设计的新精神展馆（Esprit Nouveau Pavilion）作为他论述的例证（**图4.6**），并附加说明，称之为"一个促使房屋室内与花园紧密联系的精彩范例"。[62]他接着提问："一个厅堂对外开敞，是否可以通过树丛获得其支配性特征？抑或将一个花园建在房屋中，构成一个花园房间（a garden room）？"[63]在这里，模糊性变化出多重含义。

1941年在"卡累利阿的建筑"（The Architecture of Karelia）中，阿尔托关注于如何借由风土形式（the vernacular form）分析"人类生活与自然的关系，并展示人类生活与自然的和谐"。[64]后来他谈到，自己对民俗并没有什么感觉，却感受到"与我们密切相关的传统，更多地存在于气候中，存在于物质条件中，存在于令我们感动到悲喜交集的自然之中"。[65]他指出这样的建筑具有"与自然的某种亲和力"，蕴含着深层的"逻辑之美"，借以回应那种将此种住宅布局视为"混乱的支离破碎"的理念。[66]

勒·柯布西耶对质朴的风土建筑也怀有相同的热忱。例如在《一栋住宅，一座宫殿》（*Une Maison-un Palais*）中，一个简单的木构房子成为他关注的焦点。在这里他有意识地运用自然的语言指明方法，也就是把这样的房子像无花果树一样"种植"起来。[67]

图4.4

图4.5

图4.6

图4.4

瓦伊诺别墅门厅，墨汁纸板，242mm×
136mm，阿尔托，1926年

图4.5

弗拉·安杰利科，圣母领报，约1432—
1433年

图4.6

新精神展馆平台花园，勒·柯布西耶，
1925年

（引自：Le Corbusier and Pierre Jeanneret,
Oeuvre Complète Volume 1，1910—1929,
Zurich: Les Éditions d'Architecture, 1995.）

图4.7

图4.7
"这些柱廊为何而设?"瑞士馆,勒·柯布西耶,1929—1933年

(引自: Le Corbusier and Jeanneret, *Oeuvre Complète Volume 2*, p.84.)

第 4 章
光辉的自然书写

图4.8

图4.8

瑞士馆壁画，勒·柯布西耶，1929—1933年

（引自：Le Corbusier and Jeanneret, *Oeuvre Complète Volume 2*，p.85.）

即便在职业生涯的早期，阿尔托就曾写过有关心理功能的内容，引述拥有一个与众不同房间的重要性，那"象征着屋顶下自由的空气"[68]，譬如一个拥有开敞炉台与质朴地板的宽敞厨房。他似乎被召唤着，将生活的基本要素融入纯净的建筑之中。勒·柯布西耶具有同样的意图，关注生活中那些简单却神圣的活动，如烹饪与饮食。为此目标，他在后来设计的住宅中进行了一些特殊尝试，将厨房作为主要起居空间的一部分，并常常朝向室外景观。在马赛公寓接受电台采访时，勒·柯布西耶将厨房称之为"火塘、灶台，也就是源自先祖的某种东西，是所有事物中最关键的永恒之物"。[69]即便厨房是现代的，以船舱的最低效用建造，在勒·柯布西耶的心中仍保持着这样的本质属性。

在"从门阶到居室"中，阿尔托也将厅堂的可能性"比作一个露天空间"，以图缩小"室内花园"与"室外厅堂"的差别。[70]对此他主要的解释来自于庞贝的中庭住宅，其中"屋顶便是天空"。这种观念的结果，表现在阿尔托后期多功能建筑的门厅中，例如芬兰音乐厅（Finlandia Hall）那个流动的室内广场。而在勒·柯布西耶的建筑中，一个类似的常见主题便是走过底层架空的柱子，进入洞穴般的大厅。或许他相信，如此绝妙的、如洞穴一般的空间可以供人愉悦地栖居。在《精确性》（Precisions）一书中，他就曾把萨伏依别墅柱廊下的空间描述为一个洞穴。[71]而厅堂本身也常围以玻璃，尽可能消弭室内外的差异。在一张瑞士馆（the Pavilion Suisse，1929—1933年）入口处的照片中，这种空间的模糊性表现得尤为明确——在大厅外的架空柱廊下，两个男人坐在扶手椅上，边抽烟斗，边眺望着外面青翠的景致（图4.7）。[72]勒·柯布西耶以一个问题作为这幅画面的小标题："这些柱廊为何而设？"架空柱廊下洞穴般的空间由此成为门厅的延伸，

◆ 原文是sterile，可以解释为"无收益的"，与《光辉城市》中"无收益的地产"一说相对应，参见：（法）勒·柯布西耶. 光辉城市[M]. 金秋野，王又佳，译，北京：中国建筑工业出版社，2011：5。另一方面也可以解释为"刻板的，无个性的，缺乏新意的"，为行文顺畅，采用后面的更形象一些的表述。

既是室内也是室外。借助（门厅中）勒·柯布西耶所谓"有机"楼梯对面的一幅巨大壁画，这种感受在瑞士馆中得以强化——画面上是放大至巨大尺度的自然有机体（图 4.8）。[73]

在"从门阶到居室"中，阿尔托确实想引用勒·柯布西耶新近出版的《走向新建筑》中的观点。按R.–L.海诺宁（R.–L. Heinonen）的说法，阿尔托在这里只是逐字逐句地重复勒·柯布西耶的话；例如，将芬兰"抬高的室内"（raised interior）等同于勒·柯布西耶的"工作室"（atelier room）。[74]希尔特力图反对这一观点，指出阿尔托已经在形象与实体诸多方面受到勒·柯布西耶的影响，没必要在任何理论问题上亦步亦趋。[75]希尔特表明，两个人确实共有一个普遍愿望，那便是消除横亘于室内外之间的障碍，但他们为此采取的方法截然不同。勒·柯布西耶显然希望将外部空间设想为室内，以天空作为顶棚，他的屋顶花园便是例证。阿尔托则从另一方面，渴望外部空间能寄居于建筑室内；例如，此前展示的室内广场空间的运用就证明了这一点。顺便提一句，这一差别的产生也存在明显的气候原因。希尔特认为他们的观点是对立的，并且带来相反的结果，最终归结为勒·柯布西耶生产出"光辉城市中一排排刻板◆摩天大楼"的建筑逻辑，以及与之相对的阿尔托自由流动的室内空间。[76]

太阳、激情与光
Sun, Passion and Light

阿尔托主张必须将自然的光能与空气直接引入建筑之中。从1930年"居住作为一个问题"开始，他触及这个深植于他和勒·柯布西耶心底的问题。"人类生活的生物学条件包括空气、采光与日照，诸如此类……每个居所都应如此构建，以包含有益的室外空间，从生物角度看，那等同于在发展大城市之前自然的人早已习惯的空间。"[77]他接着说，"太阳是能量之源"，不能弃之不用，于是很快在帕伊米奥疗养院中得以实践。1935年在"理性主义与人"中，他继续这一主题，总结认为："换句话说，我们可以接受这样的批评，很多理性照明确实是不够人性化的。"[78]阿尔托提出方法，如一根伸向太阳的树枝，建筑的端头可以弯曲，并在一次与MIT业主会面时表明了这个想法（图8.10），此后付诸建造（图8.8）。[79]他开发了许多不同的技术，将自然光引入室内，光线通过圆形屋顶天窗，或经由造型处理的侧面天窗——它们悬浮于空中，宛若充满光的容器。[80]由此捕获阳光，把它带去北欧广袤的原野，让它激活冬季终年沉郁的气氛。以这种方式，阿尔托开始把能量注入建筑，让阳光、天空与空气共同为空间带来生机，并季节性地调节冷空气，从而形成室内景观的特征。

当勒·柯布西耶试图让听众皈依其光辉城市的目标时，他的战斗口号"阳光、空间、绿化"人所共知。"光辉"（radiant）一词因太阳与大海的完美结合确实成为典范，如地中海。[81]玛丽·麦克劳德（Mary McLeod）◆就曾为勒·柯布西耶参加的一个工团组织撰文，称地中海的太阳代表"法兰西古典遗产的精华，不论是思想的理性还是心灵的欢愉"。[82]

不仅提供不可或缺的光明，在勒·柯布西耶的作品中，太阳还承担了一个重要的象征角色。勒·柯布西耶将"男性"的建筑定义为"强壮的客观实体形态，沐浴着强烈的地中海阳光"；而"女性"的建筑则被描述为某种"无限的主观构想，升腾于云际天边"；换句话说，便是更为朦胧。[83]从炼金术的角度看，他的建筑成为两种对立的媾和，饱含亢奋与情欲的相互影响，意图通过他所谓的"心理生理学"的感觉作用于栖居者。[84]

◆玛丽·麦克劳德（1875—1955年），全名为Mary Jane McLeod Bethune，美国教育家、政治家、慈善家、人道主义者、女权主义者和民权主义者。

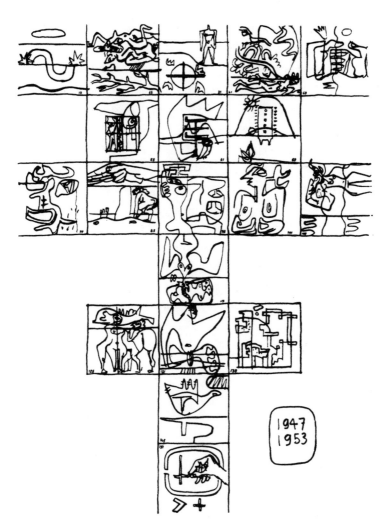

图4.9

图4.9

圣幛，勒·柯布西耶，1947—1953年

（引自：Le Corbusier. *Le Poème de l'angle droit*, Paris: Éditions Connivance, 1989, 末页.）

前面曾提及勒·柯布西耶对古代神秘主义的兴趣，但此处对其建筑中太阳与光的解释，发现了更为"切实"的证据。俄耳甫斯与太阳神阿波罗密切相关。当深入地府时，他充当黑暗与光明之间的媒介。据与勒·柯布西耶同时代并曾参与他的圣波美项目（1945—1962年）的德尼·德·鲁热蒙（Denis de Rougemont）◆认为，俄耳甫斯主义"融合了所有夜与昼的神话"，其灵魂被视为"神圣的或天使般的，被囚禁于创造的形态之中——那是与大地相关的事物，那是黑夜"。[85]很有可能正是通过这样使用光明与黑暗，勒·柯布西耶尝试赋予俄耳甫斯的出现以象征意味。[86]他的《直角之诗》包含一系列版画，以及1947—1953年写下的文字（图4.9）。或许正是因为上述原因，勒·柯布西耶选择将圣幛中的第一个方格奉献出来，演绎一天二十四小时的象征——图像中的一条线代表太阳的轨迹，划过地平线的上下（图4.1）。 一个类似的图像占据了A1部分"环境"（Milieu）的一整页，还配以这些文字：

太阳，你我生活的主宰

亘古不变

像是访客——一个至尊

降临我们的屋舍

准时到来往复不止

自那无以追忆的往昔

描画每一瞬的幻彩

连缀二十四时往复的流变

变得精微，难以觉察

◆鲁热蒙（1906—1985年），全名为Denys Louis de Rougemont，瑞士作家和文化理论家，用法语写作。第二次世界大战后，他提倡欧洲联邦制。

◆◆Unités 一词，在维基词典（wiktionary）的英文解释中，兼有unit（单元）与unity（联合）的含义，参见：https://en.wiktionary.org/wiki/unit%C3%A9#French；而在Larousse法语词典的解释中，更多强调"统一、联合"的意思，参见：https://www.larousse.fr/dictionnaires/francais/unit%c3%a9/80611。在翻译过程中，译者请教多方人士，虽见解各异，但更多是倾向"联合"之意。而仔细分析勒·柯布西耶所设计的五幢相关建筑，也兼具"单元"与"联合"的特征，并且重在"联合"。因此，在翻译过程中，通常译作"（居住）单元联合体"；而其中位于法国马赛的那幢建筑，依据专业习惯译作"马赛公寓"。

似已赐予

一段旋律，却残忍地

变作晨昏，两度降临

永不停歇

便是太阳，但却

仍要更迭——

日日夜夜——四个字

刻下我们的宿命：日升

日落

崭新的太阳重又升起[87]

尽管太阳可以随时照耀，但他却"仍要更迭"。他有理由带给我们黑暗的状态。在宇宙中，有必要维持黑暗与光明的平衡。

弗里茨·格里菲特（Fritz Griffith）与玛丽埃塔·米利特（Marietta Millet）认为，遮阳板在勒·柯布西耶的建筑中扮演着重要角色，因为它不仅能调节光照强度，还具有象征作用。[88] 正如那个一天二十四小时图形中的水平线，是太阳遇到阴影的地方。于是对于在自己生活中需要平衡对立因素的栖居者而言，遮阳板又扮演了一个提醒者的角色。勒·柯布西耶将一天二十四小时的画面，刻在他的居住单元联合体（Unités）◆◆入口的石头上（图4.1），并且将它推演为立面浮雕（图版27）。

母性、物质与材料
Mater, Matter and Materials

阿尔托常常表明人类驾驭自然的基本假定，以及自己的信念，即文化能提升生存的自然领域。"然而有些时候，我们感到自己并未拥有足够纯粹的自然，以为我所用，于是我们尝试将山林的美栽植于宅前屋后。实际上我们应当反其道而行之，从我们生活的环境开始，将我们的房子纳入其中，以提升原有的景观。"[89]

不论阿尔托还是勒·柯布西耶，似乎都感觉自然需要建筑师的介入，以便发挥其全部潜能。

大地母亲、思想与身体
Mother Earth, Mind and Body

建筑布局的问题是阿尔托早期文章中最先提出的问题之一。[90]承认"自然"并非未被触及的，而是"人类心血与原有环境的结合体"[91]，他想知道是什么让中世纪教堂"全然和谐地融入周围环境"。[92]他认为这种对景观的共鸣，源自手工质感的表面、建筑材料的纯粹性、与景观匹配的简单线条，以及历经沧桑的过程。[93]他相信房屋由此创造了一种"氛围"，扑面而来。阿尔托觉得，处理任何新建筑所处的环境时，都需要一定程度的"圆融"。[94]在这一思想中，对于岁月的某种自然接纳至关重要，显而易见他提前创造出具有沧桑感的要素，而那些要素将他的建筑根植于各自的文脉。

以"城市作为一个生长的有机体"为理念，阿尔托也曾参与我们此前讨论过的话题"幻灭与新生"，呼唤"某种弹性系统，以协调城市所有不同形式的生长"。[95]此类想法表明他发现人工创造物与景观中其他自然形态的某种统一体，正如他早期所倡导的，"自然地建造"。[96]在意大利尽管"没有一寸土地是完好无损的"，但却不乏"景观之美"。[97]问题不在于"保留自然"，或者走回蛮荒，更关乎文化（和品味）以及对人与自然关系的理解。阿尔托坚信美的本质正在于此。受此引导，他常常创造新的景观与建筑相伴或深入建筑之中，恰如维普里图书馆（图6.2）或奥坦尼米主楼（图4.10）的概念草图所表现的那样。这一想法也表现为细部夸张的造型，以强调建筑如何触摸大地或岩石，正如玛丽亚别墅地下室入口所展现的那样（图7.20）。

在勒·柯布西耶的作品中可以发现类似的关系。他也写过通过微妙地引导建筑，"增进"而非"遮蔽"景观，例如在普罗旺斯的圣波美，以巨大的环形住宅项目作为引导。[98]可以看出，对于勒·柯布西耶来说，"光辉"的建筑将与其他宏伟的建筑相联，无论新旧，都以相同的精神以及对几何同样的敏感性得以建造。不仅如此，通过模度的使用，建筑也可以被"建造得熠熠生辉"。[99]或许正是通过引领房屋按自然原则建造，他才认识到自己会被自然法条所吸引。

唯有建筑师可以在人与环境之间取得平衡（人=一个心理生理综合体；他的环境=世界、自然和宇宙）。
物质世界反映在工艺之中。它们是人类的战利品，通过人的细致与机敏获得，当面对漠视他命运的宇宙与自然事件时，他拒绝接受失败。选择只有两个，要么如一个牧人伴着羊群终日无所事事（这未必完全不是伟大的生活），要么参与到机器文明中，其作用是通过行动、勇气、胆量、创造以及直接的参与，引发某种简单却能量充沛的和谐。[100]

对于自然深邃玄奥与极端狂野的感受，在勒·柯布西耶的作品中都似乎表现为某种不安。他全然了解"自然力对于人的漠然"。[101]如同他画作中的女人（图版6），自然也可以既不可思议又令人不安、无从把握。他爱慕同时又敬畏每一个神秘且客观存在的现实。

阿尔托反复写道，我们需要回到现实中来："我们越是沉迷于那些纯理论的游戏……越是会忘记大地母亲，毕竟人们在那里栖居，哪怕短暂，那也是我们的快乐之源。"[102]勒·柯布西耶坚信建立肉体与精神之间的平衡势在必行。正因为如此，他仰慕16世纪作家弗朗索瓦·拉伯雷，其符号化的"直角"便是"对人们身体、灵魂与直觉的兴趣"。[103]由这个看似相仿的例子，勒·柯布西耶把自然与身体相关联。两者之间的平衡是《直角之诗》的中心命题之一：

直立于大地平畴
与可感知的万物相约平和无争
与自然一起，画成这正交之角[104]

这根大地平畴的水平线与那根把我们与上天联系起来的直线，刚好构成一个直角。

阿尔托相信，"与自然的即时联系"使生活更充实，并能设法解决建筑所面临的社会与心理问题。[105]然而他也认识到，不仅是机械化，甚至人类行为本身也"使我们与自然疏远"。[106]因此，建筑师的任务既是创造，也是调解——"是使我们的生活模式更为友善"。[107]

森林、大树与木料：关于材料文化之事
Forest, Tree and Timber:
The Matter of Material Culture

阿尔托与勒·柯布西耶的作品都充满着物质上抑或概念上与树木的联系。二人的一个明显差异在于如何对待树木。勒·柯布西耶描述树木是"宏伟的象征"，不经意流露出他对象征意味的深入思考，而非仅是自然景象的体验。[108]

玛丽·塞克勒（Mary Seckler）曾经在勒·柯布西耶的早期作品中，探寻以抽象面目呈现的树木所扮演的角色，譬如在法莱别墅的阳台上（图2.2）。[109]勒·柯布西耶也会围绕树木营造建筑，例如新精神展馆，大体上这似乎表明他对建筑与自然间联系的某种看法。在《光辉城市》的卷首插画中（图4.11），可以看到关于如何种植一棵树的说明，而树木也出现在《勒·柯布西耶与学生的对话》的前面。在朗香教堂中，勒·柯布西耶更以树木代表十字架。可见不论是大树还是枝叶，都作为重要符号在其作品中一再出现。

为了进一步明确树对于勒·柯布西耶的意味，有必要回顾德日进的论述——对他而言，树象征进化的过程。德日进认为这整个过程，人可以感受其中的一部分，却需要投入其中，以辨别既往与未来，人更应以一种"近乎崇拜"的行动来仰慕它。这一过程的核心是某种感觉，那是"对每个独立个体的……同情，每个个体极其独特，无法与聚为一体的任何一个共生个体进行交流——不仅是视觉上的更是生活主体上的"[110]，这个想法在于，整个过程的终结，我们将通过"到达某个宇宙聚合的终极核心"而"化为神圣"。[111]一个重要的基本问题在于，人类，甚至万事万物，都包含着神性的一部分。

勒·柯布西耶显然从树木的遮阴特性中感受到愉悦，而它们带给他的体验或材料的特性却似乎并未在他心中居于首位。阿尔托则不然，他似乎在作品中回到木材、大树与丛林构成的鲜活体验，并且也寻求再造某些特别的丛林几何形态。而木材还代表着阿尔托对现代主义的回应，而非以钢或混凝土。同时，它表明对自然某种心灵的亲近，并提供温暖的触感。木材意味着丰富与柔和，对应着现代材料中被阿尔托视作某种缺乏人性的乏味与冰冷。

图4.10

图4.10

赫尔辛基理工大学主楼透视草图，奥坦尼米，纸面铅笔，300mm×443mm，阿尔托，1955—1964年

图4.11

图示"如何种植一棵树"

（引自：Le Corbusier. *The Radiant City*, London: Faber, 1967.）

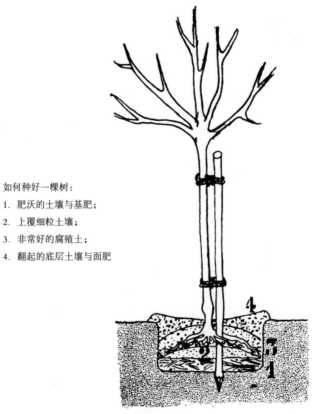

如何种好一棵树：

1. 肥沃的土壤与基肥；

2. 上覆细粒土壤；

3. 非常好的腐殖土；

4. 翻起的底层土壤与面肥

图4.11

实际上，通过找寻木材多样的物理材质并探索其丰富的象征原型（图4.3），阿尔托很快便将现代主义引入丛林——这未必源自他曾具有的民族主义或右倾观点，而是由于在那些领域他更有回归家园的感觉。如前所述，尽管最初的反应是反对现状（换句话说，反对沙里宁），但阿尔托促进自然生长以便从字面上接受其设计理念的渴望，只是某种回归而非变革。

怀着对技术的警惕，他认定"原本"是"自由的物质保障"的那些东西反倒开始约束人类，阿尔托相信自然是自由的永恒象征。正因为如此，它应构成建筑的根基。[112]也正是基于这个原因，他重返丛林，那曾经长时间"保护"人们躲避自然的强大力量、躲避豺狼与严冬的丛林[113]，这次则被用以保护人类远离理性的现代主义与技术进步。这一想法构成了他的莫拉特塞罗（Muuratsalo）项目的核心理念，我们将在第5章进行讨论。

对阿尔托来说，自然的重要性似乎源自其能为建筑赋予例如细胞生长般的形式，源自其对建成环境的物质影响，及其维持甚至充实精神生活的能力。木材是这些理念的核心；它的"生物学特性、较小的热传导性，它与人类和生物界的亲密关系以及它给人带来的愉悦触感"，一切都昭示着木材是一种合适的材料，借以设计一个充满温情的世界。[114]总的来看，他并未建造木构房子，却利用木材语义上的丰富性使自己的建筑充满生机。于是像他的"波浪"那样，木材成为他的建筑更是其思想独特个性的一个象征，也回应着现代时期各种新形式与新材料对自然的渴望。

阿尔托懂得，物质自然亦即他所谓的"大地母亲"，就像环绕于韦斯屈莱的森林所形成的环境，可以提供一个隐秘安全

◆卡尔·弗莱格，瑞士建筑师，曾参与编著三卷本Alvar Aalto，参见：FLEIG K. *Alvar Aalto*. New York: Wittenborn & Company, 1963.

的所在，以构筑无牵无挂的个人情感空间。这接近于温尼科特的"潜能空间"，一个心理学中不受侵犯的领地，在其中可以体验未经加工的（unprocessed）感觉。[115]或许阿尔托本能地知道，这种与自然的接触可以作为新母性环境（neomaternal environment）的某种替代。[116]在20世纪60年代后期与卡尔·弗莱格（Karl Fleig）◆的一次访谈中，他甚至引入有关拉丁词汇演变的探究，从mater（意为母亲mother、母性的爱maternal love或本源origin）到materia（意为树木wood、木料timber、物质matter、理由reason或原因cause），也就是从母亲（mother）到物质（matter）到材料（material）。他接下来解释"materia"的理念：

……它将纯粹的物质活动转化为相关的心理过程。
人类文明的本源很大程度上是建立在物质（materia）的基础上……以物质（matter）作为一种联系，它具有联合的作用……材料（material）间的联结为和谐共处提供所有可能……树木是最接近于人的自然材料……随时可得，不光为了建造的目的，更有心理或生理目的……木材是更为生物性的一种材料，而非仅仅是粗朴的东西。[117]

阿尔托有意识地将自然材料及其制作过程，与发展为社会、文明的思想历程相联系。通过强化与心理学及生物学的关联，阿尔托也深化了自己的观点，通过一种似乎是将其经验系缚于其建筑风格（nature）的方式。

在相同的讨论背景中阿尔托提出，在他的观点中，材料"需要长时间的检验，才能在人类文明中发挥实际作用……现代建筑并不意味着要采用不成熟的新材料：最重要的是朝着更为人性化的方向去改善材料"。[118]正因如此，他反对在家具设计中使用钢材，指出这样的"误用，源自理性主义还未得到足够深化的事实……从人性的眼光看，钢材及其镀铬表面难遂人意"。[119]这一立场部分基于他对舒适的生理与心理本质的理解，并由此产生大量的细部。他注意到，"正是从那些细微之处，我们才能为人们构筑一个和谐的世界"。[120]

阿尔托将木材视作"一种生长的材料，由正在成长的纤维产生，有点像人的肌肉系统"。[121]——正如第2章曾讨论的20世纪30年代中期开始的木材试验，他从中发现木材对于万千变化以至微妙差异的适应能力，这都符合他的建筑哲学（图2.6）。他证实，"营造体贴入微的建筑细部，木材无疑是最重要的材料"，以此强调其"心理学上的"价值。[122]阿尔托再度提出心理命题，将自然与心理方面改善的现象联系起来。他希望通过将建筑过程与生物的其他现象相联系，使这些过程与人类自然经验的其他方面保持一致。他坚信此类对自然的亲近势必引领自由的回归，进而保障自由——而这恰是技术曾经承诺却未实现的。[123]他还认为这可能在形态与建造上都给人以鲜活的灵感。[124]

勒·柯布西耶同样有意识地尝试使用材料以创造一种与自然融合的感受，甚至如在圣波美那样试验生土建筑。以草为顶或者屋顶花园会使建筑的使用者感觉他们生活在泥土之下，或者深深扎根于大地本身——他与阿尔托在20世纪30年代的建筑都曾进行过相关尝试，这将在第7章进行讨论。而在他后期建筑的室内，木料扮演了主要角色，如木镶板，或者木模板在混凝土粗糙表面留下的印迹。对他而言，混凝土是一种"与石头、木材或生土具有同等地位的材料"。他补充认为"体验很重要，或许真的可以把混凝土当成一种重新构筑的石头"——换句话说，像是一种等同于泥土的自然材料。[125]

对勒·柯布西耶而言，"材料的粗朴丝毫不会妨碍清晰的方案和现代审美"。[126]他将诸如砖、木这样的传统材料描述为"人们的朋友"，从1935年的周末小屋（the Petit Maison de

Weekend）开始广泛使用，从而暗示它们会以某种良性的方式对自己施加影响（图7.12）。他强调混凝土与涂料都来自石头这一事实，而石头是自然材料。[127]"我将用对比创造美，我要找寻对立的元素，在未被加工与最终成品之间、精确与偶然之间、毫无生息与紧张热切之间，建立一种对话；通过这种途径，我会鼓励人们去观察与思考。"[128]因此，建筑的细部被用来创造某种机会，以教导人们理解并消除自我生活中的对立。

内部冲突与对立统一
Internal Conflict and the Union of Opposites

阿尔托的演讲与文章大都很快转向驯服技术的问题，以触及物质问题以外的领域，并详尽描述人类心理与生理经验所产生的实际问题，那是"某种技术、生理与心理现象的结合，没有哪个是单独存在的"。[129]例如，他引述自己作为一个卧床病人面对眩光问题时的体验。[130]他不断地提及"为融合而战"，这并非偶然，因为他一再这样写，严阵以待。

随着二人创造生涯的强化与成熟，把自然现象渗透进建筑的过程似乎为他们提供了某种内心的平衡。其工作也日渐指向他们所领会的自然现象。例如，阿尔托寻求这样一种平衡——一方面是设计中的创造性心理过程；另一方面是在自然界中观察到的生物创造过程，例如"一个单元一个单元地建造"。[131]实际上，在1940年为阿斯普隆德写的讣告中，阿尔托就借机颂扬了将人们心理、情绪的健康与自然体验及自然资源相联系的观点。他描述阿斯普隆德如何"证明建筑艺术持续具有不竭的资源与手段，它们直接从自然以及无可解释的人类情绪反应中涌流而出"。[132]勒·柯布西耶的文章认为创造力是"深刻的原始机能""即便最低等的有机体细胞也能被赋予生机"。[133]作为回应，阿尔托倡导建筑应当表现自然固有的生长与变化过程，那是"生物与文化自身的创造方法"。[134]

当试图在"鳟鱼与溪流"中解释其设计过程时，阿尔托针对长期存在的何以获得建筑统一感的问题，把意大利引述为"统一性的经典之源"。[135]他明确表示，自己认识到任何统一都是由大量细微协调构成的。不难发现他一再提及人类生活的细微差别与错综复杂。在他看来，有太多介于各种建筑要素之间的微小矛盾"纠结成为心理问题"或"内心摩擦"。[136]由此，他很快转向自我尝试，开始深入发掘自己的潜意识，试图平息"纷争的附带问题"。[137]实际上，在这篇文章中被赋予"直觉"的角色，可以解读为其自我内在驱动力的体验。他认为创造性工作"有赖于我们潜意识里所储藏的知识与素材"。[138]阿尔托在其中讨论了温尼科特所提及的持续不断的人类创造力，因为尽管主题是建筑，但过程却是创造力。作为一种心理活动，创造的过程可以在内心深处为其自身谋划路径，因此它也是一个心理成长的过程。阿尔托将自己的工作与抽象艺术的创造相联系，他描述那种创造是一个"结晶"的过程，仅能被潜意识"凭直觉"捕捉。

1955年在《朗香文字与图纸》（*Textes et dessins pour Ronchamp*）的小册子中，勒·柯布西耶记起自己的设计过程。当打算解决某个设计问题时，第一步是将其存储在自己的"记忆"中而不画任何草图，长达数月。

人类的大脑是以这般具有某种独立性的方式构筑的：它是一个容器，与某个问题相关的诸多因素都可以倒进去，任由它们浮动、蒸煮、发酵。
然后有一天，一个自发生成的方案在你内心逐渐成形，猛然顿悟；你抓起一支铅笔，一根炭棒，一把彩铅（色彩是这个过程的关键），在纸上幻彩生辉：想法喷薄而出。[139]

勒·柯布西耶以生物学名词"妊娠"描述为朗香教堂做设计的最初过程，此后借用女性的生殖用语解释其缘起，"在纸面上降生"。或许在这样做的过程中，他借用了柏拉图的观点，后者曾把"诗人与艺术家"描述为"怀孕的心灵……孕育着智慧与美德"。柏拉图认为以这种方式产下的孩子将比凡人的后代"更加公正与不朽（原文如此）"，当勒·柯布西耶写下那些文字时，对这一观点或已了然于心。[140]抑或他仅仅是想强调事实——产生某个想法（giving birth to an idea）的过程是一种自然的生理功能。

童年所经受的创伤再度浮现，引发阿尔托的抑郁症甚至某些精神错乱，反复发作。[141]而他作品的主题，诸如慎重对待矛盾的关系，也已发展成为对此类内心冲突的回应。的确，希尔特解释说"阿尔托最显著的个性特征之一，便是他对自身周边心理氛围的适应与敏感"[142]，这或许根植于他自身对母亲去世所造成的伤痛的敏感，对受到影响的家庭其他成员种种需求的敏感。阿尔托似乎将此过程化作某种机制，以确保感同身受，同时显露出他的人文主义——正如他所提出的"设身处地"（ausser sich gehen），这借鉴自歌德的表达，指的是从他人的视角看待事物的需求。[143]

如前所述，勒·柯布西耶的对立关系理念恰是他对俄耳甫斯主义感兴趣的核心；这也是一个关键的机制，借此他设法弥合"裂隙"。勒·柯布西耶毕竟不是盲目追寻统一。实际上他似乎已经认识到这件事情的徒劳，他将自己扮作唐·吉诃德，企图以他心目中理想化的女神之名去迎战风车，那女神便是自然，而这种骑士之爱对建筑师施加了某种特别的魔力。水平轮廓线是他标志性技巧中一个必不可少的要素，乘飞机飞越大地时，他观察到天际线并非直线，而是宛如其风格化版本中的曲线。虽然知道自己的理论存在问题，但他宁愿相信。而吊诡的是，恰是这两种观点之

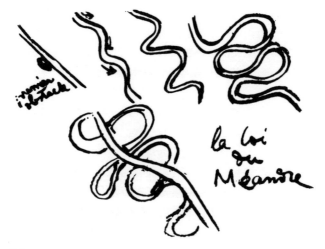

图4.12

图4.12
蜿蜒的法则

（引自：Le Corbusier. *Précisions sur un état présent de l'architecture et de l'urbanisme*, Paris: Crès, 1930, p.142.）

间的对抗，也就是对统一的缘由相信与否，成为其创造力及其动机的核心。

矛盾现象之间的这种对抗，在勒·柯布西耶的思想中反复出现。例如基于对自然的观察，他创建了一种线路更远的法则：蜿蜒的法则（图4.12）。这种法则在很多方面类同于那个一天二十四小时法则，在勒·柯布西耶的语汇中从属于水，相对于太阳属于阴性。彼得·卡尔注意到，这个蜿蜒曲折的"寓言""是他的概念中，对于作为万物归宿的大海的某种表现，而新的事物也将诞生其间"。[144]不同于追逐太阳的轨迹，勒·柯布西耶在这里循着河流侵蚀所形成的蜿蜒迂回的路径，在大地上"左右往复"，愈加百转千回。突然"在某个极度绝望的时刻"，到达一个点，在那里曲线遭遇了——"奇迹！"——于是水流开始突围，再一次闯出一条直线。对勒·柯布西耶而言，这是一个隐喻，表示问题的解决方法会豁然开朗。但他也注意到，"这是一个悖论"。[145]而这样的描述使人不免想起阿尔托对于自己创造过程的解释："伟大的想法源自生活的细枝末节；它们从大地扶摇而上。"[146]

小结
Conclusion

自然不仅对于建筑而言是适宜的典范，在阿尔托与勒·柯布西耶眼中，它还是其自身创造行为的极致典范——那种持续的创造行为由它们而生，并作用于自身。在本章我们看到两位建筑师将他们的设计看作某个有机过程的产物。勒·柯布西耶借用俄耳甫斯的理念，将几何形态转变为强化其自身创造与自然创造之间联系的某种尝试，使它们熠熠生辉，仿佛宇宙间活跃的分子。阿尔托则利用自然作为其灵活标准化过程的某种典范，利用自然法则来证明他对多样性与共情的兴趣。二人都强烈地感到有必要打破建筑与环境之间的隔阂，并以古代或风土建筑的实例为由，精心调配光线、空间与材质，从而引起人们对自然本质乐趣的关注。这一主题将在后续章节中继续深入。

注释

[1] C. St-John Wilson explores this in *The 'Other' Tradition of Modern Architecture*, London: Academy Editions, 1995.

[2] Le Corbusier, *Modulor*, London: Faber, 1954, p.78.

[3] Le Corbusier, *The Decorative Art of Today*, London: Architectural Press, 1987, p.192.

[4] Aalto, 'National Planning and Cultural Goals' in G. Schildt, *Alvar Aalto Sketches*, Cambridge, MA: MIT Press, 1986, p.100.

[5] Le Corbusier, *Towards a New Architecture*, London: Architectural Press, 1982, p.33.

[6] Le Corbusier, *The Marseilles Block*, London: Harvill, 1953, pp.13 and 17.

[7] Le Corbusier, *Une Maison - un palais: A la recherche d'une unité architecturale*, Paris: Cres, 1928, p.78.

[8] Ibid., p.33.

[9] Aalto, 'Rationalism and Man' in G. Schildt, *Alvar Aalto in his Own Words*, New York: Rizzoli, 1997, p.93.

[10] 译自: F. Pottecher, 'Que le Fauve soit libre dans sa cage', *L'Architecture d'aujourd'hui*, 252, 1987, p. 62; Le Corbusier, *Precisions on the Present State of Architecture and City Planning*, Cambridge, MA: MIT Press, 1991, p.vii.

[11] Le Corbusier, *Towards a New Architecture*, p.210.

[12] Le Corbusier, *The Marseilles Block*, p.17. 这些想法是勒·柯布西耶与CIAM合作发展住房项目的结果。

[13] Le Corbusier, *Precisions*, p.91.

[14] 同上。有关大自然在光辉城市中作用的评论, 请参阅: 'The Return of the Repressed: Nature', Diana Agrest, *The Sex of Architecture*, New York: Harry N. Abrams, 1996, pp.58-61.

[15] G. Grisleri, *Le Corbusier, it viaggio in Toscana*, 1907, exhibition catalogue, Florence, Palazzo Pitti: Cataloghi Marsilio, Venice, 1987, p.17.

[16] Le Corbusier, *Decorative Art of Today*, p.13.

[17] J.-A. Ramirez, *The Beehive Metaphor: From Gaudi to Le Corbusier*, London: Reaktion, 2000.

[18] Le Corbusier, *Modulor 2*, London: Faber & Faber, 1955, p.205.

[19] Le Corbusier, *The City of Tomorrow*, London: Architectural Press, 1946, p. 75.

[20] Le Corbusier, *La Ville Radieuse*, Paris: Éditions de l'Architecture d'Aujourd'hui, 1935.

[21] Le Corbusier, *Le Corbusier Talks with Students*, New York: Orion, 1961, p.27.

[22] Le Corbusier, *New World of Space*, New York: Reynal & Hitchcock, 1948, p.7.

[23] Henry Provensal, *L'Art de demain*, Paris: Perrin, 1904, p.182, in Fondation Le Corbusier (以下简称 FLC).

[24] Le Corbusier, *Decorative Art of Today*, p.192.

[25] Le Corbusier, *Modulor 2*, p.26.

[26] Le Corbusier, *Le Poème électronique*, Paris: Les Cahiers Forces Vives aux Éditions de Minuit, 1958, unpaginated.

[27] 'Cultiver le corps et l'esprit mettre dans des conditions favorables positive ou negative'. Le Corbusier, *Sketchbooks Volume 2*, London: Thames & Hudson, 1981, sketch 503.

[28] D. Becket-Chary, 'Le Corbusier's Poem of the Right Angle', unpub. MPhil thesis, Cambridge, 1990.

[29] Le Corbusier, *When the Cathedrals were White: A Journey to the Country of the Timid People*, New York: Reynal & Hitchcock, 1947, p.152.

[30] Le Corbusier, *Radiant City*, p. 78.

[31] Le Corbusier, *Precisions*, p.29.

[32] Ibid., p.17.

[33] Aalto, 'The Influence of Construction and Materials on Modern Architecture', 1938; repr. in Schildt, *Sketches*, p.60.

[34] Aalto, 'Interview for Finnish Television',

July 1972; repr. in Schildt, *Own Words*, p.271.

[35] Aalto, 'Rationalism and Man', 1935, in Schildt, *Sketches*, p.47.

[36] G. Strengell in *Helsingfors Journalen*, 1934, cited in Schildt, *Alvar Aalto: The Decisive Years*, New York: Rizzoli, 1986, p.84.

[37] Aalto, 'Rationalism and Man', 1935, in Schildt, *Sketches*, pp. 47-51.

[38] 在20世纪40—50年代，阿尔托领导SAFA标准化委员会。 他试图继续开展莫里斯和凡·德·费尔德（曾与其导师弗罗斯特鲁斯共事）的工作，以改善批量生产商品的质量和设计， 从而提高生活的精神品质。 斯坦德舍尔德（Standertskjöld）认为，在其所有的作品中， 阿尔托都寻求某种创造性的形式， 该形式可以包含标准元素，以利用材料和功能的真实本质。'Alvar Aalto and Standardisation' and 'Alvar Aalto's Standard Drawings 1929-1932', in R. Nikula, M.-R. Norri and K. Paatero (eds), *The Art of Standards*, Acanthus, Helsinki: Museum of Finnish Architecture, 1992, pp. 74-84, and pp. 89-111.

[39] Aalto, 'Influence of Construction', in Schildt, *Sketches*, pp. 60-63.

[40] Ibid.

[41] Aalto, 'Architecture of Karelia', 1941 in ibid., pp. 81-82.

[42] Aalto, 'The Influence of Structure and Materials on Modern Architecture', 1938; repr. in Schildt, *Own Words*, p.101.

[43] Aalto, 'Influence of Construction', in Schildt, *Sketches*, pp.60-63.

[44] Aalto, 'The Reconstruction of Europe is the Key Problem of Our Time', *Arkkitehti*, 1941, 5, pp.75-80. Repr. in *Own Words*, pp.149-157.

[45] 朗格对图像和模型的定义为此提供了有力的支撑。 她认为模型显示出"事物是如何发挥作用的（how something works）"， 图像则代表整体的外在形式，是"抽象其现象特征（abstract[ing] its phenomenal character）"，而非作为例证说明被象征对象的构造。应用于此， 这或许表明阿尔托的创作技巧在某种程度上是以自然细胞生长的本质为摹本的: 这是一个生成的过程，同样借鉴了某种自然现象。朗格认为， 创造性象征代表着生活中未可感知的潜在结构的张力、 节奏和活动。S. K. Langer, *Mind: An Essay in Human Feeling*, Baltimore: John Hopkins University Press, 1988, p. xiii.

[46] Aalto, 'Art and Technology', Inauguration into Finnish Academy, 1955; repr. in Schildt, *Sketches*, p.129.

[47] Ibid.

[48] Aalto, 'The Architectural Struggle', RIBA 1957; repr. in Schildt, *Sketches*, p.147.

[49] Aalto, 'Finland Wonderland', Architectural Association London, 1950; repr. in Schildt, *Own Words*, pp.185-190.

[50] Aalto, 'Architectural Struggle', in Schildt, *Sketches*, p.146.

[51] Ibid., p.147.

[52] Ibid., p.146.

[53] Ibid., p.145.

[54] Le Corbusier, *Le Poème de l'angle droit*, Paris: Editions Connivance, 1989, Section B3, 'Mind'.

[55] Aalto, 'National Planning and Cultural Goals', in Schildt, *Sketches*, p.100.

[56] Ibid.

[57] Aalto, 'From Doorstep to Living Room', *Aitta*, 1926; repr. in Schildt, *Own Words*, pp. 49-55.

[58] Le Corbusier, *Journey to the East*, Cambridge, MA: MIT Press, 1987, p.240.

[59] Le Corbusier, *Radiant City*, p.186.

[60] Aalto, 'From Doorstep to Living Room' in Schildt, *Own Words*, p.50.

[61] Ibid., p.52.

[62] Ibid.

[63] Ibid.

[64] Aalto, 'The Architecture of Karelia', 1941, Uusi Suomi; repr. in Schildt, *Sketches*, pp.80–83.

[65] Conversation between Aalto and Schildt, 1967, in ibid., p.171.

[66] Aalto, 'Architecture of Karelia'. This is also addressed in S. Menin, 'Fragments from the Forest: Aalto's Requisitioning of Forest, Place and Matter', *Journal of Architecture*, 3, 2001, pp.279–305.

[67] Le Corbusier, *Une Maison - un palais*, p.50.

[68] Aalto. 'From Doorstep to Living Room' in Schildt, *Own Words*. Aalto's italics.

[69] Translated from Pottecher, 'Que le Fauve soit libre dans sa cage', p. 62.

[70] Aalto, 'From Doorstep to Living Room' in Schildt, *Own Words*, p. 53.

[71] Le Corbusier, *Precisions*, p.138.

[72] Le Corbusier and Pierre Jeanneret, *Oeuvre Complete Volume 2, 1929-1934*, Zurich: Les Editions d'Architecture, 1995, p.84.

[73] Ibid., p.85.

[74] G. Schildt, Alvar Aalto: *The Early Years*, New York: Rizzoli, 1984, p.219. R.–L Heinonen, *Funktionalism Läpimurto Suomessa*, 1986, Helsinki: Museum of Finnish Architecture, 1986.

[75] 希尔特曾描述阿尔托如何从勒·柯布西耶的书中借鉴雅典卫城的图画，用于其20世纪20年代的一些设计布局中。Schildt, *Early Years*, pp. 214–230. Le Corbusier, *Towards a New Architecture*, p.43.

[76] Schildt, *Early Years*, p.219-220.

[77] Aalto, 'The Dwelling as a Problem', Domus, 1930; repr. in Schildt, *Sketches*, p.32.

[78] Aalto, 'Rationalism and Man', in Schildt, *Own Words*, p. 91.

[79] Aalto, 'Senior Dormitory M.I.T.', *Arkkitehti*, 4, 1950, p.64.

[80] 多位学者曾对此进行探究，包括W. Miller, 'Thematic Analysis of Alvar Aalto's Architecture', *A&U*, October 1979, pp.15–38, and C. Pianizzola, 'Sole e Tecnologia per una Architettura della Luce', Istituto Universitario Architettura Venezia, unpub. thesis, 1996.

[81] 皮尔森（Pearson）曾指出"光辉（radiant）"一词在声音方面的意义。C. Pearson, 'Le Corbusier and the Acoustical Trope', *Journal of the Society of Architectural Historians*, 56, 2, 1997, pp.168–183.

[82] M. McLeod, 'Urbanism and Utopia: Le Corbusier from Regional Syndicalism to Vichy', Dphil thesis, Princeton, 1985, p.245.

[83] Le Corbusier, *Modulor*, p.224.

[84] 同上，p.113. 费希纳（G.T. Fechner）在"心理物理学"（psychophysics）实验工作中的讨论及其对勒·柯布西耶的影响参见：J. Loach, 'Le Corbusier and the Creative Use of Mathematics', *British Journal of the History of Science*, 31, 1998, p.196.

[85] D. de Rougemont, *Passion and Society*, London: Faber & Faber, 1958, p.64.

[86] Letter Trouin to Le Corbusier, 27 December 1960, FLC 13 01 189.

[87] Le Corbusier, *Le Poème de l'angle droit*, section A1, 'Milieu'.

[88] F. Griffin and M. Millet, 'Shadey Aesthetics', *Journal of Architectural Education*, 37/3, 4, 1984, pp.43-60.

[89] Aalto, 'Architecture in the Landscape of Central Finland', *Sisä-Suomi*, 28 June 1925 repr. in Schildt, *Own Words*, p.21.

[90] Aalto, 'Motifs from Times Past', *Arkkitehti*, 1922; repr. in Schildt, *Sketches*, pp. 1–2.

[91] Aalto, 'Architecture in the Landscape of Central Finland', in Schildt, *Own*

Words, p.21.

[92] Aalto, 'Motifs from Times Past'.

[93] Ibid., p.1.

[94] Aalto, 'Housing Construction in Existing Cities', *Byggmästaren*, 1930; repr. in Schildt, *Sketches*, p.5.

[95] Ibid., p.6.

[96] Aalto, 'The Temple Baths on Jyväskylä Ridge', *Keskisuomalainen*, 22 January 1925; repr. in Schildt, *Own Words*, pp. 17–19. 也可参见: Aalto, 'Architecture in the Landscape of Central Finland', in Schildt, *Own Words*, pp. 21–22.

[97] Aalto, 'Architecture in the Landscape of Central Finland', in Schildt, *Own Words*, p.21.

[98] Le Corbusier, *Oeuvre Complete Volume 5, 1946-1952*, Zurich: Les Editions d'Architecture, 1995, p.36.

[99] Le Corbusier, *Modulor 2*, p.306.

[100] Le Corbusier, *Modulor*, p.111.

[101] Le Corbusier, *When the Cathedrals were White*, p.116.

[102] Aalto, 'The Architect's Concept of Paradise', 1957; repr. in Schildt, *Sketches*, p. 158.

[103] Le Corbusier, *Sketchbooks Volume 3, 1954-1957*, Cambridge, MA: MIT Press, 1982, *sketches*, p. 645-646.

[104] Le Corbusier, *Le Poème de l'angle droit*, section A3, 'Milieu'.

[105] Aalto, 'Building Heights as a Social Problem', *Arkkitehti*, 1946; repr. in Schildt, *Sketches*, pp. 92–93. 阿尔托建议规划人员在为公共建筑选址时应考虑到心理因素。'Town Planning and Public Buildings', 1966; repr. in Schildt, *Sketches*, pp.166–167.

[106] Aalto, 'Between Humanism and Materialism', 1955; repr. in Schildt, *Sketches*, p.131.

[107] Ibid., p.132.

[108] Le Corbusier, *Le Corbusier Talks with Students*, p.83.

[109] M.P. May Seckler, 'Le Corbusier, Ruskin, the Tree and the Open Hand' in R. Walden (ed.) *The Open Hand*, Cambridge, MA: MIT Press, 1982, pp.42–96.

[110] P. Teilhard de Chardin, *The Future of Man*, London: Collins, 1964, p.135.

[111] Ibid., p.136.

[112] Aalto, 'Finland as a Model for World Development' 1949; repr. in Schildt, *Own Words*, p.171.

[113] Aalto, 'The Housing Problem', 1930 in ibid., p.80.

[114] Aalto, 'Wood as a Building Material', *Arkkitehti-Arkkitekten*, 1956; in Schildt, *Sketches*, p.142.

[115] D.W. Winnicott, *Playing and Reality*, Harmondsworth: Penguin, 1971, p.108.

[116] 环境哲学家对此进行了一段时间的研究。芬兰人对待自然的特殊态度也得到了广泛的分析。其中包括: A. Reunala, 'The Forest and the Finns', in M. Engman et al. *People, Nation, State*, London: Hurst, 1989, pp. 38–56 和 'The Forest as an Archetype', in special issue of *Silva Fennica*, 'Metsä suomalaisten Elämässä', 21 April 1987, p.426.

[117] Aalto, 'The Relationship between

Architecture, Painting and Sculpture',
in B. Hoesli, (ed.) *Alvar Aalto, Synopsis: Painting Architecture Sculpture*, Zurich: Birkhauser, 1980, p.25. Also in Schildt, *Own Words*, pp.265–269.

[118] Aalto, 'The Relationship', in Schildt, *Own Words*, pp. 268–269.

[119] Aalto, 'The Humanising of Architecture', *Technology Review*, 1940; repr. in Schildt, *Sketches*, p.77.

[120] Aalto, 'The Architectural Struggle', in ibid., p.147.

[121] Aalto, 'The Relationship' in Schildt, *Own Words*, p.268.

[122] Aalto, 'Wood as a Building Material', in Schildt, *Sketches*, p.142.

[123] Aalto, 'National Planning', in ibid., p.101.

[124] Aalto, 'Experimental House, Muuratsalo', *Arkkitehti - Arkitekten*, 1953, in ibid., p.116.

[125] Le Corbusier, *Oeuvre Complete Volume 5*, p.190.

[126] Le Corbusier and P. Jeanneret, *Oeuvre Complete Volume 2*, p.48.

[127] "体验很重要，看来确实可以将混凝土看作重新构筑的石头。" Le Corbusier, *Oeuvre Complete Volume 5*, p.190.

[128] Ibid.

[129] Aalto, 'Humanising of Architecture', in Schildt, *Sketches*, p.78.

[130] Aalto, 'Rationalism and Man', in ibid., p.49, and 'Humanising Architecture', in ibid., p.77.

[131] Aalto, 'National Planning', in ibid., p.100.

[132] Aalto, 'E.G. Asplund in Memoriam',
Arkkitehti, 1940, in ibid., p.67.

[133] Le Corbusier, *Decorative Art of Today*, p.192.

[134] Aalto, 'National Planning', in Schildt, *Sketches*, p.100.

[135] Aalto, 'The Trout and the Mountain Stream', *Domus*, 1947 in ibid., p.96.

[136] Ibid., p.96.

[137] Ibid., p.97.

[138] Ibid., p.97.

[139] Le Corbusier, *Textes et dessins pour Ronchamp*, Paris: Forces Vives, 1955, unpaginated.

[140] Plato, *Symposium*, in S. Buchanan (ed.) *The Portable Plato*, Harmondsworth: Penguin, 1997, p.168.

[141] 阿尔托的女婿，精神病学家于尔约·阿拉宁（Yrjö Alanen）曾描述过阿尔托的精神状态，参见：G. Schildt, *Alvar Aalto: The Mature Years*, New York: Rizzoli, 1992, p. 14.

[142] G. Schildt, *Alvar Aalto: The Decisive Years*, New York: Rizzoli, 1986, p.103.

[143] Aalto, 'Speech for the Centenary of Jyväskylä Lyceum', 1958; repr. in Schildt, *Sketches*, p.163.

[144] P. Carl, 'Ornament and Time: A Prolegomena', *AA Files*, 23, 1992, p.55.

[145] Le Corbusier, *Precisions*, pp.142–143.

[146] Aalto, 'Culture and Technology', *Suomi-Finland — USA*, 1947; repr. in Schildt, *Sketches*, p.94.

图版 1   图版 2

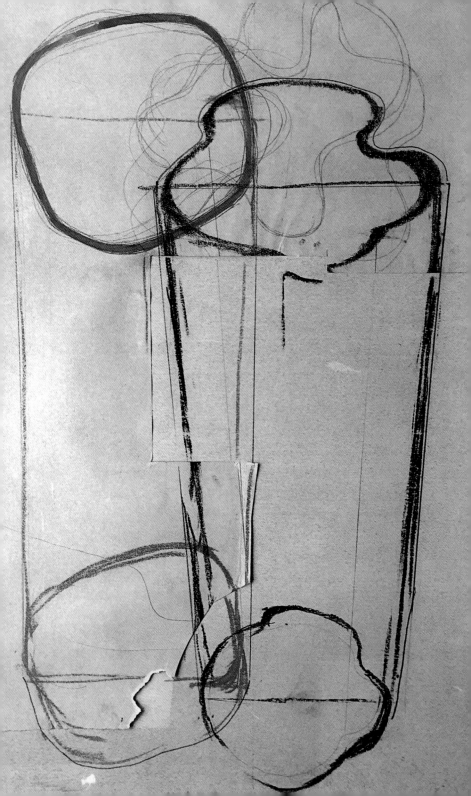

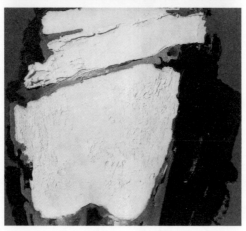

图版 3

图版 4   图版 5

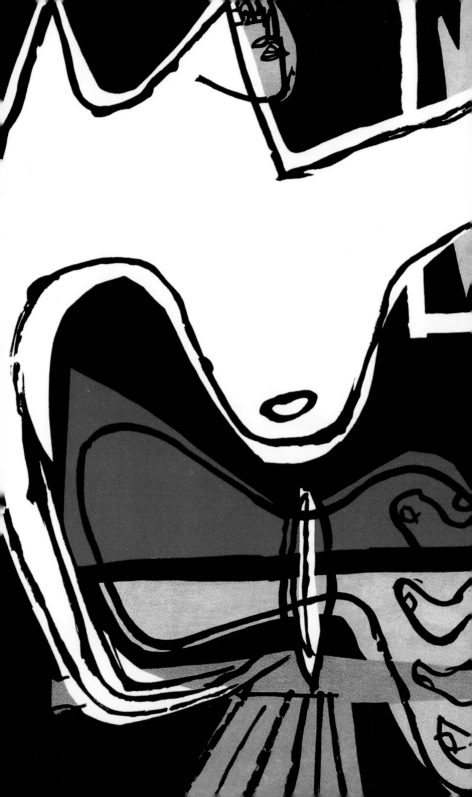

图版 6　　　图版 7

图版 14

图版 15　　图版 16

图版 18　　图版 19

图版 20

图版 21

图版 22

图版 23

图版 25　　图版 26

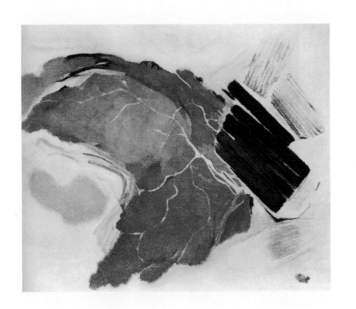

图版 27　　图版 28

自然之谜与生命之痛：
马丹角与莫拉特赛罗

Chapter 5

The Mysticism of Nature and the
Agony of Life: Cap Martin and
Muuratsalo

到这一阶段，很有必要探讨勒·柯布西耶与阿尔托生活与工作中的自然观念，从而考察二人的个性特征以及他们在第二次世界大战期间的应对之策。这是一段极度紧张与事业受挫的时期，在这样的过程中，二人都显现出情感上的累累伤痕。或许并非巧合，恰在这段时间前后，二人都决定为自己构筑退隐之所，柯布西耶在马丹角，而阿尔托在莫拉特赛罗。表面上小而简单，但每个都以浓缩的方式，表现出他们自然理念的本质。近距离审视这些建筑，会将他们品格与动机中尚被掩饰的某些方面公之于众。而在那段时间，二人更频繁地遁形于世，为减轻生活的痛苦，定期沉浸于自然的神秘之中。

狂躁激情之外的一切
All but Manic Zeal

从无名小辈成长为受到国际广泛尊重的创造者，他们的路途崎岖却异常重要。迄今为止，我们关注到在创造力走向成熟的过程中他们观念与影响力的积累，但还必须增加他们个性的重要方面。这有助于理解阿尔托，以及何以勒·柯布西耶不得不创造与发现那些将自然归结为某种整合动因（an agent of integration）的建筑哲学。

内在动力与工作中的问题
An Inner Force and the Question of Work

从并不平稳的起步开始，二人都竭尽全力以证明自己。勒·柯布西耶在"调节焦点"中写道："任何事都关乎毅力、劳作、勇气……上天不会凭空降下荣耀。而勇气是内在的力量，它独自便可以证明存在的合理性，反之亦然。"[1]工作最终证明给他的，是一项艰辛而时常孤独的使命，正如我们所见，他把绘画描述为"一种艺术家与自我之间的对决，伴随着内心的争斗，发乎于内而外界无从知晓"。[2]他绝不让妻子伊冯娜生孩子，因为担心他的"生活会像个建筑师那般艰辛"。或许也由于他觉得孩子会带来太多责任与负担，妨碍他工作上的进展。[3]希尔特援引类似的动因，表明阿尔托是如此"痴迷于自己对创造的需求与渴望，以致于任何可能妨碍工作的事情都会引起他的反感"。[4]然而除去所有这些，狂躁的激情也令阿尔托时常身心俱疲，无力应对创造性工作。[5]在家庭方面，阿尔托仅是避免孩子们的介入，尽管偶尔他也很享受与他们之间激烈的"游戏"，但总想迫使他们进入某种差强人意的角色，谓为不幸。[6]

面对自己的成就以及这些巨大成就未被足够赏识的沮丧感一直纠缠着他们，如影随形。勒·柯布西耶似乎不像阿尔托那样真正染病，尽管他更频繁地因不被理解而变得颓丧。[7]职业生涯的早期，当遇到大麻烦时他偶尔会从巴黎跑到哥哥那里。[8]在后来的生活中，他会写信诉苦，譬如1954年他写给母亲的信中说自己感到"卑微与低贱"。[9]他有一个长寿的母亲，远胜阿尔托，因为他的母亲活到101岁，1960年才去世，仅早于勒·柯布西耶5年。他的哥哥阿尔伯特，也比他活得久。阿尔托则不然，生长自童年的苦难又未能摆脱持续的家庭不幸，他将自己过去的经历绣在发光的披风上。这是一个成功的自我维持机制，直到披风滑落，他也因此一再陷入沮丧、病痛甚至精神错乱。

尽管很难从精神病理学角度对每个人的受困程度作出精确判断，但可以基本肯定的是，不论是阿尔托还是勒·柯布西耶，都表现出强烈的驱动力；偶尔接近狂躁行为的边缘，然后又遭到严重抑郁时期的折磨。在这种驱动下，一个人会因过分活跃的行为而兴致高昂，常常不认可阻碍，并因壮丽的幻象无可避免地崩塌而陷入苦痛。

接受与爱的预言
Acceptance and the Prophecy of Love

当敬慕的人没有给予自己相应的尊重与关注时，勒·柯布西耶会感到被敷衍，而深受打击。例如，当意识到自己的雇主彼得·贝伦斯确实是一个雇主而非父亲的角色，对办公室的新雇员无意提供帮助或施加关爱，他会感到惊异与烦闷。勒·柯布西耶写道："他只知道恫吓我们，我们感受不到丝毫关心，丝毫的爱。"[10]

阿尔托曾设计了一艘船以抵达莫拉特赛罗的隐身之所，并称那船为"Nemo Propheta in Patria"（拉丁语——译者注）——意为"在本乡无人知晓的先知"，表达某种与勒·柯布西耶默契的观念。但通常，他们面对公众的表达却是那般可怜的谦卑。尽管在1910年写给朋友威廉·里特尔的一封信中，勒·柯布西耶承认"巨大焦虑的危机"[11]，在最后的日子里他主要的公开表达却是"不满足，从来没有"。[12]见到过勒·柯布西耶与阿尔托的人，对他们最清晰的感受也仅是只鳞片甲的真实，感觉自信的面孔背后时常隐藏着他们的脆弱。一个事例便是阿尔托一直保持着"头领"的做派，那是受父亲教导的结果。而勒·柯布西耶则在一封信里透露出自己的不安全感，"致兄长"，在那本《东方之旅》的开篇他写道："我期待这本奉献给您的小册子能好一些！除此我别无所有……多年来我们相互帮扶，未来也不会中断，对吗？"[13]

在后来的生活中，勒·柯布西耶逐渐陷入无望，他的后盾崩塌了，这导致他相信了一个相对陌生的人亨利·佩萨尔（Henry Pessar）；事实上他一生中的大部分时候都感受到被"击溃"。[14]年迈的阿尔托后来也感受到巨大的失落，因为他与诸如希尔特等人都认为，他本人及其成就被20世纪60—

70年代芬兰年轻激进的构成主义艺术家所抵制[15]，然而就在他去世后不久，他们中的一些人又开始拥护他和他的作品。

独处或群居的折磨
Suffering Solitude or Society

二人性格中的一个迥异之处表现在他们对于独处的看法与需求。毫无疑问，对于孤独的某种恐惧表现在阿尔托外向的性格中。他无法接受一人独处，于是创造环境以狂热的兴致与他钟爱的年轻助手无休止地工作，有时甚至以一瓶红酒促发这种激情。温尼科特在"独处的能力"（The Capacity to be Alowne）中表达了一个原则，在别人（特别是母亲）的陪伴中体验孤独，对于个体发展与安全感的形成至关重要。[16]阿尔托终生所表现出来的执着行为，是不安全感与依赖性根源的标志，显然与躁狂抑郁症交织在一起。实际上，正如施托尔所指出的，"拥有独处的能力，便逐渐与自我发现和自我实现相联系，也联系着一个人不断形成的最深层的需要、感受与冲动的意念"。[17]

总的来说，阿尔托似乎在社会交往中比勒·柯布西耶略显轻松，与人交往也更为融洽。他外向，可以从那些邂逅中获取能力与信心，与人相处时生机勃发。对阿尔托来说，离群索居会诱发情绪低落的恶性循环，因而孤独必定要被自然的活动填满，被萦绕脑际的繁忙工作填满，抑或是更多的酒。[18]对接触与关系的渴望，可能是他对神秘事物感兴趣的核心。1932年他写信给妻子艾诺，"在我孤独的时候，每次想到你，就仿佛在祈求你伸手相帮……我对你极度思念，眼穿肠断"。[19]

阿尔托在感情上的韵事名噪一时，希尔特曾或明或暗地提及于此。[20]除了争强好胜，他确是个极度缺乏安全感的人。

◆塔娅·赞坎（1918—2003年），著名的英国记者和作家。她出生于瑞士苏黎世，父母是俄罗斯白人贵族，在法国和美国成长并接受教育。

可以说这种不安全感是阿尔托创作过程的基础；这个过程更像是自我存续的过程，其中包括设计"有关联的"形式的剧情，从而激发人们的互动交往。[21]

相比而言勒·柯布西耶感到，"在独处时一个人可以与自我斗争，可以惩罚自己，也可以鼓励自己"。[22]童年时他试图摆脱父母的压力，而这成为他创造性事业的模式："在一个安静、可靠的地方，为沉思冥想提供庇护"。[23]这种对于孤独的想法同样成为他精神生活的核心，也变作他为别人提供栖居环境的工作重点——他确信有必要为每户人家都创造独处与冥想的环境。正如我们将在第8章讨论的，这并不意味着他不关注群体，只是代表了他个性特征的一个基本方面。

勒·柯布西耶的早期生活曾被父亲的形象统治，当他同性格开朗的妻子伊冯娜一同生活，似乎不再需要与那些塑造他年轻时情感模式的男性指导者密切交往。与阿尔托相似，他在情感琐事上比较放任，正如与塔娅·赞坎（Taya Zinkin）◆那段插曲中所表现的。[24]赞坎也曾透露，他认为这是与道德无关的男人官能方面的小插曲。[25]然而，勒·柯布西耶那时为了避免伊冯娜面对这种"官能主义"的现实，因而在家里接到任何女朋友的电话时，他只会说"不知道"（connais pas），以他的方式保持在巴黎的忠诚。[26]然而即便是在20世纪40—50年代不同的道德氛围中，他也确实认识到自己的行为对感情伤害的后果。阿尔托则较少在意前后两位妻子的感受，有时候甚至当着她们的面与人调情。[27]

勒·柯布西耶与阿尔托的妻子在多大程度上充当了他们的抱持性环境，这一点不容小觑。这可以从妻子去世时他们各自所遭受的崩溃消沉中看出来。从伊冯娜那里，勒·柯布西耶找到了平衡、奉献、幽默，以及"平和、宁静与帮助"[28]，她是一个天性超越智力的人，当他的想法过于离奇时，会把他从天上拉下来。[29]而从艾诺那里，阿尔托看到了一个冷静睿智，具有保护性的角色，可以批判性地分析他的观点，以平常的观念匡正他的天马行空。在妻子去世后，他们都曾有一段时间无法发挥创造性。然而这并不代表他们婚姻所带来的情感支撑足以抵御失落的冲击。恰恰相反，即便在与妻子共处时阿尔托也会持续跌入抑郁之中。

勒·柯布西耶与阿尔托都具有不可否认的复杂性格，展现出一系列矛盾的品质。他们为人开朗、能力卓著，或许可以上升为文化英雄，而同时又都是充满着自我怀疑、挫败与恐惧的个体。卓著与挫败貌似截然不同的体验，两者泾渭分明，好像只会发生在彼此迥异的个体身上。然而在创造性与崩溃的现实之间，存在着至关重要的联系，这种联系丰富了二人的创造性工作。

战争与无助的权宜于自然
War and the Expedient Nature of Helplessness

政治因素在勒·柯布西耶与阿尔托的作品中均非重要角色，在合作与社区理念方面，左翼思想对他们都具有吸引力。与此同时，右翼派系呈现的强大阵线，表达出对于故土地域化和浪漫化的理想观点，也使每个人都产生了共鸣——尤其是对于战乱动荡中缺乏安全感的个体。

战争，委任与道德上的屈服
War, Commissions and Flexing Moral Fibres

1939年初夏，当阿尔托从纽约世博会芬兰馆（**图6.13**）的开

◆玛丽亚·古利克森（1907—1990年），全名Maire Eva Johanna Gullichsen，玛丽亚别墅的业主，是芬兰艺术品收藏家和赞助人，Artek家具公司的联合创始人。波里美术馆（Pori Art Museum）以古利克森的艺术品收藏为基础。

幕式返回时，玛丽亚别墅（**图版23**）——这个丛林小屋的建设正值尾声。欧洲的政治纠纷已经蔓延为军事对抗，在芬兰开始了冬季战争。弟弟为避免被送上前线而自杀，阿尔托也因对死亡的恐惧胆战心惊。带着惶恐，他逃到一个斯德哥尔摩的旅馆，而那里却"无法接纳他的创伤"。[30]最终他不得不穿上军装，随即又通过关系把自己调到赫尔辛基，此后于1940年3月去到美国，汇入反战的声浪。恰在这个时候，很多朋友第一次发现他个性中深刻的矛盾。

为了远离险境，阿尔托在美国安排了一系列演讲，以展示芬兰的魅力。[31]然而恰在1940年3月他到达美国的时候，一个和平协议经过斡旋被通过，他随即调整自己的工作重心，转而为芬兰重建寻求帮助。尽管在1940年阿尔托受命作为MIT的客座教授，在为祖国募集资金方面他却收获甚微。包括玛丽亚·古利克森（Maire Gullichsen）◆在内的朋友去信恳请他回芬兰，起初他置之不理，最后终于在1940年10月受命回国，"回到自己的岗位上"。[32]他在政府信息中心（主要是一个宣传机构），为自己找到一个职位，此后又把注意力转向一本题为《人性的一面》（*The Human Side*）的期刊。在这里他汇集了众多良师益友，诸如格罗皮乌斯、赖特、莫霍伊-纳吉、路易斯·芒福德（Lewis Mumford）和卡雷尔。[33]尽管后来在杂志方面并无更多建树，但这也见证了极权主义时期他重兴讨论之风的尝试。

希尔特认为在战争年月，阿尔托的经历就是一系列的失败。战争所引发的令人绝望的现实似乎压制了他，阻碍了他能力的施展与创造性的发挥。评论者曾把阿尔托这一阶段的职业描述为一个"保守的"时期。[34]作为宣传工作的一部分，他撰文论及本土建筑的纯洁性，那种有机主义者（organicist）的论调近乎纳粹建筑师的观念，例如提倡"民族风设计"（Völkisch designs）的维尔纳·马尔希（Werner

March）◆。[35]那段时期恐惧几乎吞没了他，阿尔托对于自然以及生长过程的兴趣日渐清晰；这与其说是政治上的一时权宜，不如说是解释了他何以倾向于纳粹的意识形态。

出于对恩斯特·诺伊费特（Ernst Neufert）◆◆标准化方案的兴趣，1942年阿尔托邀请他来到芬兰，当时芬兰还有纳粹驻军。阿尔托在MIT短暂逗留期间，曾讨论过机械标准化与高品质建筑的关系，而今他通过与这位德国人的接触，只为在赫尔辛基继续讨论——以这种方式他与意识形态上势不两立的敌方取得了联系。

勒·柯布西耶跟几个工团主义的同事一样，曾一时兴起，却又不成功地与维希政权（Vichy regime）◆◆◆逢场作戏，这也使他的名誉受损。奥古斯特·佩雷也试图为维希工作，但旋即加入抵抗组织，这让他保住了战后几个重要的设计合同。值得注意的是，勒·柯布西耶没有像老同事佩雷和夏洛特·佩里安（Charlotte Perriand）◆◆◆◆那样参加抵抗组织。在维希火中取栗的经历，使得勒·柯布西耶能在战后的岁月里按照自己的想法安静工作，潜心绘画。在此期间他曾随意地接触过自建住房的理念，尝试解决居住问题；而这一时期他也曾严肃认真地关注全球一体化问题。

战后，伴随他们事业的再度缓慢复苏，更大的打击分别落在勒·柯布西耶与阿尔托身上。伊冯娜日益受到慢性胃炎的折磨，并因骨质疏松而行动困难；而艾诺则很快被诊断出罹患癌症，手术已无法治愈。

◆维尔纳·马尔希（1894—1976年），德国建筑师，曾在德累斯顿工业大学与柏林的夏洛滕堡技术大学学习，于1923年毕业。第一次世界大战期间，他曾当过兵，并最终成为军官。第二次世界大战之前，他是格罗皮乌斯在魏玛包豪斯的助手。在第二次世界大战中他受雇于威廉·卡纳里斯海军上将的国防部，是希特勒的建筑师阿尔伯特·斯佩尔（Albert Speer）的密友。1936年，他被授予柏林和慕尼黑艺术学院教授的称号。
◆◆恩斯特·诺伊费特（1900—1986年），德国建筑师，沃尔特·格罗皮乌斯的助手，各种标准化组织的教师和成员。
◆◆◆指纳粹在法国建立的傀儡政府，曾于1940年7月至1944年8月期间接替第三共和国政府。
◆◆◆◆夏洛特·佩里安（1903—1999年），法国建筑师和设计师。她的工作旨在创造功能性的居住空间，相信更好的设计有助于创造更好的社会。

节节败退的抵抗与更高的存在
Retreating Resistance and the Higher Existence

尽管勒·柯布西耶与阿尔托在政治上一事无成，缺乏"政治实力"（realpolitik），却都不会在建筑的信念上有所妥协，因为这是他们创造力最基本的施展途径，甚至是他们命之所依。由于在战争期间更有机会接近许多人维持基本生存的现实体验，事实上，他们对居住本质的认识越发深刻了。或许他们思想的一个局限在于，谁都不愿意应对战争的悲剧，都不愿意以对待艺术那样的道德严谨来应对更大范围的世界。然而在战争期间，他们都成功地发展了自己的居住理念，甚至也准备好，假使战争结束时无法真的赢得设计合同，至少也能激起一场争论。

与勒·柯布西耶一样，阿尔托所依靠的首先是自己的事业，其次是妻子。伊冯娜与艾诺比公众更宽容，公众厌恶环绕在这些现代主义"大师"周围神一般的光环。战争见证了他们建筑王国的崩塌，也见识了试图维持他们影响力的诸多手段。而他们个人王国的崩塌则激发出更深层的心理策略。

原始冥想抑或现代介入：
作为精神领地的私人归宿
Elemental Meditation or Modern Mediation:
Personal Retreats as Places of the Soul

勒·柯布西耶与阿尔托都有一个期待，也就是那些家庭的、社区的甚至是商业的世俗生活，加上有益的宗教，都能与他们形而上的现实想法共处——对这一期待的求索，无疑跟他们被动生活的压力交织在一起。而与此同时，他们也存在着从物质与形而上两个方面退隐的需求，这作为二人求索的一种表现，在各自选择钟爱的自然场景构筑隐身之所时达到极致。分析他们在马丹角与莫拉特赛罗的退隐之所，可以揭示他们对于居住观念的态度；更可以看出在个人危机的这一时期，他们对神秘主义与自然的态度。

两处场所都仅有一条小径通往建筑，但由于它们都构筑在水边坡地上，用船便可抵达。当然，芬兰中部的地理环境又与地中海的自然王国迥然不同。

马丹角的生与死
Life and Death at Cap Martin

如果栖居之处是神圣空间，那么对于勒·柯布西耶来说，没有哪一处比得上他在地中海岸边马丹角建的小木屋。如同朗香教堂一样，这是一个疗愈、调理的场所，一个抱持性环境，只不过这一次是基于明确的个人尺度。

1951年12月30日坐在马丹角的海滨之星咖啡馆，勒·柯布西耶创作了他的小木屋（图5.1、图5.2），作为送给重病妻子的生日礼物。当发现她逐渐病入膏肓，他对笑声与欢乐再无期待，也不愿提及她的处境。[36]伊冯娜在1957年痛苦地死去，勒·柯布西耶因此方寸尽失，继之而来的是1960年的丧母之痛。

据伊冯娜的医生雅克·辛德迈尔（Jacques Hindermeyer）的记录，"她最后几年无法活动……一次去到马丹角，她不得不让人用独轮车沿着小路送至小木屋；那是唯一的办法"。[37]对勒·柯布西耶来说，沦落到如此有损个人尊严的状态完全无法接受。他曾对一位采访者透露："在我的小木屋里感觉如此美妙，无疑我将在这儿终了此生"[38]，他

◆这里是一个双关语，既可意为"再次创造"，也可解释为"消遣、新生"。

最终果然实现了。这个小小的房子不仅是一个隐退于自然的场所，更是他退守至生命终点的一处所在。勒·柯布西耶觉得依照逻辑他不应怕死，不应忌惮完全沉浸于终极的自然。然而他的文章，特别是"调节焦点"，作为他的"临终遗嘱"（Final Testament），又不免透露出他的不坚定——某种介于"一件美妙的事情"与一桩不公的"荒诞"之间的感觉。[39]

马丹角享有典型的地中海气候——冬天温暖，夏季炎热。构筑小木屋的这片山坡比较干旱，以岩石为主，即便有一些土壤，在一年中的大部分时间也是干燥的。在这里他找到一处与大自然平静和谐相处的所在，身处其中令他充满创造力，1911年在阿托斯圣山（Mount Athos）他曾感受过这种新生（recreate），并曾试图在居住单元联合体中为他人再度创造（recreate）◆："僧侣的小单间……隐蔽的花园……无边的美景……静听内心的私语"。这是一处被"不一般的和谐体验"所统摄的境地。[40]马丹角提供了一个纵览建筑师毕生作品与个人宇宙的全景视角。在这片天地，他寻求接受"孤寂与安宁的疗救"。[41]

世俗中的一方神圣

Squaring the Sacred with the Secular

尽管勒·柯布西耶一直声称瞬间完成了这个简单居所基本想法的构思，然后花了45分钟画出最终形态[42]，但实际上那些细部是此后在5位同事［包括让·普鲁韦（Jean Prouvé）和夏尔·巴伯里（Charles Barberis）］的帮助下，花了相当长一段时间在事务所里共同谋划完成的。[43]这种对于历史的轻微篡改非常重要，凸显了勒·柯布西耶希望表明在这个特别的项目中存在某种原型。

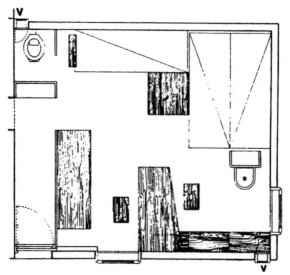

图5.1

图5.1

小木屋平面图，勒·柯布西耶，1951—
1952年

（引自：Le Corbusier and Jeanneret,
Oeuvre Complète Volume 5.）

图5.2

小木屋，马丹角，勒·柯布西耶，1951—
1952年

（前两幅引自：Le Corbusier, *My Work*,
London: Architectural Press, 1960, p.156；
后四幅为译者拍摄）

图5.2

勒·柯布西耶打算在山坡上建"一间小屋"，为此他跟山坡的所有者，也就是咖啡馆老板罗伯特·雷布塔托（Robert Rebutato）谈判，辩称在那里可以监督为他设计的罗克与罗伯（Roq et Rob）度假公寓项目的建造过程。而这5间极度简化的"营地单元"（Unités de Camping），于1957年被证实是他自己的小木屋的简单预演。

小木屋坐落在距海面二十多米高的岩石上。最初计划有两人就寝的空间，外加基本的卫生设施，还有一处室外的夏季起居空间；设有一张书桌，以欣赏摩纳哥以及周边海滩和马丹角的景致。[44]此后平面被分为两部分，一个简单的二人居住空间［小木屋（Cabanon）］，于1952年建成，以及相距仅15米之外，1954年加建的一个更为简单的工作间（或称作chamber de travail）。它象征性地从那片业已具有格言意味的（aphoristic）居住空间悄然离去，寻求更深远的孤寂之处，且与环境的结合更为紧密，翼然临于悬崖之际，变成一个神殿模样的棚舍；一条小径连着两处空间。

现代的谦逊，还是隐修？
Modern Modesty or Monasticism?

以原木构筑的这个项目表面上简单质朴；然而，除去那些设施的基本属性，质朴并不意味着粗鄙，甚至在比例与布局的概念层面更为精美，表明设计中真正重要之处。

在第4章中可以看到，勒·柯布西耶将建筑视为某种"线条的媾合"[45]，那是介于阳刚与阴柔"朦胧"元素之间的几何性对抗。因此，他选择以如此方方正正的形式创造小木屋，不免令人感到好奇。而与其本身形成对比的是，自然的有机曲线在周围的景致中无处不在；甚至还出现在勒·柯布西耶借以装饰室内墙面与顶棚的壁画中，那些大多是女性胴体。[46]

受制于空间，勒·柯布西耶不得不挑战功能分区的观念（图5.1）。小木屋被当作一个功能性整体，仅以少量必要的家具限定空间。这个小房子成为了一个契机——使用模度理论以产生实用功能的最小居所，它以3.6米见方的室内尺度作为表现手段（application révélatrice）。[47]作为这种实用性的一个例证，通过对通风设备（aérateur）的使用，表现出勒·柯布西耶对良好空气循环的重视。[48]

当平面被划分为基本的外墙与隔墙，室内外关系的复杂层级渐趋明朗。平面之中与周边元素的旋转布局作为一个重要策略，关联起拜占庭的十字平面教堂，甚至回溯到毕达哥拉斯与维特鲁威；利用马蒂拉·吉卡20世纪30年代的研究，勒·柯布西耶的基本理想之一不断具体化。它将勒·柯布西耶的创作置于古风之列，使其信条安驻于古时的空间之中。这也意在表明，结构与建造的细部应当是隐形的，它们不应妨碍人们对主旨精髓的理解。

它的超凡特征也必须与功能性的用途结合，以确保人们可以实际使用如此具有典型性的空间。[49]布鲁诺·强布雷托（Bruno Chiambretto）认为这非但没有贬损最初的概念，反倒成为其确证。[50]勒·柯布西耶对几何主题的严谨态度，可以从他为确保小木屋的建造达到精确的比例所作的努力中看出来。事实上，勒·柯布西耶认为依据模度来建造小木屋，它将变得熠熠生辉，与自然和谐相处，并对所有居于其中的人产生有益的影响。

真正的根源
Authentically Rooted

在马丹角上，勒·柯布西耶试图创造一所能得体地与自然肌理贴合的建筑。构筑模度比例的几何体系，大都源自古希腊的理念，小木屋也需要与生俱来的地中海气息。这番景象在强布雷托笔下，是要"将新旧结合，呼应着基地、天气、植被、景致以及当地的传统"。[51]他想构建一处场地，至少从建筑的三个面能看到风景，以此营造一个轻质的木构作品，轻快地触及大地。以木材建造的方式，他暗示了作为建筑之根的"原始"棚屋，一个在他的作品中反复回响的主题，最突出表现在埃拉祖里兹别墅（Maison Erràzuriz）的设计方案中。[52]而奇妙的是，小木屋也会让人想到瑞士山区的木屋（chalet），并因出离于这个由石头和混凝土建筑所构成的环境肌理之外，而备受争议。

勒·柯布西耶诠释自己的神秘血脉通过某种模糊的家庭关系与清洁派有所关联，从而相信马丹角是以某种方式与祖先根脉相连的一处"别业"（pied-à-terre）。柯蒂斯认为，在那里勒·柯布西耶可以成为一个"高贵的野蛮人"（noble savage），在地中海之间逍遥度日，"同时拥抱着古风之爱与某种光明的异端……追寻神秘的古典景致，转译为现代的语汇"。[53]他无比景仰新石器时代的艺术，正如那些创造者一样，勒·柯布西耶用最基本却意味深长的作品——他自己的手印——装饰小木屋。从照片中也确实可以看到，勒·柯布西耶裸着身子，坐在祭坛似的桌边工作，昭示着古风与异端的强大融合。这些图片可与阿尔托在蒙基尼米（Munkkiniemi）自家露台上裸身运动的不少轶事相提并论。对于因病跛脚的伊冯娜而言，这所房子是否足够舒适暂且不提，然而勒·柯布西耶认为那个场景中神秘的丰富内涵是他所能提供的一剂良药，他相信人类的本质需求，那是对孤独、质朴以及与自然之间精神联系的需求，那些联系，或许借由每天在大海中进行的近乎仪式性的清洁活动保持着——理解到这些至关重要。[54]

自然得体的介入
Naturally Considerate Interventions

在《自选集（1960年以后）》（*My Work: From 1960*） 中勒·柯布西耶指出，"有机"（fresh）的灵感启发了小木屋的设计。在几幅照片与一小段关于小木屋的描述之前，是两页依据心肺解剖图对其建筑理论所作的诠释，还包括与之相关用枝、干与根组成的一棵树的复杂系统。[55]他以8幅照片图解小木屋本身，第一幅展示的就是建筑师正走向岩石后的海滩，投入他仪式性的沐浴（图5.2）。然后是另外那座小房子的一些细部，以及一幅海岸的壮丽景象。对勒·柯布西耶而言，两所小房子是一个"密不可分的整体""建筑与规划=钟爱的场所、交流、景致（包括内外）、通风（空气持续更新与恒定的温度）"。文字的最后是一句反讽意味的点评"以此构筑一个房子是无法通过规范的"。[56]这展现了勒·柯布西耶的愿望，在这个小房子里表达客观存在的建筑基本原则，它很自然地成为探求建筑学更深层次、使生命更多样的玄妙本质的途径。他在小木屋度过的时间越来越多，直到1967年心脏病发作，那一刻他恰在自己钟爱的大海里。

莫拉特赛罗与记忆的和解
Muuratsalo and the Mediation of Memory

阿尔托的试验住宅，最初被他称作在莫拉特赛罗的夏季住宅，同样源自生死之间的剧烈纠缠。项目构思于1952年，在艾诺因癌症猝然离世3年后，此时他正准备重建自己的生活。来自朋友与家庭的证据一再表明在这场变故后他所遭受的创伤以及随后消沉的程度。[57]阿尔托无法安稳，他工作不多，旅行却不少，还大量饮酒。痛失了艾诺母亲般的鼓励与支撑后，阿尔托试图使自己振作，从创造力萎靡转回聚精会神、活力充沛，于是他投入赛于奈察洛（Säynätsalo，又译作珊纳特赛罗）城镇中心项目中——或许由于这里靠近于韦斯屈莱，那个他自幼生活的地方，在那里初次创业，与艾诺结识并相伴。然而值得注意的是，这个时候的阿尔托正在寻找一个新的守护女神，能指导并支持他的另一个母亲角色，与之相伴可以在创造的天际翱翔。正是在城镇中心项目期间，他开始与年轻的助手埃莉萨·梅基涅米交往，这将他从悲伤与失落的"裂隙"中拖拽上来。

从埃莉萨那里，阿尔托找到了希望与足够的保障，引领自己重新开始构建世界。在赛于奈察洛不远的莫拉特赛罗小岛上，他们一起找到一片具有超凡魅力且未被破坏的湖岸地段——一个巨大的花岗岩岛屿温柔地从芬兰中部的派延奈湖中浮起，被一片桦树与松树混生的林木遮蔽，下面是麻面的岩石，上面草木繁盛，铺满了浆果灌木、菌菇与蕨类植物。正是在这样的地方，他着手构建自己的夏季住宅。

正如勒·柯布西耶在马丹角那样，阿尔托也希望莫拉特赛罗成为一个在自然场景中放松惬意又能激发灵感的工作场所。混合着犹在空中的衰亡味道，与某些细部所弥散的古旧陈腐之气相应和；尽管如此，这里却依然得体地实现了一个新的开始。令人啼笑皆非的是，尽管阿尔托渴求与人接触，勒·柯布西耶则喜欢独处，而这个芬兰隐身之所享有的某种程度的隔绝，却是如今熙熙攘攘的地中海岸边所无法想象的。

自然追求文化
Nature Courting Culture

阿尔托的试验住宅本是一处隐身之所，由简单的生活起居房间形成一个砖墁庭院的相邻两边，第三边由一堵高高的透空砖墙围合（图5.3）。第四条边大部分开敞，而两端以短墙回转，暗示着某种程度的围合与保护。这些高耸的外墙面围着室外生活空间，而空间又延伸至精心打理的庭院以外，走过花岗岩巨石，下至水边，那里有几处设施，如小小的码头，带领人们进出这一佳境。

庭院平面让人联想到两个历史源头：风土农庄的围墙以及罗马庭院。尽管他是一个具有十足前瞻目光的芬兰人，却不难看出阿尔托理解并喜爱风土的形式与布局，懂得丛林屋舍背后的深层逻辑，故而常将其中的某些逻辑与细部融入他的现代设计之中。

建筑基地是方形的，远离湖岸，周围的生活空间仿佛以螺旋形布局，耸立在光滑的花岗岩巨石的最高处。随着季节的变幻，房子也时而内向时而外向。它与自然的关系由庭院进行调节；庭院居中有一个下沉的灶坑，凸显了人类与自然关系中最古老的活动（图5.6）。阿尔托曾写道："整个建筑群被天井中间燃起的火光统领，从实用与舒服的角度看，它具有与篝火相同的作用，火的光焰投射在周围的雪堆上，彼此辉映，营造出一种愉悦且近乎神秘的温暖感。"[58]

在第4章我们曾提及阿尔托的"从门阶到居室"，而这个项目的构思表现出那篇文章所探求的诸多原则。[59]夏天时庭院成为一个被充分使用的"室外房间"，满足芬兰人"直接触及外部世界之美（夏天外向的面孔）"的需求；它也可以成为"转向内敛而在室内设计中所见到"的一副"冬季面孔"，强调"我们室内空间的温暖"（一种在阿尔托的作品中变得如此寻常的室内景观）。[60]阿尔托在这里使用真实天空（图5.4），而非创造出意念上的相似物——正如他在维普里或其地方所构思的，利用独创的屋顶天窗系统象

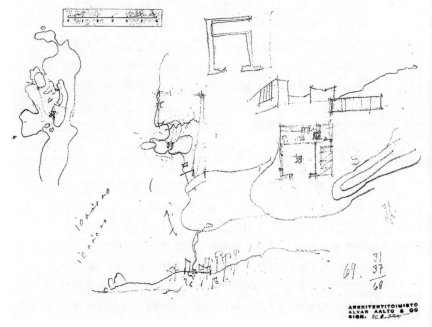

图5.3

图5.4

图5.3

夏季住宅设计草图，莫拉特赛罗，阿尔
托，1952—1953年，纸面铅笔

图5.4

夏季住宅木栅与庭院景致， 莫拉特赛
罗，阿尔托，1952—1953年

（译者拍摄）

征性地再造天空（图6.2）。作为一个受季节限制的空间，当使用庭院确实过于寒冷时，还能视觉性或象征性地栖身于此，它宛如介于温暖室内与寒冷室外之间敏感的屏障，一个用以转换的场所，一个防御性的空间，恰如风土的牲畜围栏，被几间茅舍和篱笆环抱。[61]对阿尔托来说，"花园围墙"就是"房子的外墙"（图版7）。[62]

庭院的西侧墙面局部是居住空间的外墙，却延伸为具有神圣意味的构件——它变作白色木栅的屏障，宛如周边那些树丛过滤着天光（图5.4）。它代表着遍植于基地周边、在芬兰民间文化中神圣的白桦林，作为某种象征性的界面，同时表达着家的环抱与丛林围合的现实，跨越物质与形而上的领地。它甚至呈现某种丛林崇拜的异教仪礼，记录在重复书写的羊皮纸卷上。于是这面屏障兼作"倾颓"的砖墙（镂空部分）与"生长"的林木（格栅部分）。墙体的回转形成庭院的第四条边界，其中大部分空缺，留待此后由大自然来完成这个围合。这里形成了一个内在的氛围，昭示着变化进程中的某种必然。木栅的片断肌理切分或拉伸着房屋形态，正处在走向倾颓抑或生长的蜕变进程之中。阿尔托是个大师，擅长将形态的直觉与形而上的内容具体化。

主要房间看起来像是某种传统的多功能"图帕"（tupa）◆空间，其中有一个开敞的火炉，一个构筑在屋顶最高点之下的小型阁楼工作室。建筑两翼交会处是一间小小的厨房。经由一条甬道院回廊般面对庭院的廊道，可以到达简朴的卧室与卫生间——在这里，或是敞开户牖让阳光洞彻其间，或是门窗紧闭以抵御严寒。

经由建筑后面的一扇门可将人引导至客房，在它背后是几间独立的木质棚舍（图5.5）。这片区域以原木构建（是主体建筑完工后添加的），为那个复合功能的房子续上了一条

◆这是芬兰的一种传统起居空间，以壁炉为构成要素，存在于住宅的主要房间，特别是在农舍或老房子中。
◆◆芬兰语，指坚固的粮仓或其他农场仓库，用以存放相对有价值而体积不大的各种物品。

重要的"尾巴"，锚固在岩石上，点缀出山形轮廓，而那岩石也构成基地的一部分。尽管规划中最后的居住棚屋并未建成，但从宅邸似的建筑一点点变作木屋茅舍，似乎是由文明过渡到自然的另一种象征——建筑客观上根植于丛林之境，同时也隐喻其文化根基。

存在与实验：近乎自然的存在
Existence and Experiment: The Proximity of Being in Nature

这所房子兼具质朴的结构与形式，局部使用了城镇中心项目废弃的砖建造。从外面看，它具有某种地中海山巅修道院一般涂白的外观（图5.4）。阿尔托貌似宣扬文明化的人对自然的支配，而同时引发某种对泛神论的诉求，在自然的伟力之中为弱者祈祷。从内部看，庭院具有"一件旧的粗花呢外套"[63]或破旧挂毯的感受，正如五十多片砌砖实验的墙面区域，散发着温暖、古朴的田园气息，却也赋予肌理以某种不确定甚至迷乱的意味（图版7）。

在莫拉特赛罗，阿尔托不仅实验砖的类型与配置，还尝试使用一种古老的花岗岩巨石基础体系（图5.5），甚至试图在冬天通过泵送方式，利用湖水中蕴藏的太阳能为房子加热。对此他曾描述，"亲近自然可以获得鲜活的灵感，不论形式还是建造"[64]，这表明他对技术逐渐产生了兴趣，却总是试图将这种进步与人类脆弱的体验进行对比。

桑拿房也是基地中一个引人入胜的木构实验（图5.6）。在这里阿尔托借用圆木的风土语汇，却独创出一种新的形式。尽管看上去像是传统的aitta◆◆仓房构筑物，这个小房子却呈现出略偏三角形的平面。通常圆木都会被切削成一致的直径，屋顶坡度通过其他方式实现，但此处设计的清晰性表现在将所有逐渐变细的松木依相同的方向叠置，其结

图5.5

图5.5

夏季住宅客房与储藏室景致，莫拉特赛罗，阿尔托，1952—1953年

（译者拍摄）

图5.6

阿尔托走出桑拿房，莫拉特赛罗

图5.6

第 5 章
自然之谜与生命之痛：马丹角与莫拉特赛罗

果形成了一个和缓的单坡顶。这座傲立湖畔的小建筑以四块简单的圆石作屋基，草皮覆顶，一间小小的更衣室里是一个真正的烟熏桑拿◆。

幻灭与新生
Death and Becoming

阿尔托也曾明确表达提供"有意识地呈现废墟般"环境的想法[65]，使人领悟那种"幻灭与新生"的意境，这也在他的夏季住宅创作中付诸实施。而阿尔托这样的做法也将文化与自然之间本属未来的调和提前呈现。确实，阿尔托似乎表明建筑学必须通过对古代形式中辉煌表现的提前介入来赋予其岁月感。例如他有目的地引入植被，以填补诸如圆形阶梯剧场中残缺的形式，将历史感带入这些作品（图4.10）。这是一种创造，一种形式上被废弃的历史参照与自然力量之间跨越千年的视觉对话，它会使这类废墟似的形态彰显出自然与人造环境之间的和谐，同时也意味着这些范畴间的对话。阿尔托还通过形式上房屋对岩石的顺应来谋划这种对话，例如在墙面与花岗石交接处，石灰粉刷或砖墙都会变成花岗石的样子，或如考图阿（Kauttua，图版25）和奥坦尼米（Otaniemi，图版8）的项目那样，建筑沿着石头逐级向上。

从阿尔托的角度这可以被解读为弃置或重新占据，正如文明的衰退、雕塑的堆积或形态的生长。或许这也代表对阿尔托的怀疑论从形式上的某种转译，以及他鼓励对建筑与生活多义解读的倾向；当然偶尔也带有"彻头彻尾的非逻辑性"。[66]例如出现在赛于奈察洛城镇中心与奥坦尼米大学（图版8）的建筑主体背后野草蔓生的木质台阶，可能代表了最简单的台地构筑技术——将泥土回填到木板框内以形成踏步，抑或一处杂草丛生的古典圆形剧场废墟（图4.10）。与此类实例相伴的是包含在建筑中的多种创作角逐：生长

◆这是一种传统的芬兰桑拿方式。通常用木柴加热封闭桑拿房中的空气，然后打开气窗散去部分烟气，同时进入其中利用余热薰蒸身体。

与衰亡、光明与黑暗之间的对抗，恰如宫殿与广场之间的古典剧目。[67]这些来源于亲近自然的现实生活，而这些主题依稀回响着泛神论的某些东西，那些东西至今仍点染着芬兰人的生活（图5.7）。

波尔菲里奥斯曾在阿尔托的作品中挖掘出与18世纪"如画"（Picturesque）运动相关的内容，那种对废墟的痴迷，以及为自然赋予美学和伦理价值的理念。[68]然而，阿尔托对于这类象征的运用也根植于丛林生态的经验，在其中生长与衰退都是常理——这个他所赖以不断自我安慰的事实，却带给他对于死亡的深深恐惧。[69]

这个庭院似乎也表现出对于建筑与自然之间和谐关系的信念，其核心是对衰败与死亡的接受，但这似乎无法被他的意识自我（conscious self）所接受。在这个信念体系中，自然的生长过程始终作为主宰，而对这个信念体系的强行植入，或许已成为触及生死真谛的某种至关重要的途径，却无法直接触及那幽深的裂隙。

在创作领域，阿尔托煞费苦心地将和谐与自然联系起来。在莫拉特赛罗，当他被那从形式上象征性的古雅结合所带来的安全感深深吸引时，还要面对自己的脆弱——那便是要接受自然变迁具有不确定性（precariousness）的世界观。由此我们获得他采用生长意象的部分解释，那使他与旁人都触及某种程度上直觉的浪漫主义，或许就他而言也回避了对心理领域关注的确切缘由。阿尔托很少阐明他对神秘事物的看法，但其作品里始终存在代表生长过程或归宿的象征元素（换句话说，那些引向终极目标的过程）。他也将这些与表现在废墟、遗迹或腐败（如促进长青藤生长与蔓延）元素中的"后目的性过程"（post-telic processes，如开花结果后香消玉殒的衰败过程）相关联。以这种方式，

图5.7

图5.7
灶坑火堆旁的阿尔托，莫拉特赛罗，约
1960年

阿尔托经常有意识地在自己的建筑中引入古典文化的遗迹或残余片断。[70]生长侵蚀的状态并非悲观主义的象征，因为它寓意着反复从腐殖质土壤中萌发的丰饶，以及对于自然更新循环的某种信念。

小结
Conclusion

马丹角上清贫的欧几里得式棚屋，因其纯净与泰然，以及从周边环境中汲取的一切而变得丰饶。勒·柯布西耶相信在自然场景中，生活应该包含柏拉图空间的内在本质，并且作为他深挚的期待，这也可以被那些集合住宅中的人共同享有，正如我们将在第8章讨论的。他曾试图将这种与自然的神秘结合融入现代主义，这将在第7章与第8章讨论的房子中得到展现——它们在当时以至后来都被大量误读。

阿尔托则在莫拉特赛罗表明他的决心，引领现代建筑以恢复"场所"，但这与他的观念密不可分，那就是所有的建筑必须反映人类体验与"精神需求"的自然本质。[71]自然场所与人类需求对阿尔托而言是同构的——通过二者在其世界观中的强势地位，以及在建筑形态与自然环境关系中的复杂、精妙之处，这一点在莫拉特赛罗得以充分表现。正如他能同时应对局部与整体，他的住所也会受益并反哺于自然王国。

科布曾提出某种通过创造性的事业而象征性地重塑自我过往（the past of one's self）的途径。[72]在为两处小小的自身隐退之所工作时，勒·柯布西耶与阿尔托也同时在反复修炼内在自我。在温尼科特的论述中，这两处小房子充当了他们的抱持性环境，成为个体得到庇护并重获新生的场所。假若被问及可否为公众精神的重振而创造一个此类环境时，建筑师会如何应对，这是我们下一章将要讨论的话题。

在马丹角与莫拉特赛罗，对于住所与自然关联的需求，两位建筑师分别表明了自己普遍而又执着的信念。他们全神贯注于创造、甄别形式上和象征性的方法，以实现这样的关联。而本质上，这是为日常生活寻找精神寄托（metaphysical sustenance）。

注释

[1] Le Corbusier, 'Mise au Point', in I. Žaknić, *The Final Testament of Père Corbu*, New Haven: Yale University Press, 1997, p.100.

[2] Le Corbusier, *Sketchbooks Volume 4, 1957-1964*, Cambridge, MA: MIT Press, 1982, sketch 506.

[3] Quoted in C. Jencks, *Le Corbusier and the Continual Revolution in Architecture*, New York: Monacelli, 2000, p.191.

[4] G. Schildt, *Alvar Aalto: The Mature Years*, New York: Rizzoli, 1992, p.301.

[5] 希尔特以这种表达方式描述阿尔托的工作模式。Ibid., p.220.

[6] 例如，阿尔托的女儿汉尼·阿拉宁曾说过，当她想学习护理时就曾遭到父亲的阻挠，那段时间父亲也不与她说话。E. Tuovinen (ed.) *Technology and Nature*, New York: Phaidon Video, PHV 6050.

[7] 勒·柯布西耶的父亲在日记中一再担心儿子的健康。H.A. Brookes, *Le Corbusier's Formative Years*, Chicago: University of Chicago Press, 1997. 在1920年12月写给里特尔的一封信中，勒·柯布西耶讲起自己听说年轻人在一段热情时期后，会经历一段抑郁。他请里特尔对此给予解释或提供治疗方法。Letter Le Corbusier to Ritter, December 1920, FLC; quoted in J. Lowman, 'Le Corbusier 1900-1925: The Years of Transition', unpub. PhD thesis, University of London, 1979, p.42.

[8] 洛奇援引1910年勒·柯布西耶陷入哲学危机时直奔德累斯顿的事，例证兄弟俩的亲密关系。J. Loach, 'Jeanneret Becoming Le Corbusier: A Portrait of the Artist as a Young Swiss', Book Review, *Journal of Architecture*, 5, 2000, pp. 229-234.

[9] Letter Le Corbusier to his mother, 16 December 1954, Fondation Le Corbusier, 以下简称FLC, R2 (2) 96.

[10] Le Corbusier, postcard to Ritter, 14 December 1910, cited in Brookes, *Formative Years*, p.245. (Trans. by Mary Kalaugher and Meg Parques.)

[11] Ibid., p.234.

[12] Le Corbusier to Hugues Desalle in 'The Final Year', last recorded interview, 15 May 1965, Paris in Žaknić, *Final Testament*, p.122.

[13] Le Corbusier, 'To my Brother', in Ivan Žaknić, (ed.) *Journey to the East*, Cambridge: MIT, 1994, p.4-5.

[14] Le Corbusier to Henry Pessar in 1965, in Žaknić, *Final Testament*, p.67.

[15] Schildt reports this in *Mature Years*, pp.306-307. 尤哈尼·帕拉斯马竭力否认希尔特的指责，在1998年的私人通信中，他向萨拉·梅宁表示那些没有任何依据。罗杰·康纳（Roger Connar）研究了阿尔托受到这种抵制的本质，参见：R. Connar, *Aaltomania*, Helsinki: Rakennustieto, 2000.

[16] D.W.Winnicott, 'The Capacity to be Alone', in *Maturational Processes and the Facilitating Environment*, London: The Hogarth Press, 1965, p.34.

[17] A. Storr, *The School of Genius*, London: Andre Deutsch, 1988, p.21.

[18] 这在萨拉·梅宁未出版的博士论文中有深入分析，参见：S. Menin, 'Relating the Past, Sibelius, Aalto and the Profound Logos', unpub. PhD thesis, Newcastle University, 1997.

[19] Aalto, in letter to Aino, undated; repr. in Schildt, *Mature Years*, p.130.

[20] 希尔特曾提到建筑师朋友斯文·马克柳斯的妻子瓦奥拉·马克柳斯（Viola Markelius）忆及自己与阿尔托的恋情，并说："在这本传记里，她代表了阿尔托一生中遇到的诸多女性，他与她们分享生命的热情，她们保留着关于他的温暖回忆。" G. Schildt, *Alvar Aalto: The Decisive Years*, New York: Rizzoli, 1986, p.52.

[21] S. Menin, 'Relating the Past: the Creativity of Sibelius and Aalto', *Ptah* (Alvar Aalto Foundation), 1, 2001, pp.32-44.

[22] Le Corbusier, letter to L'Eplattenier, 22 November 1908, cited in Brookes,

Formative Years, p.153.

[23] Le Corbusier, *Precisions on the Present State of Architecture and City Planning*, Cambridge, MA: MIT Press, 1991, pp.17–18.

[24] 也可参见: M. Bacon, *Le Corbusier in America*, Cambridge, MA: MIT Press, 2001, p.121.

[25] T. Zinkin, 'No Compromise with Le Corbusier', *Guardian*, 11 September 1965.

[26] Jencks, *Continual Revolution*, p.194.

[27] 在前往挪威的旅途中, 一位女同事与阿尔托在一起调情, 艾诺·阿尔托后来把她从车上赶了下去。Schildt, *Decisive Years*, p.64. 艾丽莎回忆说: "在通常意义上讲, 他可能无法绝对理想地胜任'丈夫'这个词, 但他确是一个异常温暖的人"。Tuovinen (ed.) *Technology and Nature*, (video).

[28] Jencks, *Continual Revolution*. p.194.

[29] Letter, Trouin to Le Corbusier, 29 January 1958, FLC 13 01 143.

[30] Schildt, *Mature Years*, p.14.

[31] 阿尔托还建议由他来举办曾在赫尔辛基展示一周后关闭的住房展, 并允许他采用新的有利于芬兰的资料重新装饰他的纽约世博会场馆。

[32] Telegram to Aalto 8 October 1940. Alvar Aalto Foundation, 以下简称 AAF.

[33] Draft outlines of 'The Human Side' are in AAF.

[34] K. Jormakka, J. Gargus and D. Graf in *The Use and Abuse of Paper*, Datutop 20, Tampere: Tampere University, 1999, p.27.

[35] 约尔马卡、贾格丝和格拉夫三位作者认为, 这个"卡累利阿主义"时期可以说从玛丽亚别墅 (1937—1939年) 跨越他作为一个宣传家的时期, 以及诸如"卡累利阿的建筑" (1941年) 这样的文章, 包括

1944年特维斯博别墅 (Villa Tvistbo) 在内的未实现设计, 一直到1945年返回麻省理工学院。Ibid, pp.26–28.

[36] Dr Jacques Hindermeyer cited in Žaknić, *Final Testament*, p.65.

[37] Ibid.

[38] Le Corbusier, interview with Brassaï. Ibid., p.66.

[39] Ibid., p. 61.

[40] Le Corbusier, 'Unites d'habitation de grandeur conforme', Paris, 1 April 1957, FLC U3 07 176, cited in Žaknić, *Final Testament*, p.64.

[41] Le Corbusier to Prof. Renato Gambier, Venice, 16 June 1965, FLC G3 07 197, cited in Žaknić, p.63. 扎克尼奇讨论了勒·柯布西耶通常对于独处的偏爱 (pp.43–44), 并且引用雅克·辛德迈尔的回忆, 伊冯娜在生命最后几年因病隐退, 于是给勒·柯布西耶"更多的时间投入自己的创造性工作", p.61.

[42] Le Corbusier, *Modulor 2*, London: Faber, 1955, p.239.

[43] B. Chiambretto, *Le Corbusier a Cap Martin*, Marseille: Editions Parentheses, 1987, p.33.

[44] Ibid., p.38.

[45] Le Corbusier, *Le Livre de Ronchamp*, Paris: Les Cahiers Forces Vives, 1962, p.146.

[46] 在勒·柯布西耶作品集中的一幅小木屋图片里, 一个横幅画作展现了各种女神的灵魂形象变体。她们的曲线呼应着上面木材的纹理, 从某种程度上想必是有意为之。Le Corbusier, *Oeuvre Complete Volume 5, 1946-1952*, Zurich: Les Editions d'Architecture, 1995, p. 62.

[47] Ibid.

[48] 排风扇成为所谓的"波状玻璃系统"的一部分, 该系统可控制阳光、纳入新鲜

空气、通过重力在白天和黑夜自动进行空气对流，并全面保护免受蚊子和其他昆虫的侵扰。勒·柯布西耶工作室的让·普鲁韦和夏尔·巴伯里是这一领域真正的开拓者。

[49] 设计的第三阶段开始时，普鲁韦曾拒绝进一步参与工作。这个阶段标志着对于小木屋建筑的整合：它主要应成为一个完美的几何空间还是一个高效运行的木屋？这涉及以毫米为单位对细节的系统化考量，以将这些想法整合到他对空间的最初构思之中。

[50] Chiambretto, *Cap Martin*, p.38.

[51] Ibid., p.14.

[52] 参见勒·柯布西耶的一幅草图，在其中他画了一个简易的木屋，随后标示出随着时间的流逝它如何转化为居住联合体单元。Le Corbusier, *Oeuvre Complete Volume 5*, p.186.

[53] W. Curtis, *Le Corbusier, Ideas and Forms*, London: Phaidon 1986, p.169.

[54] 勒·柯布西耶将游泳列为他最大的爱好。Jean Petit, *Le Corbusier lui-même*, Paris: Forces Vives, 1970, p.18.

[55] Le Corbusier, *My Work*, London: Architectural Press, 1960, pp.154-157.

[56] Ibid., p. 157.

[57] 阿尔托的朋友理查兹（J.M. Richards）提供了一个关于她去世时的记载："（阿尔托）完全迷失了方向，失去了往日的热情并开始酗酒，直到朋友们对他的未来感到绝望！" J.M. Richards, *Memories of an Unjust Fella*, London: Weidenfeld & Nicholson, 1980, p.203.

[58] Aalto, 'Experimental House, Muuratsalo, 1953'; repr. in G. Schildt, *Alvar Aalto in his Own Words*, New York: Rizzoli, 1997, p.234.

[59] Aalto, 'From Doorstep to Living Room', 1926 in ibid., p.49.

[60] Ibid.

[61] 此类简易的茅屋在芬兰被称作"aitta"或"kota"。

[62] Aalto, 'From Doorstep to Living Room', in Schildt, *Own Words*, p.49.

[63] 语出阿尔托，他在与罗伯特·迪恩的交谈中提及自己所希望的麻省理工学院外墙砖砌纹理的效果。迪恩曾是佩里·肖和赫本公司的建筑师，随阿尔托一同参与贝克宿舍大楼的工作。1985年7月在波士顿的一次对话中，迪恩向本书作者之一的萨拉·梅宁重述过这一细节。

[64] Aalto, 'Experimental House, Muuratsalo, 1953' in Schildt, *Own Words*, p.234.

[65] Aalto, 'From Doorstep to Living Room', in ibid., p.54.

[66] Jormakka, Gargus and Graf, *Use and Abuse of Paper*, p.33, citing Juhani Pallasmaa without source.

[67] 格里菲斯曾深度探索这一创作手法，参见：G. Griffiths, *The Polemical Aalto*, Datutop 19, Tampere: University of Tampere, 1991.

[68] D. Porphyrios, *Sources of Modern Eclecticism: Studies on Alvar Aalto*, London: Academy Editions, 1982, pp.59-82.

[69] Aalto, 'Interview for Television', July 1972 in Schildt, *Own Words*, p.274.

[70] 约尔马卡、贾格丝和格拉夫认为阿尔托的意象与20世纪30年代某些纳粹建筑师所青睐的完全一致，并可与黑林和维尔纳·马尔希的有机理念并存。Jormakku, Gargus and Graf, *Use and Abuse of Paper*, pp.27-28.

[71] Aalto, 'Rationalism and Man', 1935, in Schildt, *Sketches*, p.50.

[72] Cobb, *The Ecology of Imagination in Childhood*, Dallas: Spring Publications, 1993, p.94.

作为抱持性环境的精神空间

Chapter 6

Spiritual Space as a Holding
Environment

勒·柯布西耶与阿尔托从未在文章中全面阐述对于超物质范畴及其与自然关系的态度和倾向；因此，假如缺少对那些特殊神秘用途建筑的分析，与此相关的讨论将是残缺的。这一章将包含对于朗香教堂（the Chapel of Notre Dame-du-Haut at Ronchamp, 1955年）和武奥克森尼斯卡三个十字架教堂（the Church of the Three Crosses at Vuoksenniska, 1959年）的深入讨论。援引温尼科特的理念，我们将两座建筑当作抱持性环境以及重新获取与自然沟通的庇护场所加以讨论。

年轻时二人都曾对教堂表达抵触甚至憎恶，但随着年龄的增长而渐趋平和。正如我们先前所讨论的，在表述诸如"光辉"（radiance）之类的建筑作用时，勒·柯布西耶对于神秘主义总是遮遮掩掩，然而他却热情积极地探寻并以书面塑造那些无可言喻的形式，这一点毋庸置疑。希尔特坚定地认为，相比而言，阿尔托对所有宗教持怀疑态度，这曾被他表述为弥漫于父母家庭中的"伏尔泰的理性主义与歌德倾向"。[1]希尔特认为，正是基于这些影响，阿尔托选择以不同于教会的方式诠释生命。[2]但这种观点却与阿尔托文章中的论据相悖，并且无法为阿尔托的观念提供有力证据——那些通过言辞与形态对超物质范畴的无尽描绘。希尔特确也坦诚地透露，阿尔托喜欢设计教堂上风雅的元素，把玩那些超物质的东西，这是"怀疑论的阿尔托曾最接近宗教的经历"。[3]希尔特似乎一直受制于自己对保守基督教信条的理解，而无法认识到位于宗教核心的更多是基本的精神体验，那体验蕴含于拉丁词汇"religio"的本义中，意味着"依赖"（reliance）或"关联"（connection）。这一点至关重要，尤其是我们考虑到在此类超物质的存在（正如阿尔托与勒·柯布西耶所证实的）中，精神的关注与心理学实际上是同构的，并且时常包含着与他者无条件充分"联系"（relate）的需要。这种联系性的意识正是阿尔托不懈追寻的，用以支撑他的建筑（用他的话说，就是对"小人物"的"爱"），甚至代以支撑其生命。他自己就曾写过，教堂建筑需要的不是艺术，而是"宗教的感受……它需要某种其他东西，迫切地需要。它需要纯净与虔诚的形态，无论这些形态会是何种样貌。"[4]的确，在一篇发表于《科勃罗斯》杂志的文章中，阿尔托描述离开教堂时的感受，"一个完满的人……在那一瞬间，你接受了那份惠赐，目睹了眼前一切的瑰丽"。[5]尽管这来自一篇轻松甚至有些幽默的文章，却真实透露出他的体验，抑或至少是对宗教体验所带来的某种超物质见证的尊重。

勒·柯布西耶在《东方之旅》中提出他对天主教的看法。这些内容写于1911年，在他生前却从未出版，直到1965年他修订确认那些手稿后不久离世，本书才得以付梓。在他的观点中：

新教作为一种宗教，缺乏必要的感官享受，以填补人类内心最深层的需求，一个人很难意识到它的庇护；而这是动物性自我意识的一部分，也可能是潜意识最凸显的一部分。这种令人陶醉且逃避理智的感官享受，是一个潜在的快乐之源，也是对生命力量的某种利用。[6]

正如我们会看到的，在勒·柯布西耶为朗香教堂设计的方案中欣然接纳了感官享受，他相信这是天主教会固有的一部分——那是他曾在圣山（Mount Athos）的贞女修道院亲身经历的。对此，勒·柯布西耶曾描述出"一种奇妙的贞女庇护的幻象"，从中他感受到自己的"肢体"充盈着对"神圣仪式的敬畏"，以及"此时此地超乎寻常的狂热"[7]——那是一种令他终生难忘的体验，也是一种建筑在身与心不同层面都令人感动的佐证。

尽管被自己所感知的天主教感官享受强烈吸引，但勒·柯布西耶对宗教及其隐含的影响仍深存疑虑。例如，在穿越南美的旅途中他曾写道：

◆这句译文来自马太福音第18章第6节，中国基督教协会印发，1989年出版于南京。

为什么这个……鬼地方……还会有牧师到来；我们在印地安耀眼的红色土地上，这里的人们也有一个魂灵。我始终记得在问答中耶稣基督的话语："凡使这信我的一个小子跌倒的，倒不如把大磨石拴在这人的颈项上，沉在深海里（假使谁触犯了这些信仰我的小小生灵之一，最好的办法是在其脖颈绑上石头，再把他沉入大海）。"◆[8]

这段文字意味深长，不仅因为勒·柯布西耶表明自己倾心于古老的自然崇拜，并且提供了他个人宗教体验的一个例证以及一种方法——以圣经文本与宗教意象来验证自己的目标，正如我们将在朗香教堂中看到的。

无以名状的朗香
Ineffably Ronchamp

被奉为"孚日山脉最后一个堡垒"的这座小山踞于朗香之上，一座圣母小教堂构于山巅，一直以来就是宗教朝圣的所在。[9]这里曾有一座19世纪的教堂，1913年毁于闪电，重建为砖砌的小礼拜堂，再度于1944年被入侵法国的德军炸毁。于是空余历尽沧桑的一处基址与一堆碎石，留待勒·柯布西耶借以生发自己的理念。

深入大地母亲
Caving in to Mother Earth

假使没有对未建成的圣波美"神秘之城"（Orphic city）项目的思考，将无法全面领会朗香教堂的本质。受爱德华·特鲁安之托，那个设计从1945年前后一直持续到20世纪60年代。因关注抹大拉的玛丽亚（Mary Magdalene），这个项目在1948年受到教会抵制——而她尚存的洞穴被当作通向一个地下巴西利卡的入口，也是开发的精神核心以及皈依（启蒙）俄耳甫斯信仰之路的高潮。圣波美巴西利卡的核心目标是依据其在古老神秘宗教中的根基重建基督教精神，而那些宗教又与众多古代神祇存在明显联系（图6.1）。[10]于是女性的角色被勒·柯布西耶安置于教堂之中，而她又与更多代表大地母亲的原始女性神祇相联系。[11]的确，勒·柯布西耶打算以她身体的意象来设置洞穴周围的景观；[12]依据文森特·斯库利（Vincent Scully）的研究，这在古代希腊是普遍的做法。[13]

和谐与身心感受
Harmony and the Psycho-Physiology of Feeling

库蒂里耶◆（Couturier）是神圣艺术运动（L'Art Sacré Movement）的核心人物、一位天主教神父，曾潜心于圣波美项目；1950年推荐勒·柯布西耶作为朗香教堂的建筑师。因先前那个教堂项目受到抵制，勒·柯布西耶仍耿耿于怀，一开始拒绝与这个他所谓"僵死的机构"打交道。[14]然而最终他还是接受了，或许是领悟到这将成为一个机会，以实现与特鲁安合作时所产生的异常丰富的复杂理念。

这个令人目眩的白色朝圣之所构筑于小山之巅，奉献给圣母玛丽亚，其基本情况毋庸赘述（图版9）。它的形态宛若新石器时代的石冢，巨大的屋顶据说源自蟹壳形态[15]，让人联想到悬垂于三座高塔之间的巨石。墙体在两个维度上弯曲起伏，对周遭景致欲拒还迎（图6.3）。一种特制的碎石填充混凝土的结构，隐藏于厚实的白色喷浆面层之后。材料的真实性以及理性主义所关注的其他东西，在构思中并未给予考虑。四个面各自迥异，设计中分别回应着周遭景致与方位，回应着勒·柯布西耶对于基督教异乎寻常的解读。勒·柯布西耶曾写道："一个人最先接触到景致中的天籁，以此当作四面天际之始……设计构思源自对周遭天际的顺从——以接受的姿态。"[16]

◆库蒂里耶（1897—1954年），法国天主教神父，全名Marie-Alain Couturier，积极参与神圣艺术运动，并以彩色玻璃窗设计而闻名。

对勒·柯布西耶而言，朗香教堂的形态是为了激发"心理生理感受"，而非满足宗教所需[17]，因此它变作一个启蒙之所。他从感知层面关注身体对建筑产生反应的方式[18]，为此他寻求促成某种身体上安乐的感觉，转而变作精神上的升华；正如柏拉图所指出的，"旋律与和谐会悄然潜入心灵深处"，从而导致某种"对内心的真正教育"。[19]

勒·柯布西耶相信音乐与建筑都能成为某种途径，借此人们可以确认"我存在，我是一个数学家，一个几何学家，并且我有信仰。那意味着我坚信某些伟大的理想支配着我，我终将如愿以偿……"[20]正因如此，"执拗的数学"统率着朗香教堂的形态[21]，引领它实现第4章所讨论的不同凡响的光辉品质。"它们彼此一致，它们往复流转，它们相互依存，那些将它们联为一体的群体或家族的精神……如天籁一般微妙、精准，非世人所能调和"，勒·柯布西耶如此描述那个形态。[22]他坚信，朗香教堂的形态经由几何途径，会引领深藏于建筑中的某些东西更接近那种与宇宙间俄耳甫斯式的和谐状态。

干旱与生命之水
Drought and the Water of Life

在阅读先前教堂的朝圣指南以寻求灵感时，勒·柯布西耶着重标出其中提及的一个事实，那就是这座小教堂建在一处古代太阳崇拜场所的基址上。[23]由此他意识到，对圣母玛丽亚的膜拜构筑在与大地联结更为紧密的早期宗教之上。踞于小山之巅，这个小教堂眩目的白色形态难以言表，它被塑造得如此不规整，硕大无朋的外凸屋顶联结起三座高塔，覆盖着一个卓尔不群的室内空间——那空间被斑斓的色彩所穿透（图版11）。

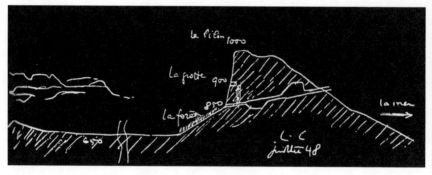

图6.1

图6.2

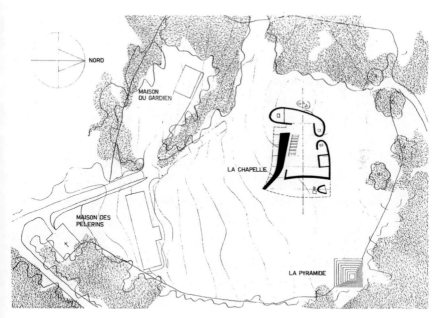

图6.3

图6.1
通过圣波美巴西利卡的剖面

图6.2
带有想象中山峰的维普里图书馆设计草图，阿尔托，约1929年

图6.3
朗香教堂总平面图，勒·柯布西耶，1950—1955年（FLC 7125）

援引德日进关于圣母与教堂、贞女与母亲之间神秘关系的理念，勒·柯布西耶在建筑与圣母的身体之间建立起联系——而其中的"贞女与母亲，由于仅存在一个基督，这两种角色因母性功能被合而为一"。[24]这座建筑表现出勒·柯布西耶游走于圣母与教堂之间模糊边界的能力。他充分利用了圣母的象征意义所带来的可能性，而教堂本身就是为"圣母玛丽亚"（Our Lady）而建的。一个例证便是他处理山顶供水短缺问题的方式。据称勒·柯布西耶在教堂中建造了一个水箱以收集雨水。由于水、圣母与月亮都象征性地彼此相关，因而对水的需求有助于勒·柯布西耶在建筑构思中实现自己感兴趣的子宫意象。通过形似滴水兽的构件，水从屋顶倾泻而下，仿佛一对抽象的乳房（图版16），注入宛若子宫的储水箱。仿佛为强化这一主题，教堂的墙体在此处向外凸出，似乎是模仿孕妇的肚子（这个外凸之处包裹着忏悔室）。实际上曾与勒·柯布西耶紧密合作的摄影师吕西安·埃尔韦（Lucien Hervé），将墙体粗糙的肌理比作女人的皮肤，从而将建筑与身体的类比引入更深层次。[25]

子宫与坟墓：界定"裂隙"
Wombs and Tombs: Figuring out the 'Gap'

正如亨利·马蒂斯（Henri Matisse，曾与库蒂里耶以及他的神圣艺术联盟合作，其作品曾于1951年奉献给位于旺斯的小教堂——原书注）之类的艺术家，勒·柯布西耶尽力使人体形态纯净与抽象，却从未能出神入化。[26]他确也表达过自己从再现性转为抽象性艺术的力不从心，因为他需要"与活生生的存在保持联系"。[27]在勒·柯布西耶看来，"建筑就像是一只花瓶。它并非自我炫耀——通过内部空间，它才具有生命。只有内部空间中才会产生最本质的东西。"[28]从形态上看，朗香教堂的高塔让人清晰明确地联想到三个女子的头部，长发被头纱遮蔽，仿佛《直角之诗》

中所表现的沙滩圣母形象（图6.4）[29]，或是其作品中其他戴头巾的女子形象。[30]圣母的抽象造型由此体现于教堂形态中，更赋予建筑以象征性解读——我们受召唤进入她的子宫，去参与神圣的仪典并被感化。

一旦进入小教堂那清凉幽暗的室内，视线迅即被引向圣母玛丽亚的传统雕像。她置身于一个镶嵌在圣坛墙上的玻璃盒子中，统领全场，玻璃盒子被透射的阳光环绕，周围群星璀璨（图6.5）。圣母玛丽亚被安置在一个转轴上，向内可面对整个教堂，向外则俯瞰周围云集的信众。作出这种略显有悖常理的安排时，勒·柯布西耶心里很可能存在某种象征性思考。他倾向于赋予圣母玛丽亚两种迥异的解读。

若要透彻讨论朗香教堂的圣母，不应忽略勒·柯布西耶对圣波美教堂中抹大拉的玛丽亚那个"卖淫圣女"形象的处理方式，以及他的圣母观念——那是兼具不同矛盾特质的女神的复合形象。在《作品全集》中，他确曾以复数的形式称呼从巴勒斯坦乘船来到法国的"玛丽亚们"（Marys）[31]，而糅合圣经中不同的玛丽亚，构成一个复合形象，也并非他的首创。众所周知，他作品的照片曾被修补编排过，而在《作品全集》中，朗香教堂的圣母就被非常精心地描画过，半明半暗，一半完美另一半则稍逊——沿着照片前景中突出的伞尖，我们的目光落在她身上（图6.6）。[32]

勒·柯布西耶面对朗香教堂主圣坛的设计存在诸多困扰。[33]仔细审视便会察觉略显怪异的失衡，它将视线从圣坛移开，引向树形烛台或十字架的一侧，引向玛丽亚的圣像，并最终引向天棚最高点之下的东门，那里有一个巨大的竖向开窗，眩目的光柱由此透射进入教堂内部。于是意象由基督转归圣母与女性母题，并凸显圣坛右侧区域无与伦比的重要性——而地面流线、偏离一侧的坐席排布以及在《作品全集》中勒·柯布西耶描绘圣坛选择的角度，也都强化了这一重要性。

翻转磐石以接近神圣
Rolling Stones and Access to the Divine

人们视线被引领而至的那扇门由混凝土构筑，那是一种奇怪而不切实际的材料选择，上面还刻画了暗示石材处理的线条（图6.7）。总的来说，它很容易让人联想到耶稣复活时从墓穴中滚出来的石头，联想到抹大拉的玛丽亚在蒙难花园中发现墓穴空空的那个瞬间，神情恍惚、悲苦万状。

在勒·柯布西耶很喜欢的一本《耶稣生平》（*The Life of Jesus*）中，埃内斯特·勒南（Ernest Renan）◆赋予抹大拉的玛丽亚一个非常特殊的角色。通过她"丰富的想象力"而"被爱掌控"，她"带给世界一个复活的神"。[34]正是她，见证了复活；通过她，我们才走近基督，走近由他们的爱所滋养的知识。或许恰是由于这个原因，东门上的青铜把手才铸成女子身体的抽象形态。当我们握住她的纤腰，我们象征性地开启良知之门，获得接纳。或许勒·柯布西耶也曾吸收德日进的理念，神的启示与大地相联，得益于爱的体验——只有那个时刻，一个人才可能通过这扇门，进入太阳（神）◆◆升起的另一个现实。门把手以某种方式象征抹大拉的玛丽亚，这或许可以被嵌在旁边混凝土中的贝壳所证实，同样作为朝圣之旅的象征，它代表着与抹大拉的玛丽亚相关联的维纳斯。

怀抱十字架的神父从那扇门走出，就位于室外讲坛，以这短短几步路，重新演绎那一段更著名的行程。面对朝阳升起之处，东门或许象征着耶稣的死去与复活。走过这扇门，我们便走入基督的境地，以人的尺度参与一幕更伟大的宇宙剧。

◆埃内斯特·勒南（1823—1892年），全名Joseph-Ernest Renan，法国哲学家、历史、宗教学者和评论家，法国批判哲学学校的负责人。
◆◆此处原文是where the sun/son rises，将两个谐音词并置，一方面代表太阳从东面这个门升起，另一方面也代表了圣母的儿子在这里诞生。本文依据此理解，意译作"神"，以利阅读的顺畅。
◆◆◆法语，意为"我向你致敬，玛丽"。

圣母、母亲与爱人：神秘主义与矛盾的玛丽亚
Mary, Mother and Love: Mysticism and the Paradoxical Mary

朗香教堂代表着矛盾的玛丽亚化身，兼作母亲、贞女与情人，同时表现出母性的三个永恒侧面。神圣艺术运动偏爱将圣经人物与当下的人（将他们视作重新扮演了相同的古代故事）相联系；顺应这种倾向，当勒·柯布西耶在南墙一片染色玻璃上写下"je vous salue Marie"◆◆◆几个词时，似乎已促成圣母与他母亲玛丽之间的关联——那是他极为尊敬的人。

依据罗宾·埃文斯（Robin Evans）的研究，朗香教堂的三座高塔被勒·柯布西耶赋予个人化的关联内容。他将她们分别命名为贞女玛丽亚、他所深爱的母亲玛丽以及妻子伊冯娜（**图版13**）。[35]勒·柯布西耶确曾将母亲描绘成一个神，一个巨大的斯芬克斯，被日月相拥——这也证实了如此关联的可能性。[36]考虑到这里所描述的因素，那个内部涂白的高塔很有可能代表了女性的母亲一面；伊冯娜的那座则涂成红色，代表与性相关；而它们都被代表贞女玛丽亚本身的巨大白色高塔的阴影所遮蔽。

勒·柯布西耶似乎认同了耶稣生命中的原型真谛，对他而言，那是自己与妻子和母亲关系的象征。从他最热爱的女人那里，他真切感受到玛丽亚的存在。在贞女玛丽亚的塑像上，可以看到勒·柯布西耶手指的印迹。[37]她的存在，对他而言异常真切。他曾触摸到她，感受到她的肌肤。当他把深不可测的"裂隙"中多层次的复合内涵（palimpsests）注入自己创造的深层肌理时，勒·柯布西耶揭示出创作过程中深蕴心理学（depth psychology）的巨大潜力。他对母亲的体验，继而是对女人的体验，被演绎于形态之中。

图6.4

图6.5

图6.6

图6.7

不难发现，勒·柯布西耶有意识地排演光与影的游戏。[38]
朗香教堂扮作一个日历，甚至一个日晷，伴着自然的节律，
用以计时。彼得·卡尔确曾注意到一处非常刻意的做法，
在圣母升天日节庆仪典开始时，光线穿过教堂，在圣坛围
栏延长线的位置投下十字架的影子。[39]

勒·柯布西耶试图模糊模度作为一种度量形式与作为体验形
式之间的界线。他邀请每一个人打开自我，以面对无法言表
的空间感受，面对自然和谐的极度体验，以此挑战我们去探
索模度在朗香教堂中的表现。在《模度》中，勒·柯布西耶
引用他在《无法言表的空间》（*L'Espace Indicible*，1945年）
中的一段文字："我未尝体验到信仰的奇迹，但我经常能领
会到无法言表的空间奇迹，那是塑造情感的典范"；[40]后来，
他在《模度2》里再次引述，以强调其重要性。在讨论艺术
中四维空间的立体主义理念时，他写道：

**一个功成名就的作品，其中蕴含大量的设计意图，那是一个名副其实的世界，它向
那些有权拥有并德配于此的人袒露自我。**
**于是一个深不可测的城阙洞开，所有的壁垒轰然倒塌，其他所有的一切四散奔逃，
于是不可言喻的空间奇迹便触手可及。**[41]

他描述了一个受到神秘启示的瞬间，一种与自然和谐相处
的状态，通过使用数学这一开启"奇迹之门"的"钥匙"，
以获取成就。[42]勒·柯布西耶对于神秘、和谐与自然的观
念密不可分，因而他的建筑都成为达到这种渴求状态的某
种尝试。

通过创造一座建筑以颂扬神圣的母性，勒·柯布西耶为每
个朝圣者提供了亲近自然的途径。在暗指最古老的建造形
式——洞穴与棚屋（dolmen）时，他表达了对人类栖居于
完全天然环境的深切眷恋。或许勒·柯布西耶觉得有必要

以一座阳刚特质的天主教堂去颂扬阴柔的角色，因为他相信阴阳平衡是一种自然法则，是追寻和谐的首选之途。[43]

三位一体：内在与精神之间
Three in One: Between Interiority and Spirituality

阿尔托毕生设计了超过20座教堂，建成了其中9座。从位于芬兰穆拉梅（Muurame）、沿用巴西利卡形制的意大利风格建筑（1926年，图2.4）开始，他在此类设计创作中日益走向"自由形态"（free-form）；其中最著名的便是为伊马特拉市（Imatra）边缘小村武奥克森尼斯卡所完成的设计，教堂工程自1955年开始，至1959年建成（图6.10）。这个设计利用1929年瓦利拉（Vallila）教堂设计竞赛的楔形轮廓，却又朝着朗香教堂形式上的自由有所发展。与之不同的是，阿尔托驾驭着这种自由形式，通过某种方式将其拉回包含其众多作品特征的欧几里得王国，约束于异常明确的"有机"风格倾向之上，未尝有些许放纵。

位于丛林边界的形式
Form in Forested Frontiers

1947年阿尔托接受恩索-古泽特公司（Enso-Gutzeit company）的委托，为伊马特拉市进行总体规划，以便在新划定的芬兰境内重新安置靠近东部边界的木材加工企业——它们原先的所在地在第二次世界大战后大都划归苏联。武奥克森尼斯卡教堂坐落于一个森林覆盖的居住区中，这里本是阿尔托规划中城市整体的一部分，与工厂、农田与自然区域共同环抱着伊马特拉。

在第4章中我们曾讨论过阿尔托在考虑新的形式在景观中的

位置与影响时，对"得体"（tact）的诉求。[44]在武奥克森尼斯卡，他在教堂旁边设置了一个朴实的34米高塔（图6.8），得体地回应区域内大量工厂烟囱的形式与意涵。它不仅宣告了人类在自然景致中的立足之处，也预示着在边界地带以及丛林本身之中的精神家园（这对于异教徒来说并无任何特别之处，但对于被改造过的木材加工企业确已尽失）。这座高塔涉及阿尔托的两个深爱——意大利的非主流建筑（architettura minore）与芬兰17世纪末18世纪初的风土教堂。

三位一体论的调性与态势
Trinitarian Tones and Tensions

在教堂设计中，阿尔托经常创造某种"母题的三角关系"以表现三位一体的象征（图6.8）。[45]作为路德派教义象征的三位一体，武奥克森尼斯卡教堂中的圣坛、小讲坛与风琴夹层共同构成阿尔托设计的基本礼拜空间（图版10）。关于这个通常被称作"三个十字架"的教堂，他写道：

教堂的圣坛被置于一条象征性的轴线之上，而小讲坛与风琴则非对称布置。这是一个自然而然的结果，不论平面还是剖面均采用单一的、非对称的房间形式。墙面与顶面形态被特别塑造，以强化从圣坛与风琴发出声波的反射效果……三个连续的拱顶覆盖三个大厅。母题聚焦于圣坛上三个朴实的十字架上。[46]

阿尔托在形式的不同层面运用三位一体的意象，以一种整体性的表达，在平面、剖面以及细部构造间进行转换。[47]拱顶由巨大的柱子延展而出；而在一些位置，巨大的混凝土构件融入墙体之中（图版12）；由此，墙体与顶棚反映了教堂平面由三部分构成的空间本质，共同展现出某种整体性。[48]

他还曾描述自己如何寻求"实现一种完全属于教会的空间形态；但即便如此，也可以不折不扣地供社会活动使用"。[49]

◆曼特尼亚（1431—1506年），全名Andrea Mantegna，意大利文艺复兴时期的画家、考古学者，贝利尼（Jacopo Bellini）的女婿。

整个形态序列由三个连续的空间构成——一个圣所与两个供吊唁、唱诵甚至排球运动使用的社会空间。东北侧白色墙面具有雕塑感的波浪体块，外向地表现三个空间侧室，以一种有机形态面对森林；而西南立面则上下垂直并富有几何感。从外面看这些空间像是鼓出的三个体块（图6.9），但在内部，它们可以整合成一个大的礼拜空间，仿佛由圣坛辐射而出，依次相连。当巨大的混凝土隔断由机械装置驱动，按所需空间大小滑入延伸的外墙曲线，空间依次联合，座位数从290个到800个。6个入口提供给不同的人群，到达不同的空间，而不会干扰使用相邻空间的其他群体。

丛林之物化育万物
Growing Mass from Forest Matter

1924年阿尔托谈及曼特尼亚（Mantegna）◆在山间小镇的湿壁画，认为"那些弯曲的、生长的、变幻莫测的线条，甚至超出了数学家可以把握的维度；对我而言，那是万物的化身，形成了生活中粗野的机械性与信仰之美（religious beauty）的强烈对比"。[50]武奥克森尼斯卡教堂是他这种"信仰"的一个体现。建筑体块宛若地质堆积形成的地表景观[51]，而在细部层次上，不同的树形窗棂在天光映照下焕发出勃勃生机（图6.10），这些共同创造出阿尔托所谓的"地壳"（crust of the earth）；与此相应，室内景观形态则设计得与天籁之声相互应和。一幅设计草图浮现出这个壳的样子，这源自他的丛林经验（图6.11），并由此推演至"柱子小姐妹"——他曾如此深情地称呼椅子腿。教堂、椅子腿以及丛林枝条之间的关系，被精细地描绘于并置的两幅图中，见图6.11与图6.12；而借助木材实验所作的一系列论证则与一段树枝并置一处（图2.6）。于是，在木结构及其自身形式的灵活性与建筑形态之间建立起联系。

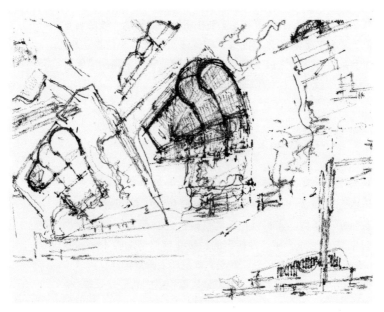

图6.8

图6.9

图6.10

与芬兰中世纪教堂确实不同，武奥克森尼斯卡教堂的厚重墙体围合出可操控的空间——这是某种"中间介质"（in-between），同样存在于顶棚与屋面之间。得益于从现代运动时期的建筑师那里获得的创作自由，针对地面、墙面与屋顶等要素，阿尔托使用并发展了功能与象征两方面的意义。莱奥纳尔多·莫索（Leonardo Mosso）◆却认为正因为如此，它们并无真实内涵。[52]从结构与表皮的关系探讨，兰德尔·奥特（Randall Ott）持类似观点，并援引波尔菲里奥斯的看法，认为阿尔托忽视了现代主义的基石——"结构构件与非结构构件的区分"。[53]奥特描述"在阿尔托后来的建筑中，表皮与结构如何越来越多地表现出这些奇异的相互联系——表皮随意地搭接于骨骼之上——他与现代主义建构（tectonic）的精密性渐行渐远"。[54]

武奥克森尼斯卡教堂厚重的覆铜屋面是室内穹顶的外化。而特殊的双层玻璃窗使内外转换的精彩连续不断，并在光线传导、噪声控制以及热环境调节等方面发挥作用（图6.10）。东立面天窗上展现出更丰富的表情，室内竖向的窗棂，与室外作为其象征本体的树丛轻松地相互映衬。那些窗户几乎是独一无二的。可以说阿尔托以这种方式模仿了树木的几何形态，以便使人想起光线自上而下穿越密林的空间形态与特质。这在1937年他设计的巴黎世界博览会芬兰馆中曾预演过（图6.13）。如同木材与石材，在武奥克森尼斯卡，光也变作一种材料，并由此被赋予预想的形态。

在思维的丛林中独辟蹊径
Mowing a Way through the Forest of the Mind

通过修剪周边的杂草（图6.9），这座教堂以某种方式与丛林的氛围隔绝开来，规整的草坪仿佛阻挡着自然与丛林的精神，以防止它们蚕食这片精神的庇护所。修剪的草坪以这

◆莱奥纳尔多·莫索（1926—2020年），意大利学者、建筑师。出生于都灵，是建筑师尼古拉·莫索（Nicola Mosso）的儿子。1951年他毕业于建筑学专业，4年后前往赫尔辛基，在阿尔瓦·阿尔托事务所工作。在1965—1969年，他是这位芬兰建筑师在意大利开展的所有项目的共同签署人。

种方式抵御着外部影响。但也不难发现，作为一方领地中净化人心的标志，却也可能发出（包含蛮荒丛林智慧的）异教时期的声音——假使允许森林展现它通常所代表的东西，也就是文明无法照亮之处以及深藏天机的地方。于是修剪意味着某种决断，使人们接近那些蛮荒丛林，将文明与文化加载于林野之间，使对个体灵魂的救赎投射于树丛中漠然的异教力量之上。于是，草地代表着书面条款，承诺为那里所承载的精神求索（soul-seeking）提供物质保护。

因此，这座建筑有两个主要立面：一个以浑圆的形态背朝森林，另一个则直面由牧师住宅和附属建筑所构成的围墙。通过这种方式，这个建筑综合体实践着诸如涅梅莱的丛林聚落所要表达的创建防护与围合空间的诉求（图7.16）。

这座建筑意涵丰富，甚至可能操控其文化肌理与物质"地景"；除此之外，它还在内部的"心理精神"（psycho-spiritual）领域扮演一个积极的、具有象征意义的角色。建筑表皮有能力渗透至内部空间，而这一内化过程通过建筑结构延续，以呈现其敏感而又宝贵的功能——个体对他人以及对神性的袒露。较之阿尔托早期的新古典教堂，这个设计的确在最大限度上隐藏并保护了内部空间。它具有某些内向创作的因素，因而很难由外部去解读。

光的"中间介质"
Lighting 'In-between'

对于光照更多的操控来自于圣坛上方深深的天光穹顶，由那里射入室内的一束光令人过目难忘，它使圣坛周边早已不规则的形态更加难以把握（图版15）。作为收束，阿尔托对这部分内外边缘充分把控，利用室内空间去牵动本不相干的外部形态，而外部表皮则宛如弹性十足的肌肤包裹着

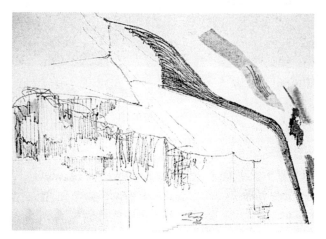

图6.11

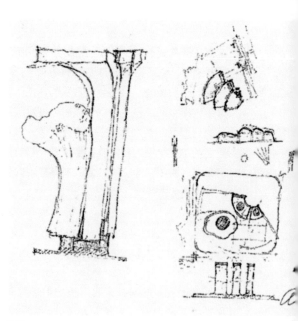

图6.12

图6.13

图6.11

　　武奥克森尼斯卡三个十字架教堂圣坛剖
　　面草图，仿佛"柱子小姐妹"，阿尔托，
　　约1956年

图6.12

　　木材实验与椅腿（"柱子小姐妹"）草
　　图，以及武奥克森尼斯卡三个十字架教
　　堂草图，阿尔托，约1956年

图6.13

　　纽约世界博览会芬兰馆，1939年（现已
　　拆除），阿尔托，1938—1939年，埃兹
　　拉·斯托勒（Ezra Stoller）拍摄

充满塑性感的室内。通过这种方式，"中间介质"整合了彼此疏离的空间要素，让充足的天光穿透这片中介区域。尤哈·莱维斯凯（Juha Leiviska）更是提出一个建筑被光线"戏玩"（played）的比拟[55]，不同季节光线频谱的丰富差异提供了多种变化。在一个被限定的室内，窗户高高在上，更增加了这种被戏玩的感受，而内倾的窗棂中呈现一个斜面，动感十足地透入室内空间。

研究阿尔托的设计方法论之后，贡纳尔·比克兹（Gunnar Birkerts）◆就"中间介质"进行了拓展，提出"由于两层壳发挥了不同作用，它们也被塑造成不同形态。外层的壳用以围合、保护并传导光照。而内层的壳则矫正了空间的声学形态，同时也参与围合并传导光线"。[56]这种说法与罗伯特·文丘里（Robert Venturi）所谓"分离的衬里"（detached linings）之说异曲同工；换句话说，就是"内外开窗的分离"，以此调整光线与空间——这不仅仅回应了巴洛克教堂[57]，更从诸多方面超越了它们。

放飞形态，摆脱欧几里得
Freeing Form, Fleeing Euclid

阿尔托在"鳟鱼与溪流"中解释他在孩童般"戏玩"形式之前[58]，如何深入思考功能与实践的问题（包括作为建筑心理-社会功能之一的符号），仔细揣度一座建筑的历史角色——这些都对揭示本设计的不同维度大有助益。在阿尔托建筑中所添加的形式上的自然因素，似乎是几何形式与自然生长形态的融合——而如高迪（Gaudi）所表现的那样，它们未必互相排斥。实际上，除却某些不确定的体块，几何形态在武奥克森尼斯卡教堂的创作中确实扮演了很不错的角色。毕竟在学生时期，阿尔托就花费大量时间勾画

◆贡纳尔·比克兹（1925—2017年），拉脱维亚裔美国建筑师。在职业生涯的大部分时间里，他住在密歇根州底特律的大都市地区。其著名设计作品包括拉脱维亚国家图书馆、纽约州康宁市的康宁玻璃博物馆和康宁消防局等。

◆◆雷马·伊尔马里·皮耶蒂莱（1923—1993年），全名Frans Reima Ilmari Pietilä，是芬兰建筑师和理论家，1973—1979年曾任奥卢大学的建筑学教授。他与妻子拉伊莉（Raili Pietilä）共同完成了大量工作。

立面，研究尺度与比例。

在教堂的剖面中也明确显示出阿尔托的"戏玩"，这源自他早期创制的"柱子小姐妹"椅腿形态（图6.11）。扇形成为他作品中如此重要的一个元素，在这个设计中被他推演生成了剖面与平面（图版12）。教堂三个基本空间的生成有序可控，宛如某种几何形态的演进，或是在强势基因序列下的有机生长（图6.9）。许多评论者确曾认为，这座建筑仿佛一幅草图那般生机勃勃，形态源自混凝土、砖、木、玻璃、铜板与白色大理石，而室内则恪守路德派信仰的仪轨与审美。雷马·伊尔马里·皮耶蒂莱（Reima Ilmari Pietilä）◆◆曾描述："阿尔托的手在纸上一遍遍划过。线条笨拙却又异常敏感。一个云状的完整形态。'格式塔完形'（Gestalt）……逐渐显现。这份手绘草图对旁观者充满暗示：我坚信其中已经具有对那所建筑完备的想法，因为阿尔托一贯试图以建筑的方式完成对那些想法的趋近与整合。"[59]柯蒂斯认同皮耶蒂莱的说法，或许由于三位一体根本信念的力量，他注意到"草图的无限活力似乎直接被转译为最终形态"[60]。这种基督教的象征似乎以某种方式表现了自然即为宇宙（nature-as-cosmos）的理念——这正是阿尔托所渴望实现的"整合"，也几乎是病态地，他渴望将三者拉进某种不确定的和谐之中，而所有人的表现（无论私下的还是正式的）都必须奉献于这种和谐。

柯蒂斯进一步认为，通过其"工作中以生物形态的抽象唤起某种广泛参照——关乎水的'流动'，关乎湖泊弯曲的岸线，抑或（也许）关乎自然力量中的'女性'特征"[61]，阿尔托对丛林景致的赞颂得以展示。然而在其他场合，柯蒂斯也接受另一些观点，一方面承认阿尔托教堂存在的理由（raison d'être），另一方面却指出"阿尔托感觉越来越缺乏对理性秩序的需求"[62]，并因此削弱了他曾于1935年明确表达的强化理性的观念。[63]这一话题我们曾在第4章介绍过，在第8章会进一步关注。

洞察力的塑造或深入心灵之所？
Sculpting Insight or Caving in to Places of the Soul?

进入武奥克森尼斯卡教堂，你会被空间的激荡瞬间打动。常用的入口直面祭坛区域，于是你从垂直于洞穴间主轴线的方向进入。通过这条路径，在左侧圣坛十字架周遭氛围的作用下，你仿佛骤然跌入一个高潮之中。而在诸如穆拉梅与塞伊奈约基的其他教堂中，阿尔托使用了更为传统的巴西利卡形式。在那些教堂中，戏剧化的效果铺展于眼前，人们朝着圣坛鱼贯而入——相比之下，在这里呈现出相反的感觉。

以这种方式从侧面进入，在经历了穿过主入口立面的体验后，你会发现三个跃动体量的戏剧性令人惊讶，其中隐含着应对欧几里得形式的妙策。阿尔托在这里偏离几何秩序，走向自然秩序，"摆脱欧几里得"[64]，并且似乎找到了这样做的某种自由（哲学层面，甚至精神层面），这一点可以在他大量的油画中找到例证（**图版14**）。除去横向开窗，这座建筑表现出封闭的面貌，深色曲屋面覆盖着大体量的室内空间，而其侧边紧紧依偎着丛林，暗示它不仅采用了一种别样的几何形态，更坦露出室内空间的自然本质。

理查德·威斯顿（Richard Weston）◆认为，包容感提供一个空间——它"可以在走向圣坛的持续运动中被解读"，而在三个十字架后面猝然消失，幻化于一片不确定的空间中，那是"受难地的某种抽象"。[65]然而，从侧面到达教堂轴线的焦点，你会瞬间走入这一"抽象"的过程，仿佛一个在受难地的不经意的目击者。这种体验既突然又令人

◆理查德·威斯顿（1953年—），英国建筑师、景观设计师及建筑理论家，卡迪夫大学（Cardiff University）建筑系系主任、教授。1995年，他关于阿尔托的理论专著获得"弗莱彻爵士奖"。

震惊，几乎在你意识到它之前便已发生，因为那十字架突如其来并触手可及，而非高高在上。

实际上，当来访者参加诸如葬礼的仪式时，掩映于深郁丛林中的教堂会首先跃入眼帘。铜皮覆盖的门廊低矮，俨然两片白墙之间的虚空，将人们引入幽暗的门洞。以这样的做法，更为私密的入口不事张扬，不为宣告喜悦的莅临，而更像一种肃穆的迎请。所有的期待被聚焦于对低矮、幽暗门厅的触觉体验上，而这样的门厅在阿尔托的建筑中司空见惯。这需要某种身体性的调节，以适应内部黑暗的感受，仿佛象征性地脱去防护外衣。这也是某种生理上的准备，转身90°打开教堂门，进入那个灯火辉煌的神圣空间，你会瞬间被对面窗上象征荆冠的血色镶嵌玻璃所打动（图版15）。这座建筑似乎见证了源自生命体验的信条，更提供了一条诠释那些体验的路径。

希尔特认为阿尔托的教堂建筑阐明了一种信念，"一种自然、人类和文化形态共有的和谐秩序，以及对于存在之中神圣要素的某种信仰"。[66]——相比于其他教堂，在这里尤为彰显。阿尔托曾论及人类犯错的倾向，以及古代宗教与基督教将"人性因素"作为核心的方式，他坚信那些因素是"整个人类族群悲剧的某种幼稚变体"。[67]阿尔托似乎已经做好了身心两方面的准备，以接受光的冲击、神性的震慑，以及对基督教生活核心层面的洞悉，那些生活经由人性破碎的黑暗迎来光明——血色玻璃象征着基督的原始牺牲。同样的意味，如果东墙的曲面形态代表自然与森林，那么西侧直墙则主宰着人类苦难的意象。阿尔托想必已经察觉，建筑的部分精神心理功能就是这样一个退缩与消弭的过程——这种说法并非无稽之谈。

就现象而言，与朗香教堂一样，这座建筑的室内空间同时成为洞穴、坟墓与子宫。正如阿尔托惯常凭空创造一个场地本不具有的地形剖面（图6.2）[68]，他在这片简单的林间空地中也人为推演出一个。"中间介质"的形成过程跨越现实与那些精神支撑的领域，经由延伸的墙面被合而为一，从某个存在的领域被扩展至另一个。阿尔托在论述中承认超自然的领域，从而他的建筑也常常温和地包容人性的脆弱。然而在其教堂建筑中，他刻意回避以温和的人文主义令我们感到舒适，宁可展现一个与神晤对的过程。他创造了一个抱持性环境，在神的面前，人们能够彻底敞开心扉。经由"中间介质"的墙面走进建筑的过程，或许正以某种方式使来访者准备踏入"裂隙"。

小结
Conclusion

温尼科特描述创造过程之始如何诱发某种过渡现象（Transitional Phenomenon），以应对"内在自我与外部现实之间的张力"。[69]由此产生的潜能空间（Potential Space）包含无差别体验的碎片，触及幼年时期知觉、感觉与感情的边缘。通过创造活动，这些碎片会被引入意识层面，也可能彼此分化。科布认为对孩子而言，最早未被满足的人性需求中的类似差异通常发生于自然体验之中，而在其中这些需求或多或少得以化解。[70]这虽不能弥合"裂隙"，却能为孩子提供暂时的救赎。艺术类创造活动也会触及这些"裂隙"，特别是诸如建筑这类发生于社会范畴的活动，必然触及人性需求。在勒·柯布西耶与阿尔托的例子中，童年时期对自然的依赖似乎意味着他们最精妙的建筑解决方案源自同一片沃土。

在《朗香之书》（*Le Livre de Ronchamp*）中有这样一幅画

面，人们围坐在室外圣坛前的篝火旁。玛丽亚的塑像俯瞰
这一场景，仿佛一位异教女神主持某个古代仪典（图6.14）。
画面提供了一个图像证据，证实勒·柯布西耶试图在朗香
创造一个兼具慰藉与和解用途的场所——对人和解，也对
自然和解。其核心主题是爱的重要性，涵盖这个词所有层
面的意义。以女人体的有机形态，同时伴以滴水穿石所蚀
刻的圆形洞穴，他期待以这些联想将我们带回内在和谐的
状态。正如在武奥克森尼斯卡一般，勒·柯布西耶在朗香
诱发的神秘主义显而易见，并且同样被广泛接受。建成后
掌管教堂的博勒-雷达特神父（Abbé Bolle-Reddat）反复提
到，无论个人背景如何，来访者都被这种体验深深触动。[71]
勒·柯布西耶在很大程度上依赖对象征主义和几何形态的
使用，以及自己深藏心底的建筑意图，将某种自然观注入
方案之中。

在武奥克森尼斯卡，阿尔托表面上似乎以超乎寻常的直率
表达自然，通过象征性自然场景所引发的共鸣，诸如阳光
穿透周围的树林，创造包括模仿自然（pseudo-natural）形
态在内的存在感。他借以唤起基督教隐喻的一个符号是三
位一体。而阿尔托却有意识地以心目中的"有机路线"进
行设计[72]，并通过与宿敌欧几里得的对比得以强化。以其
丛林般的窗棂，加之与异教神秘主义的关联，建筑东侧的
"有机线条"表现为某种精神状态，与大体笔直的西墙形成
对比。或许可以说，阿尔托在武奥克森尼斯卡为他人建造
了一个心灵之所，通过建筑自身的体块，重新塑造出波动、
环抱、宽松、阴柔的形态。它似乎具有某种柔弱性，这个
精神领地被严密保护着，甚至如同在朗香需要通过外挑的
屋面加以伪装一般，它向外凸出的立面掩饰着室内空间。
或许正是以这座建筑，阿尔托操控"中间介质"，作为调
和内在自我与外部现实的象征，而这种调和在他自己的生
命中如此不可或缺。通过厚重的可移动墙体，他以混凝土

图6.14

图6.14

朗香教堂室外礼拜场的夜间聚会，
勒·柯布西耶

的方式隔开极度私人化的哀恸时分与那些市井欢愉；而另一些时候，这些边界又可以全然开敞。据此可对阿尔托本人形成一个完整的描述；总的来说，在他身上社会面孔与强烈的个体特征泾渭分明，而通过他的建筑可以获得统一。这一解读丝毫不会贬损他在武奥克森尼斯卡教堂中的创造性；恰恰相反，却能揭示出其深藏不露的丰富人性内涵。

希尔特认为，对于自由、自然的人——那种"依据卢梭的方法"从传统习俗的暴虐（或许也包括那些个人道德）中获得解放的人，阿尔托秉持乐观的想法。[73]勒·柯布西耶应该同样如此。然而，有一个更深层的存在解释了这些专注与驱动，并且通过神秘主义在他们建筑中的表现形式，描述了与"裂隙"相关的某种东西。

二人与母亲关系的复杂性，如果说有助于他们表现远离或走进自然的意识，那么更会刺激一种迫切需求，即通过造型、建筑以及生活去探索女性。理所当然，这展现于他们建筑中诸如曲线的形态；然而，更微妙的是，它有助于二人在设计过程中阐明诗意与"整合"（synthesis）的重要性。他们将空间盛筵奉献于神灵，曲线毕露，透射出对于"母性"（feminine）的炽热倾向，以及对于拥抱的强烈癖好——这一切绝非偶然。

注释

[1] G. Schildt, *Alvar Aalto: The Early Years*, New York: Rizzoli, 1984, p.184.

[2] Ibid.

[3] Ibid., p.186.

[4] Aalto, 'Finnish Church Art', *Käsiteollisuus*, 3, 1925; repr. in Schildt (ed.) *Alvar Aalto in his Own Words*, New York: Rizzoli, 1997, pp.37-38.

[5] *Kerberos* article in Schildt, *Early Years*, p.102, details not given.

[6] Le Corbusier, *Journey to the East*, Cambridge, MA: MIT Press, 1987, p.162.

[7] Ibid., pp.202-203.

[8] Le Corbusier, *Precisions On the Present State of Architecture and City Planning*, Cambridge, MA: MIT Press, 1991, Press, p.11.

[9] Le Corbusier, *Oeuvre Complète Volume 5, 1946-1952*, Zürich: Les Éditions d'Architecture, 1995, p.72.

[10] E. Trouin, 'Table provisoire' for book entitled 'La Sainte Baume et Marie Madeleine', n.d., Foundation Le Corbusier 以下简称 FLC, 13 01 396.

[11] 有关这一话题更多的讨论参见：F. Samuel, 'Le Corbusier, Rabelais and the Oracle of the Holy Bottle', *Word and Image: A Journal of Verbal/Visual Enquiry*, 17, 4, 2001, pp.325-338 和 F. Samuel, 'The Philosophical City of Rabelais and St Teresa; Le Corbusier and Édouard Trouin's Scheme for St Baume', *Literature and Theology*, 13, 2, 1999, pp.111-126.

[12] Letter E. Trouin to Le Corbusier, 11 November 1950, FLC 13 01 45.

[13] V. Scully, *The Earth, the Temple and the Gods*, New Haven: Yale, 1962, p.11.

[14] A. Wogenscky, *Les Mains de Le Corbusier*, Paris: Éditions de Grenelle, n.d., p.18.

[15] D. Pauly, 'The Chapel of Ronchamp', *AD Profile* 55, 7/8, 1985, p.31.

[16] Le Corbusier, *Oeuvre Complète Volume 5*, p.72.

[17] Le Corbusier, *Oeuvre Complète Volume 6, 1952-1957*, Zurich: Les Éditions d'Architecture, 1995, p.52.

[18] Le Corbusier, *The Decorative Art of Today*, London: Architectural Press, 1987, p.167.

[19] Plato, *The Republic III*, in S. Buchanan (ed.) *The Portable Plato*, Harmondsworth: Penguin, 1997, p.389.

[20] Le Corbusier, *Precisions*, p.11.

[21] Le Corbusier, *Oeuvre Complète Volume 5*, p.72.

[22] Ibid.

[23] M. le Chanoine Belot, Curé de

Ronchamp, *Manuel du Pelerin*, 1930, p.13 in FLC.

[24] H. de Lubac, *L'Éternel Féminin: étude sur un texte du Père Teilhard de Chardin*, Paris: Aubier, 1968, p.38.

[25] L. Hervé, *Le Corbusier The Artist/Writer*, Neuchatel: Éditions du Grifon, 1970, p.28. Le Corbusier himself referred to it as a 'skin'. Le Corbusier, *Oeuvre Complète Volume 5*, p.72.

[26] 艺术史学家柯尔（J. Coll）认为，朗香的形式可能源自勒·柯布西耶的圣像画——他为了其中的女性神灵才如此孜孜不倦地努力工作。参见：J. Coll, 'Structure and Play in Le Corbusier's Art Works', *AA Files*, 31, summer 1996, pp.3–15.

[27] Le Corbusier, *A New World of Space*, New York: Reynal & Hitchcock, 1948, p.21.

[28] Cited in J. Alford, 'Creativity and Intelligibility in Le Corbusier's Chapel at Ronchamp', *The Journal of Aesthetics and Art History*, 16, 3, 1958, pp.293–305.

[29] 克鲁斯特鲁普曾追溯这一形象的源头至罗马圣母玛丽亚老教堂（S. Maria Antiqua）一幅壁画中的玛丽亚。M. Krustrup, *Porte Email*, Copenhagen: Arkitektens Forlag, 1991, p.143.

[30] 战争期间在奥松（Ozon）时，勒·柯布西耶请伊冯娜扮作身着兜帽长袍的比利牛斯山脉农妇形象，据此创作了一系列作品。

[31] Le Corbusier, *Oeuvre Complete Volume 5*, p.27.

[32] B. Colomina, 'Le Corbusier and Photography', *Assemblage*, 4, 1987, pp.12–13.

[33] Le Corbusier, *Oeuvre Complète Volume 6*, p.18.

[34] E. Renan, *The Life of Jesus*, London: Watts, 1947, p.215. Le Corbusier's annotated copy is in the FLC, E. Renan, La Vie de Jesus, Paris: Calmann-Levy, 1906.

[35] R. Evans, *The Projective Cast*, Cambridge, MA, MIT Press, 1995, p.284.

[36] Krustrup, *Porte Email*, p.149.

[37] J. Labasant, 'Le Corbusier's Notre Dame du Haut at Ronchamp', *Architectural Record*, 118, 4, 1955, p.170.

[38] Le Corbusier, *The Chapel at Ronchamp*, London: Architectural Press, 1957, p.46.

[39] P. Carl, 'Ornament and Time: A Prolegomena', *AA Files*, 23, 1992, p.56.

[40] Le Corbusier, *Modulor*, London: Faber, 1954, p.32.

[41] Ibid., p.27.

[42] Ibid., p.71.

[43] 在勒·柯布西耶的藏品中有一本小册子, 其中指出, 男女平衡是一种自然法则。A. Mesclon, *Le Femenisme et l'Homme*, Paris: A. Mesclon, 1931 in FLC.

[44] Aalto, 'Architecture in the Landscape of Central Finland', *Sisä-Suomi*, 26 June 1925; repr. in Schildt, *Own Words*, pp. 21–22.

[45] Aalto, 'Riola Church', *Domus*, February 1967, p.447.

[46] Aalto, 'Vuoksenniska Church', *Arkkitehti*, 12/1959, p.201 and in a leaflet available in the church.

[47] P. Reed, 'Alvar Aalto and the New Humanism of the Postwar Era', in Reed (ed.) *Between Humanism and Materialism*, New York: Museum of Modern Art, 1998, pp.110–111.

[48] 隔断包括约400毫米厚的混凝土墙体, 重达30吨, 可提供完美的隔声效果。K. Fleig (ed.) *Alvar Aalto Vol.1. 1922-1962*, Zurich:, Verlag fur Architecktur Artemis, 1990, p.220.

[49] Aalto, 'Vuoksenniskan Kirkko', *Arkkitehti-Arkitekten*, 12, 1959, p.201.

[50] Aalto, 'The Hill Top Town', 1924 in Schildt, *Own Words*, p.49.

[51] Aalto referred to 'the brilliant analysis of the earth's crust' in 'The Hill Top Town', in Schildt, *Own Words*, p.49. 也可参见: K. Jormakka, J. Gargus and D. Graf, in *The Use and Abuse of Paper*, Datutop 20, Tampere: Tampere University, 1999, p.133.

[52] L. Mosso, *Alvar Aalto. Catalogue 1918-1967*, Helsinki: Otava, 1967, p.129.

[53] D. Porphyrios, *Sources of Modern Eclecticism*, London: Academy Editions, 1982, pp.4–5.

[54] R. Ott, 'Surface and Structure', in M. Quantrill and B. Webb (eds) *The Culture of Silence: Architecture's Fifth Dimension*, Texas: A & M University Press, 1998, p.98.

[55] Juha Leiviska, in interview with S. Menin, 6 September 1988, Helsinki.

[56] G. Birkerts, 'Aalto's Design Methodology', *Architecture and Urbanism*, May 1983, Extra Edition, p.12.

[57] R. Venturi, *Complexity and Contradiction in Architecture*, London: Architectural Press, 1983, p.80. 也可参见: Reed, 'Alvar Aalto and the New Humanism of the Postwar Era' in P. Reed (ed.) *Alvar Aalto Between Humanism and Materialism*, pp.94–115.

[58] 约马卡等人指出保罗·玛丽·莱塔鲁伊（Paul Marie Letarouilly）的《罗马现代大厦》（Edifices de Rome Moderne）在阿尔托学生时代是芬兰的标准教科书。众所周知，他花费大量时间绘制立面和研究比例。在前卫的圈子中出现了有关几何方面的文本描述，由于象征性以及神智学（theosophic）的原因而引起人们的兴趣。勒·柯布西耶的模度"是该类型中较晚出现的词条，并且很大程度上依赖其前辈的作品"。Jormakka, Gargus and Graf, Use and Abuse of Paper, p.135.

[59] R. Pietilä, 'A "Gestalt" Building', Architecture and Urbanism, May 1983, Extra Edition, 12. Cited by Kristiina Paatero, 'Vuoksenniska Church', in T. Tuomi, K. Paatero and E. Rauske (eds) Alvar Aalto in Seven Buildings, Helsinki: Museum of Finnish Architecture, 1999, p.113.

[60] W. Curtis, Modern Architecture Since 1900, London: Phaidon, 1996, p.459.

[61] W. Curtis, 'Modernism, Nature, Tradition: Aalto's Mythical Landscape', in Tuomi, Paatero and Rauske (eds), Alvar Aalto in Seven Buildings, p.135.

[62] W. Curtis, Modern Architecture Since 1900, p.459.

[63] Aalto, 'Rationalism and Man', 1935 in Schildt, Own Words, p.91.

[64] The expression is used in R. Connar, Aaltomania, Helsinki: Rakennustieto, 2000, p.108.

[65] R. Weston, Alvar Aalto, London: Phaidon, 1995, p.206.

[66] Schildt, Early Years, p.193.

[67] Aalto, 'The Human Factor', n.d., in Schildt, Own Words, pp.280-281.

[68] 特雷布（M. Treib）曾在《阿尔托的自然》（Aalto's Nature）中讨论这一话题，参见里德（Reed）编著的Alvar Aalto Between Humanism and Materialism, p.57.特雷布认为阿尔托通过整合建筑规划中的要素，以强化既有场地的形态特征。

[69] D.W. Winnicott, 'Transitional Objects and Transitional Phenomena', in Collected Papers, London: Tavistock, 1958, p.240.

[70] E. Cobb, The Ecology of Imagination in Childhood, Dallas: Spring Publications, 1993.

[71] 详见勒·柯布西耶的日记摘录,《朗香之书》, Paris: Les Cahiers Forces Vives, 1962, p.100.

[72] Aalto, letter to Gropius, autumn 1930, AAF, in G. Schildt, Alvar Aalto: The Decisive Years, New York: Rizzoli, 1986, p.66.

[73] Ibid., p.165.

第6章
作为抱持性环境的精神空间

构筑世界：自然、生态与缤纷的形式

Chapter 7

World-Building: Nature, Biology
and Luxuriant Forms

关于自然在神秘空间创造中所承担的角色，阿尔托与勒·柯布西耶持有各自不同的观点。讨论完这些之后，我们转而关注他们对居住建筑中自然所扮演的角色的看法。勒·柯布西耶在"调节焦点"中披露，近五十年来他感觉被迫"将某种神圣的意念引入住所；将住所打造成家庭的庙宇"。[1]在心底里，对于宗教与住屋项目他追求同一目标——即将人引入与自然这一神圣角色的和谐之境。勒·柯布西耶早期曾写道："当自然将自身融入"建筑，一个人在那一刻趋于完善。他后来断言："我坚信完善是一个平台，由不懈而敏锐的心智引领而至"[2]，阿尔托理应完全赞同这样的目标。

1930年阿尔托就曾表述过自己的信念，居住建筑必须提供保护，而情绪与心理"问题"必须被慎重考虑，以创造一个有机的统一体。[3]在他看来，居住模式已经改变，但建筑的应对之策却未曾变化。他认为回归基本的保护需求很重要，而通风、采光与日照的需求同样重要。对阿尔托来说，将居住建筑与外部空间相联系至关重要——"从生物学的视角来看，那些外部空间等同于人类在大城市开发建设前早已适应的大自然"。[4]阿尔托从直觉上领悟到，具备与自然联系的意识对于个体健康特别是儿童健康必不可少。对他来说，仅需要关注人居适宜功能的本质方面，其他无须考虑。

对此科布概括认为，当家庭环境不稳固时，儿童会被吸引到"世界建构"（world-building）之中，通过外部系统的模拟，以尝试构建自己的生活。[5]她认为：

如果我们将心智发展（mental development）当作在生物层面经由文化途径的个体进化（personal evolution），而将儿童涌入自然中所产生的直觉——更确切说是潜在知觉的（latent perceptual）发现，作为某个不断进化、发展的世界意象；那么，依据自己对周边的感知，有关真实世界的知识被组织起来，并且他与自然共同走向对其成长具有广泛影响的某个目标。[6]

借助此类自然中的"他者"对象，无论其秩序还是它所包容的绝对自然，在勒·柯布西耶与阿尔托的早期生活中都似乎格外重要，这在第1章曾有论述。然而科布进一步引用德日进所谈及的"在通往神性的道路上，对于将个体融入自然及人类本性的某种心领神会"。[7]她相信"真正有创造力的成年人设法提升最基本的意识层面，虽缺乏高度的系统化，却具有足够深的直觉特性，更接近艺术家对其自身基本素材之美好与质朴的所有考量"。她将此描述为"智能抽象（intellectual abstraction）的返璞归真"。[8]在这种情况下，这些素材表现为建筑中极度的物质性，以及空间中极度的自然性。因而在科布的观点中，丝毫没有贬损直觉存在的重要性，"因为它不可避免地包含着自然生生不息的参与，这是寻觅联系的尝试"。[9]正如我们即将讨论的，这同样能用以评价阿尔托与勒·柯布西耶在居住建筑中的努力方向。

作为神圣空间的居所
Dwelling as a Sacred Space

从那个时代严重的住房短缺着手，勒·柯布西耶与阿尔托都很支持集合住宅事业；于是在接受独户住宅的专项委托时，他们不得不反复权衡。二人都坚持认为，此类建筑提供了检验新理念的机会。对阿尔托而言，这是"一种实验室，在其中可以实践目前尚不可行的大规模生产项目，而这些实验性案例会逐步传播开来……成为每个人都可以接受的客观现实"。[10]出于这个目的，作为勒·柯布西耶最独特也最具标志性的房子之一，萨伏依别墅实际上被构思为一种适合批量建造的建筑。其《作品全集》中的一幅图表明，在布宜诺斯艾利斯计划建造的一个项目中，勒·柯布西耶希望再次使用这个建筑样式。[11]

当勒·柯布西耶开始设计独立住宅时，他采用集合住宅的元素以便使诸如拱顶单元之类的尺度标准化。他希望借此联结以相同方式建造的其他"光辉"住宅。在下述关于勒·柯布西耶的三座独立住宅［包含早期轻灵的白色时期的萨伏依别墅、在设计生涯转折时期建造的努格塞尔和科利街（Rue Nungesser et Coli）24号阁楼，以及更为根植于本土的周末小屋］的讨论中不难发现，某些一以贯之的主题显现于其居住作品中——那些主题和他想让住户与自然建立亲密关系的愿望有关。

本初之宅：萨伏依别墅
An Elemental House: Villa Savoye

位于普瓦西（Poissy）的萨伏依别墅（1929—1931年，图版17）或许是勒·柯布西耶最著名的住宅作品。他描述这所房子为"一件根植于郊野中心土壤中的器物"。[12] 作为"一个凌绝凡尘的盒子"，[13] 它孤单地伫立于一片郊外基地的中间，兼具他所提出的多米诺框架与新建筑"五点"的所有典型要素，拥有自由平面、自由立面、横向长窗、底层立柱与屋顶花园（图版21）。勒·柯布西耶在《作品全集》中轻描淡写地说"想法挺简单"——而这想法源自他们开车抵达距巴黎30公里开外的地方，见到客户所拥有的一片被森林环抱的"壮美"基地。别墅的尺寸其实取决于一辆较长汽车的转弯半径，车辆可以沿弧线进入架空层柱廊下，并在门口卸下物品。

"另一件事便是：景色异常秀美"，勒·柯布西耶曾描述道："草地满目秀色，丛林也一样美丽：你必须尽可能轻柔地触碰它们"。[14] "房子踞于草地中间，不损害任何东西。"他要在二层打造一个悬空花园（jardin suspendu），得体的理由便是那里更干燥，可为居住者提供更好的景观视野（图版21）。

那里兼具室内外空间的属性，扮演了一个"光线分配器"（distributor of light）的角色。[15]《作品全集》中的照片聚焦于建筑与周遭环境及内部花园的相处之道。而勒·柯布西耶的描述也大多关注于花园，其他皆屈居次席——或许只有通向屋顶日光房的坡道是个例外。

孤傲地屹立于光荣孤立之境，萨伏依别墅显然是在向帕提农神庙致敬，后者在《走向新建筑》中领受了勒·柯布西耶如此的盛赞；而建造中，二者都使用了"控制线"（regulating lines），将建筑与自然联系起来。同时，别墅中的许多细部来自勒·柯布西耶赞誉有加的高效远洋客轮。在《走向新建筑》中，这座房子被比作"一部生活的机器"（a machine for living），仿佛自然选择的产品；他描述了，不论从实用还是诗意的方面来说，它如何尽可能高效地运转。

在《东方之旅》中，勒·柯布西耶记录了希腊白色建筑的主人每年粉刷自己的房子，以此作为一个更新的标志。[16]而当他创造如萨伏依别墅之类令人目眩的白色建筑时，或许也记挂着这件事。在《今日的装饰艺术》中题为"白色粉刷的外衣：瑞普林法则"一章，勒·柯布西耶再次提及民间文化中所使用的白色粉刷。"无论何方，只要人们能保持一个和谐文化的平衡结构完好无损，便会看到白色粉刷。"[17]更有甚者，"自人类诞生之日，白色粉刷便关联着栖身之所。石头经由煅烧、粉碎，再加水细磨——墙体被覆以最纯净的白色，那是出众而美丽的白色。"可见在勒·柯布西耶眼中，白色粉刷是一种极其自然的饰面处理，用以表明与自然的亲缘关系。[18]

在职业生涯的早期，勒·柯布西耶曾尝试一些方法，以建筑元素表现巴黎的某个特定地标，从远处的室内便可眺望。比如在《作品全集》中贝斯特吉公寓（Beistegui Apartment,

1932年） 屋顶花园的著名图片里可以看到，视错觉影响下的凯旋门近乎成为壁炉架上的一个装饰（图7.1）。[19]此后勒·柯布西耶继续探索这种可能性，将精心框选的景致引入建筑中，以描画一片风景。在萨伏伊别墅的悬空花园中可以看到，一扇布置有桌子的窗户将目光引向外面的风景（图版21）。而"勾画四条天际线"引入建筑的"一带横窗"（une fenêtre en longueur）环通了别墅的大部分立面，那恰是柯氏钟爱的主题。

《东方之旅》中的一幅速写描绘了构筑于一座房子侧墙边的"水庙"（water temple），表现出勒·柯布西耶早期对于圣水如何被引入内部场景的兴趣。[20]毫无疑问，四大元素在萨伏伊别墅中从不同角度得以强化。土地得以保留，完好无损。如同他设计的许多房子，水以首层前门边一个醒目洗手盆的形式被引入，唤起天主教堂入口接受圣水的仪式感。在一层的蓝色浴室中（图版19），水获得更高礼赞。火被引入主宰起居室的独立红砖壁炉中。而空气则被悬空花园的建筑所围合。勒·柯布西耶早已熟稔炼金术某些更为隐晦的方面[21]，极有可能特意以此种方式引入四大元素，甚至可能是生发裨益的某种神秘形式。

巴黎顶层阁楼的天空、光与混凝土的生活：努格塞尔和科利街24号
Sky, Light and Concrete Life in a Parisian Garret: 24 Rue Nungesser et Coli

勒·柯布西耶的建筑在20世纪30年代早期经历剧变，几乎同时他和伊冯娜完婚，而其画作的变革也在这期间发生。他的绘画不再表现由瓶子和书本构成的纯净主义的枯燥景致，开始包含某些自然物，以及女人与动物这些更为明显的象征元素。而他自己的家，那个建于1933年的努格塞尔和科利街24

号顶层阁楼，则提供了一个与其建筑共同经历转变时期的优秀范例。一俟建成，勒·柯布西耶便开始对其进行与日俱增的调整，从约翰·温特（John Winter）◆所描述的"棱角毕露的开敞室内"到"1953年有厚实木墙裙的公寓"。[22]

顶层阁楼坐落于巴黎的奥特伊区域（图7.2），恪守光辉城市的原则，并且充分表达勒·柯布西耶对自然强烈而持久的关注。楼板被独立地支撑于一列柱子上，柱子始自前后立面的中间位置，却沿着一条明显的不规则曲线，穿过建筑中部。两个相对立面的交融形成建筑形态的主旨。而在首层，一根圆柱挡在这个方方正正建筑的入口前，为即将出现的一切定下基调。[23]

一进入公寓，面对大门的外凸墙面迅疾将视线由私人工作室移向旋转楼梯（图7.3）。踏板沿圆弧形逐级向上，从幽暗的门厅经由一个摆着精心挑选的物品的壁龛，穿过一个方洞，就来到阳光绚烂的屋顶花园。来访者踏上有机曲线形态的楼梯，走入花园，走入阳光。对勒·柯布西耶而言，屋顶花园是一处具有无穷象征潜力的空间，是建筑的精神散步◆◆（spiritual promenade architecturale）的极致，是与自然沉浸厮守的场所。当屋顶花园过度繁茂甚至杂草丛生时，他其实会感到欣喜，因为那柔化了建筑的硬性轮廓。[24]"风和阳光主宰了创作，半人工，半自然。"[25]

走过门厅，步入勒·柯布西耶的工作室。拱顶结构的白色混凝土与边墙形成对比，后者的黏土砖让人想起土地。在室内空间中使用诸如此类的室外材料，成为模糊室内外边界的有效途径。而玻璃在整个公寓中的大量使用更强化了这种模糊感。

◆约翰·温特（1930—2012年），英国建筑师，出生于诺维奇（Norwich）并在那里开始自己最初的建筑工作。1950—1953年，他在伦敦的建筑联盟学院学习，服役后去美国耶鲁大学接受进一步教育，最终回到伦敦开办自己的设计事务所。温特积极为《每日电讯报》和《建筑评论》等各种出版物撰稿，并于1970年出版了《工业建筑：厂房调查》（Industrial Architecture: A Survey of Factory Buildings）一书。
◆◆此处采用牛燕芳的译法，将promenade architecturale译作"建筑散步"。参见：牛燕芳. 萨伏伊别墅：一个独立世界的创生——勒·柯布西耶"建筑散步"思想溯源[J]. 建筑学报，2018（10）：99-107.

来访者由门厅被引向设有简单壁炉的起居空间，壁炉上是壁龛，摆放着他的"特别收藏"物品：一个古希腊女神的头像、一段骨头、一只小罐和一件手工制作的小雕像（图7.4）。勒·柯布西耶将它们称作"唤起诗意反响的物品……是使用大自然语汇的言谈者的一袭华服"。在他看来，那些东西"堪配寒舍内的一席之地"。[26]——而"能引起共鸣的同伴"则成为"自然天地与我们自身彼此交织的友善联系"。[27]它们位居壁炉上的这个壁龛中，如同拉瑞斯与佩那忒斯（lares and penates）一样值得被崇敬——那是勒·柯布西耶在参观庞贝住宅时曾提及的家宅守护神。[28]圣坛一般的壁龛嵌入墙体，成为勒·柯布西耶随后居住建筑的标志性特征，例如在居住单元联合体的阳台上。

仿佛在向朋友致敬，勒·柯布西耶在方形餐桌的显眼位置摆放了一只阿尔托的萨沃伊玻璃花瓶，那餐桌占据壁炉外一个简单的拱顶空间（图7.5）。[29]与之相连的是勒·柯布西耶本人的卧室。虽然与他的众多早期建筑一样被涂刷成白色，却能使人联想到古代以及自然中的其他先例。与巨幅平开门连为一体的是一个宽大的衣橱。为关闭那扇门，有必要从开启的一侧转动那个沉重的衣橱。在这个过程中转动的声响以及付出的体力，都让人联想到推动门口的一块巨石。当关起门来，在房间里的人会感到与世隔绝又防护得当。

勒·柯布西耶高度拟人化的花瓶突出地陈列在房间里，它那隆起的形态让人想起早期的多产象征（图7.6）。在《东方之旅》中，勒·柯布西耶曾以不乏情色的措辞描述这类花瓶，刻意混淆容器与女子富于曲线美的躯体之间的界限。[30]房中连带的浴室独自围合于一个子宫般的空间中，被上方一个独立天窗的光戏剧化地照亮。子宫形态与水的组合逐渐成为其建筑中一再重复的特征，在朗香教堂中愈发显得直白。

图7.1

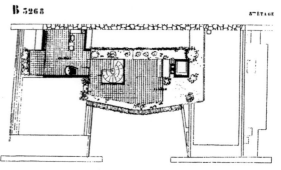

Plan du 8e étage (toit-jardin en communication avec le 7e étage)
Solarium et chambre d'amis

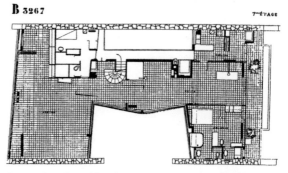

Plan du 7e étage. Ces deux plans soumis à l'étrange réglementation des gabarits ont nécessité une ingéniosité inlassable pour trouver les
points d'appui nécessaires et les surfaces habitables. Les gabarits avaient une raison d'être lorsqu'on construisait en charpente de bois.
Ils sont un résidu inadmissible à l'époque de la construction de l'acier et du ciment armé

图7.2

图7.3

图7.4

图7.4
阁楼工作室壁炉，勒·柯布西耶，1933—1935年
（引自：Le Corbusier and Jeanneret, *Oeuvre Complète Volume 2.p.150.*）

图7.5
阁楼工作室餐厅，勒·柯布西耶，1933—1935年
（译者拍摄）

图7.6
阁楼工作室主卧室，勒·柯布西耶，1933—1935年
（引自：Le Corbusier and Jeanneret, *Oeuvre Complète Volume 2.p.152.*）

图7.5

图7.6

第7章
构筑世界：自然、生态与缤纷的形式

盥洗盆位于卧室尽端一个小间内，小间入口的曲线造型宛若即将使用它的女子。里面的镜子反射着天光，将自然直接引入公寓内部（图7.7）。

在一张1959年勒·柯布西耶拍摄于卧室里的照片中可以看到，一幅稚拙派◆画家（Naïve painter）安德烈·鲍尚（André Bauchant）◆◆的作品挂在婚床的床头上方（图7.8）。[31]画面中基督正在为圣母玛丽亚加冕，是标准罗马天主教画像的一个版本。在两个人物头部上方赫然显现一个戴双角冠的神，双角形似两个小小的天使。而环绕他们的是酒神庆典中嬉闹的天使。表面上描绘着天主教场景，但与之共存的俄耳甫斯主义元素（例如角冠与葡萄）则表明，画面可能有另一种解读方式。或许也可以将其诠释为一个对立双方融合的图景，那是柏拉图《会饮篇》（Symposium）所描述的雌雄同体，勒·柯布西耶及其圈内友人对此十分着迷。把这幅画挂在自己的床前，表明了他对基督教与酒神信仰的个人信奉，他相信自己与妻子的关系同玛丽亚（圣母或抹大拉的玛丽亚）与耶稣的关系可以相提并论。[32]画作将床榻变为一座圣坛，那是他与伊冯娜、与女人（用德日进的话来说）、与大地结合的场所。在床上，夫妻共享一片天空、太阳与水的图景：那是勒·柯布西耶光辉世界的至尊法条。

对于勒·柯布西耶来说，阁楼是一个休养和重获新生的场所，也是通过伊冯娜——他的妻子、"守护天使"，以及家中的起居空间（壁炉），重获与自然联系的一个场所。[33]建筑围合着同时也模仿着她的躯体。勒·柯布西耶珍爱一块钉有妻子与母亲照片的小钉板（图7.9），表明了她们的重要性。实际上整个寓所都可以被视作女性的圣殿，奉献给男人生命中的女性角色，尝试以建筑来填补多年前因母爱缺失而产生的裂隙。

◆稚拙派是20世纪产生于法国的画派，英文名为Naïve art或Naïf art，是艺术家面对日益复杂的社会所创作的作品。创作者通常缺乏或拒绝在真实物体的表现或描绘方面的传统专业知识。作品通常非常细致，并且倾向于使用明亮、饱和的色彩，而非微妙的混合色调。此外，通常缺乏透视，因此造成人物被固定在空间中的错觉，产生画中人物的所谓"漂浮感"。

◆◆安德烈·鲍尚（1873—1958年），法国的"稚拙派"画家。他最有名的是花卉和风景作品，其人物画通常受到神话和古典历史的启发。

伊冯娜本人则气愤地抱怨寓所内玻璃的数量："那光亮让我痛不欲生！"[34]——对于勒·柯布西耶有关建筑中光明与黑暗、精神与肉体、阳刚与阴柔应该存在平衡的法则，这是一个严厉的指责。在一份类似的记录中，艾琳·格瑞（Eileen Gray）强烈批评这一时期勒·柯布西耶的作品表现得缺乏身体性（sensuality）[35]，再一次揭示出本应在其建筑中促发的亲密感严重不足。

包覆现代主义：周末小屋

Enveloping Modernism: Petite Maison de Weekend

周末小屋建于1935年，位于距巴黎不远的拉·塞勒-圣克卢（La Celle-Saint-Cloud）。勒·柯布西耶设计的一系列拱顶住宅，最初源自1919年的蒙乃尔住宅（Maisons Monol），也包括贾奥尔住宅（Maisons Jaoul，1955年）与沙拉拜别墅（Villa Sarabhai，1956年）；周末小屋作为其中之一，标志着这一时期勒·柯布西耶作品的悄然变化达到了一个顶点。牢牢依附于大地，"对这所掩映于树丛中的小房子，最基本的设计想法就是尽可能使之不被看到"，在《作品全集》中，对这所周末小屋，勒·柯布西耶开篇便如此描述。[36]这是一座被自然包围的房子。实际上，每个小间的混凝土拱顶联成整片屋顶，其上覆盖着泥土与草皮，暗示他将其构思为某种形式的地下建筑（图7.10）。

到达这所房子时，来访者会沿着小径走过左边的大树，建筑曲线构成的墙体遮蔽并环抱着大树。这让人想到新精神展馆中被混凝土包围的那棵树，作为一个象征，直接有效地提示着自然的重要性。

在彼此垂直相交的两面卵石墙体的守护之下，建筑面对花园开放。它由6个近乎正方形的拱顶小间构成，从而形成其

图7.7

图7.8

图7.9

图7.10

第 7 章
构筑世界：自然、生态与缤纷的形式

图7.10

周末小屋室外

（引自：Le Corbusier and Jeanneret,
Oeuvre Complète Volume 3.）

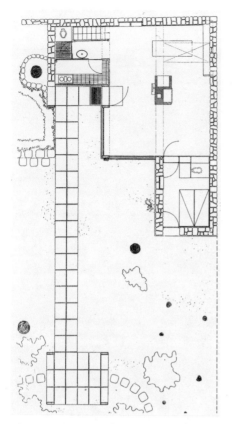

图7.11

图7.12

图7.13

图7.11

周末小屋平面图

（取自：Le Corbusier and Jeanneret, *Oeuvre Complète Volume 3.* ）

图7.12

从周末小屋眺望花园

（取自：Le Corbusier and Jeanneret, *Oeuvre Complète Volume 3.* ）

图7.13

周末小屋餐厅

（取自：Le Corbusier and Jeanneret, *Oeuvre Complète Volume 3.* ）

结构网格。一个更远的小间位于距建筑本身一定距离外的花园中（图7.11）。通过在花园中放置一个小间，勒·柯布西耶提醒注意一个事实——建筑本身就是由独立小间单元构成的，几乎像是生物界的产物。他注意到，"花园中的凉亭与建筑被以明确的关系联为一体"——这暗示着某种几何游戏很可能在作品中发挥着作用。[37]这个独立小间形成了保护性露台，以庇护那些炎热天气下在外面吃饭的人，正如在那幅"场地中的住宅"草图里所见到的。[38]通过混凝土滴水嘴，小小"凉亭"的屋顶在雨天将水排入一个浅池中，成为对水的礼赞。居家生活中准备饮食曾是很重要的事情，在勒·柯布西耶眼中应当被延续并升华。家庭聚餐曾是"庄重的"仪典，他确信"太多时候被忽视了"。在他的观念中，这种"古代家庭的传统必须复兴"。[39]凉亭仿佛一个小型殿宇，托举起就餐活动，强化其神圣的本质。

从《作品全集》的一幅照片可以看出，周末小屋内的就餐空间朝向室外就餐空间，反之亦然（图7.12）。室内的餐桌以木质镶板为背景，恰如室外就餐区域被树木围绕（图7.13）。墙上有一幅希腊女神头像的大幅照片，看着像是德墨忒耳（Demeter），被顶棚的强光照射着。在她的下方，一个长长的横向搁架上摆放着植物与简单的器皿。在这个简洁的拱顶空间下，沐浴着光，她引发人们对古典时代和自然的回忆。

勒·柯布西耶在《作品全集》中写道，周末小屋"选择了极为传统的材料"◆，而在现实中他早已成功运用了非常新的人工合成材料。毛石墙面留有未加雕琢的痕迹，与镶有玻璃砖的墙体以及地板上的白色工业瓷砖形成对比。勒·柯布西耶特意采用简单细部与自然材料，促使身居其中的人们思考什么才是生命中最重要的。[40]通过周末小屋的设计布局与细部节点，他希望居住者过苦行的生活，与自然和他人和谐相处。

◆此处引用牛燕芳、程超的译文。详见：（瑞士）马克思·比尔. 勒·柯布西耶全集：第三卷1934—1938年[M]. 牛燕芳，程超译. 北京：中国建筑工业出版社，2005: 109.

重塑安居之所
Re-enacting Settlement

1930年在一篇题为"居住的问题"的文章中，阿尔托扩展了他在1926年"从门阶到居室"中表达的观点。其中论述了那些他看作住宅必须承担的问题——不论关乎建筑师还是居住者。这些问题的关键在于居所内外与自然的亲密关系。太阳被他描述为"一个能量之源"，那是被他视为一个起始点的"生物动力学的功能"，也是一种保障，"协同整个环境与其中的人，构成一个典型的有机运作的整体"。[41]他相信，内外之间的契合必须建立在很深的层次上，而这一契合与联系起自己内外生活的自我努力相一致。在随后对位于蒙基尼米的自宅与工作室（1934—1936年）以及玛丽亚别墅（1937—1939年）的分析描述中，阿尔托实现这一计划的尝试得到了验证。

一座现代涅梅莱农舍：阿尔托自宅与工作室
A Modern Niemelä Farmstead: Aalto's Own House and Studio

早在1925年阿尔托就写道："建筑唯一的正当目标便是：自然地建造。不可过度。不可无的放矢。任何多余之物都会随时间的推移变得丑陋不堪"。[42]阿尔托的实验源自质朴的自宅与工作室（1934—1936年，图7.14），建筑位于赫尔辛基郊外蒙基尼米的里希铁（Riihitie）。它意图实现"普遍地适用，并尽可能贴合日常生活"。[43]在其中他融合了历史上古罗马中庭的类型学先例，同时颠覆了格罗皮乌斯院长住宅的形式——那是他早期设计帕伊米奥的医生住宅时曾借鉴过的。另外，他还援引某种程度上接近胡戈·黑林"表现形态"的风土内容。[44]他捕捉到农舍的肌理与细部同持续发展的毗邻自然而居典型需求之间的微妙差异

（图7.17、图7.18）。确如其良师益友斯特伦格尔所描述的，这座建筑希望成为某种"现代涅梅莱农舍"，根植于其基地与文化（图7.15）。[45]这是阿尔托乐于接受的说法。

建筑构筑于一块巨石上，俯瞰着沙里宁那座青年风格派的实训学校，简洁的L形平面掩饰着居住所产生的复杂性。阿尔托不露痕迹地将建筑一分为三。中庭形式的两层通高工作室占据一翼，其一侧是大面积的玻璃幕墙。由这个空间穿过一道移动隔断，来到整座建筑的主体部分——起居空间或"图帕"空间。工作室也可以直接连通花园与屋顶平台。第三部分包含位于二层的小型私人起居室、卧室与阳台空间，而将首层的"图帕"空间留待起居、就餐以及在天井中的户外就餐之用。

建筑的结构复杂，包含承重砖墙、钢柱、钢筋混凝土楼板和木质墙面。阿尔托夫妇解释说，这样的设计源自对最多自然采光的渴望，提供遮蔽用以防风，提供严密保温的墙体以抵御冬季严寒。[46]砖墙以石灰粉刷，表现丰富的、非匀质的肌理。错落的立面加之细木条分格，工作室一翼的墙体愈发柔化，覆盖着常青藤的枝叶，生机勃勃。与此相伴的是覆盖二层墙体、留有深深沟槽的板条面层——此处细部节点曾原尺寸发表。[47]与其他作品类似，在这所谦和的房子中，阿尔托大量使用木材覆盖于其他材料与结构之外，仿佛在为它们的构造问题（甚至其现代性）表达歉意。关于阿尔托作品中木材的非凡意义，我们曾在第4章讨论过。

建筑表面的玻璃部分也以简单的细木格栅装饰，作为玛丽亚别墅的预演，而内部墙体饰以多种自然肌理的面层。花园的设计具有一种废墟般的感受，残破的石头以某种特别的方式散落于低矮石墙边的草丛中，让人想起芬兰中世纪教堂旁边的情境。基地围以木篱，使人想到风土的围栏，却使用现代构造方式。此类受风土影响的设施预示着某种蜕变，从帕伊米奥那种基本功能主义者的设计，变得更为浪漫——虽说也注重功能，却非功能主义。常青藤爬满了整座建筑，拒绝对建筑与自然间的界线做出清晰解读。

往事、标志与自然传承：玛丽亚别墅
Bygones, Icons and Natural Inheritance: Villa Mairea

玛丽亚别墅是为阿尔斯特伦（Ahlström）公司的继承人玛丽·古利克森设计的。玛丽与丈夫都是进步派，通过为阿尔托提供不同类型的项目委托——诸如苏尼拉（Sunila）与考图阿的居住项目，他们希望对艺术与社会做出现代的声明。玛丽亚别墅（1937—1939年）是他们的自宅，建在波里（Pori）附近诺尔玛库（Noormarkku）的阿尔斯特伦私有基地上。房子独自建在一片长满针叶树的小山上；它形成一个庭院，其中一个水池被花园环抱（图7.16）。房子的主要起居部分是一个很大的、开敞的"图帕"空间，居中是一个开敞式壁炉（图版20）。这部分与垂直方向的餐厅开放连通，餐厅之外还有厨房与其他服务空间。卧室与玛丽的工作室设在楼上。桑拿房在建筑旁边，位于一条屋顶覆土的连廊之下——那是一种具有本地形态特征的风土语汇，从主体建筑中抽离出来，却愈发强烈（图7.19）。这也暗示着建筑中复合的自然：结构局部为钢，或为混凝土，或为多孔砖，而面层采用砖、石、抹灰、釉面瓦以及最为突出的木材（图版22）。

随着风土的典范对于阿尔托日益重要，他的设计更强化形式以及肌理方面的微妙差异，浪漫的表现显然淹没了功能主义。然而，在玛丽亚别墅中仍存在某些复合的东西，兼容自然与文化、天然生成与人工制作；或进化而来，或基于合成；某些回首过往，而另一些则眺望未来（图版23）。毕竟，阿尔托完全认同一个现实——即便是在芬兰，也不

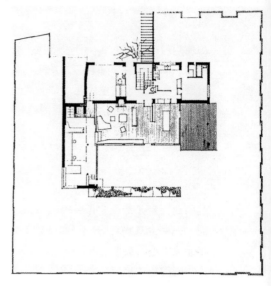

图7.14

图7.15

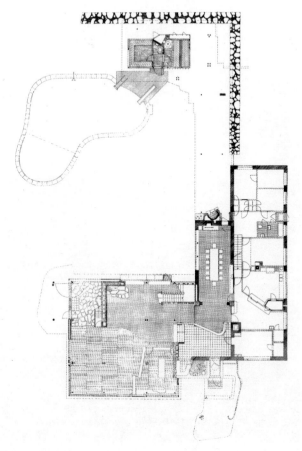

图7.16

第7章
构筑世界：自然、生态与缤纷的形式

图7.14

阿尔托自宅与工作室平面图，蒙基尼米，阿尔托，1934—1936年

图7.15

涅梅莱农舍平面图，从孔因康阿斯移至塞拉沙里民俗建筑博物馆，赫尔辛基

图7.16

玛丽亚别墅平面图，阿尔托，1937—1939年

图7.17

图7.17

阿尔托自宅与工作室侧面，　阿尔托，
1934—1936年

（译者拍摄）

第 7 章
构筑世界：自然、生态与缤纷的形式

再存有完全的自然状态——而仅仅是"人类劳作与原始环境的结合"。[48]先前已经提到，他确实坚信"原始的景观"应该得到提升，在一个重重叠加的形态内外，它的特征可以同时得到强化或扼制；这表明他的视角转向建筑的质朴起源——通过从石头到洞穴、从树木到支柱的方式调整地景的过程。考虑到委托佣金背后的财富，1938年玛丽亚别墅重新设置了某些基本生活设施；有意思的是，那些设施直到近年才在芬兰显得真正多余。

勒·柯布西耶的周末小屋完成仅仅两年后，阿尔托开始设计玛丽亚别墅。前者谦和的低矮房舍预示着一系列阿尔托同样探索着的理念，包括居中而设的壁炉，覆盖草皮的屋顶。在周末小屋中有个原始棚屋一样的露台，而玛丽亚别墅中有一个桑拿房，都建在水边。在这两处案例中，整体的田园气息仿佛从土地中生长出来一般。然而，阿尔托似乎更为专注地回溯芬兰的风土（例如涅梅莱农舍），而不仅仅是唤起某个古代正厅（megaron）印象的棚屋原型。

实际上涅梅莱农舍与所有它所代表的东西具有更为重要的意义——这不仅表现在肌理与细部方面，还在于提供了一个积淀过程的摹本，借此阿尔托可以形成对于形态与细部的综合创作构想。它提供某种"和谐"的参照，并可以获得"认同"（sympathetic）；正如阿尔托所表达的，介于使用者与景致之间，可以是自然的，或是人工的。[49]这一积淀过程不断吸收使用模式与历史借鉴，并汲取其他一些内容。这种对风土的参照绝非仅仅针对原始形态的再创造，而是本身重新参与某些生长过程。[50]实际上，它重现了原初建筑的状态——在芬兰的风土中表现为桑拿房。作为一个典型的芬兰人，阿尔托认识到桑拿中清洁的仪式性，将沐浴视作人类居住生活至关重要的部分（图5.7）；于是在玛丽亚别墅中，水池成为最先构筑的东西（图7.19）。

阿尔托所接受的累积"过程"，逐渐开始超越建筑形态的意义与解读。他指出，与建筑中的人工自然一样，居住的过程会因周遭的自然而充满同样的活力。正如周边环境的复杂性一样，它引发创作中的最好可能性是多元复合并激发活力；而最差的结果则是不统一，以及缺乏某种强有力的组织。然而这个"过程"（也就是人类生活密切接近自然）恰恰可以被理解为那种组织；同样，生态循环也与其中存在的生活、运动过程形成同构。

正如希尔特所描述的，作为一个"无畏的经验主义者"（intrepid experimentalist）[51]，阿尔托并不知晓"这座芬兰独一无二的百万富豪别墅"的探索性设计将引发什么，但他与客户都觉察到这与他们走向社会乌托邦的工作并无矛盾。这个设计确实依据探索性的现代居住方式被重新组织，但这些依据本身也被他们的使用方式所颠覆。萨伏依别墅的架空柱廊、弗兰克·劳埃德·赖特流水别墅的阳台以及格罗皮乌斯院长住宅的玻璃墙面，都曾在他的设计草图中反复出现；然而，这些细节一旦被采用，它们的意义便会被其使用性质所篡改。在落成后的建筑中，其所参照的白色混凝土架空层被分别转译为未经加工的树干、覆盖枝叶的钢架或爬满常青藤的混凝土，甚至在某些位置产生了对角线的意趣（图7.19，图版20）。到目前为止，阳台由木材包覆，伴以金属和木杆的围栏。大面积使用的玻璃也变得羞涩，或里或外掩映着大片百叶（图版22），而搭有格栅的白墙枝蔓丛生（图7.20）。看得出阿尔托从同行那里获取灵感，却极少亦步亦趋；这当然源自创造性想象的力量，同时也由于他决意掩饰自己所受到的影响。[52]

阿尔托似乎打算以每个细部都要产生某种自然"认同"为目标，取舍这座建筑中林林总总的形态与特征，从树丛般的楼梯到巨大开敞式壁炉上方具有雕塑感的"波浪"以及

图7.18

图7.19

图7.20

图7.18
> 阿尔托在自宅中察看树叶，约1940年

图7.19
> 桑拿房附近的柱子细部，玛丽亚别墅，
> 阿尔托，1937—1939年
>
> （译者拍摄）

图7.20
> 地下室入口细部，玛丽亚别墅，阿尔
> 托，1937—1939年
>
> （译者拍摄）

第7章
构筑世界：自然、生态与缤纷的形式

入口雨篷的个性化标志（图版18）。而架空的柱廊也确实为场地增添诗意，并非仅表现出功能上的简洁有力。建筑空间同时满足现代感与原本典型的人居功能。例如，哈里·古利克森（Harry Gullichsen）需要商务会谈，要求将可移动的书架隔断做成固定与隔声的；楼上的家庭起居空间设置了一些帖墙的扶手，供家中长幼进行身体训练，以保持健康；而玛丽需要一个安静的工作室。然而这些功能时常被传统范例所削弱，诸如工作室以一个简单棚屋状附加空间的形式表现出来，具有一种永恒感，却在某种层面"远离了芬兰的风土"。[53]穿过一个仿佛船上平台的覆草屋顶下方，可以到达桑拿房，中间经过钢柱，而后是石基上的木柱。借由这项最富芬兰特征（然而也是最基本）的活动，这座建筑越发本土化了。桑拿被赋予某种风土语汇（不论在芬兰还是日本），并可诠释阿尔托作品中对于"普遍性"（universal）原则的一般应用（图7.19）。实际上，不少研究者曾注意到阿尔托对于日本的兴趣[54]，日本的自然观念不可避免地成为东方文化中令阿尔托兴味盎然的一部分。[55]他曾写到："日本文化以其有限的形态，通过引发多样性以及近乎日常的创新融合，在民众中播撒下精湛的审美……他们对于自然的亲近，以及对于由其引发的不同变化的恒久钟爱，形成了某种生活方式，以至他们不愿意在形式主义的概念上花费太多时间。"[56]

众所周知，阿尔托能听到来自芬兰国内外艺术界的呼声，如同门德尔松一样，他们呼唤艺术中某种新的融合。甚至希特勒也在清晰地表达着同样的主题。[57]阿尔托也曾通过于尔约·希恩与卡雷尔接触到柏格森的理念，因而听到对于直觉与理性统一的呼声——接近于前文所引述的科布所谓"智能抽象的返璞归真"的某种表达。[58]阿尔托在玛丽亚别墅中的融合观念似乎是把迥异的主题摆在一起，而非

◆尤哈尼·帕拉斯玛（1936年一），全名Juhani Uolevi Pallasmaa，芬兰建筑师，赫尔辛基工业大学教授。他曾担任过许多学术和社会职务，包括1978—1983年芬兰建筑博物馆馆长和赫尔辛基工艺美术学院院长。1983年，他在赫尔辛基建立了自己的建筑师事务所（Arkkitehtitoimisto Juhani Pallasmaa KY）。2001—2003年，他是圣路易斯华盛顿大学的建筑学客座教授，并在2013年获得了该校的荣誉博士学位。

削减选择，以接近勒·柯布西耶对于纯净并不全面的理解。阿尔托积极回应并盛赞人类居住体验的多样性。确如他晚年所解释的那样："我不认为原理与直觉之间如此迥异。有时直觉也会极度理性。"[59]这或许一语中的，强烈表达出他将不同内容联为一体的心理需求。[60]这与他公开接受玛丽亚别墅具有多元价值的特性密切相关。他竭力超越同时代人那些被视作线性建构逻辑的观念，而将其定位于更少"人工"的某种产物。[61]他同样挚爱不以"普通系统"（ordinary systems）作为起始点的设计，代之以从"人所未知"理念出发的创造。[62]对于他的灵感众说纷纭，甚至不乏讥讽；但据此可以将其灵感看作他自我认知的方面，"带着其情感生活以及自然之中不可胜数的微妙差异"。[63]实际上，雷马·皮耶蒂莱认为阿尔托的现代主义之路是"一种生物的直觉，以已知与未知的方式填充裂隙"。[64]由此阿尔托逐渐相信，现代主义的首要问题——技术与经济"必须与生活所引发的丰富魅力相结合，甚至服务于后者"。[65]

认识到玛丽亚别墅何以是一个整体，而非融入复杂的矛盾组合体之中，这一点尤为重要。与其他项目一样，阿尔托权衡不同的形态或想法，更像是开拓与评判他对这种"融合"的探索。曾有观点认为，"可以通过将诸如厚重与轻薄、简单与复杂等对立观点概念化的方式，巩固不同内容之间松散的联合"。[66]通过对这所建筑详尽的分析，帕拉斯玛（Pallasmaa）◆确定这一命题为外向性（包含纪念性、靠近与权限）与内向性（到达、保护性与寻常家居）的对抗游戏；[67]并且相信，这种"矛盾与对立的和谐"提供一个具有疗愈价值的氛围，而非任何意义上的混乱。[68]在玛丽亚别墅中回响着诸多此类对立。

从潜在层面上，这种"不对等各方的均衡"[69]可以被视为阳刚与阴柔元素的融合；在勒·柯布西耶那里我们将阳刚与理性建筑的平直形态联系起来，而阴柔则与身体性（bodily）、感官性（sensual）以及曲线形态相关。作为玛丽亚别墅超过10年的一位管理者，安娜·霍尔（Anna Hall）认为这座建筑如此具有感官性，其阴柔特征明显超越阳刚色彩。别墅使她察觉某种爱的诗意，甚至由此受到挑剔的批评者的某种淫荡指控。[70]确实，很多人认为它是一件爱的杰作（opus con amore）。[71]这个项目的阴柔特征是形式上的（表现在无数具有曲线美的形态中），却也是坚定的（表现为在结构上抵抗理性主义），并且是彻底的，不论表现于平面还是剖面，形式还是细部；这些都表现在一个"过程"中，而非一成不变。这一点清晰地表现在门厅中，那里袒露着一片细木格栅，源自阿尔托1938年设计的纽约世博会芬兰馆的波状外墙（图6.13）。而阳刚的本质仅存在于结构之中并一再妥协，远未如此强势。直线元素受到波动倾向的挑战，而挑战同样来自细部——用历史与文脉的微妙差异反击现代性的瞬间——而这是阿尔托始自维普里图书馆顶棚的设计方法（图4.2）。

小结
Conclusion

勒·柯布西耶在《模度》中写道："能让人感动至关重要，通过那些能点亮心灵的千万个偶然所产生的作用感动他们，让心灵惊喜，充满它的每一寸边缘，激发它，唤醒它。"[72]在这一章我们发现，他的居住建筑充满微妙的细节，那些细节是对居住者的一种提醒，提醒他们过简朴生活与自然和谐相处之重要。勒·柯布西耶的建筑散步充满沉思甚至仪式感，但常常通过设计，以某种方式使个体超脱自身。在萨伏依别墅中通过游戏与暗示，以更为理性的方式引入自然。而在他后来的建筑中，则通过与绿化及更多自然材料的密切接触，激发更为感官性的反应。

阿尔托也提供了多样的途径，室内元素借此得以巧妙地涉及自然世界。他的建筑散步未必需要沉思，而是激发与充实环境所需的运动，引发我们使用建筑的过程（包括心理方面的使用），及其与自然的互动和调解。阿尔托的建筑显然能使自身充满活力，反复提供视觉诱导以产生交融或活动，这或许是以金属丝绑扎渗透出自然的木材细部，或是武奥克森尼斯卡或沃尔夫斯堡文化中心那些持续生长的体块。

先前曾提及，阿尔托不喜欢独处。因而，他所构思的居住建筑都清晰地表露出引发与他者潜在交往的倾向，要么在拓宽的走廊上，要么在露天剧场或大型开放式布局的生活空间中，产生不经意的邂逅。这种对于交往的渴求持续不断地具体化，体现为某种意愿，使涉及私人领域的内容表现出近乎令人尴尬的轻浮。在建筑形态上，它也暗示了长期存在的潜在威胁——自然随时准备吞噬居所与文明——这是某种在芬兰的丛林场景中可以被感知的东西。从这种意义上，那里具有某种无所不在的氛围，某种介入人类有限生命过程的氛围，却存在于更广阔的自然脉络之中。的确，在独栋住宅中，他实践了自己所确信的所有居住建筑的核心：一种满足个体与群体以及与自然联系的"认同"（sympathy）——他坚信这一核心应该通过巧妙的居住布局得以加强。

注释

[1] Le Corbusier, 'Mise au Point' in Ivan Žaknić, *The Final Testament of Père Corbu*, New Haven: Yale University Press, 1997, p.91.

[2] Le Corbusier, *Precisions on the Present State of Architecture and City Planning*, Cambridge, MA: MIT Press, 1991, p.245.

[3] Aalto, 'The Dwelling as a Problem', 1930; repr. in G. Schildt, *Alvar Aalto Sketches*, Cambridge, MA: MIT Press, 1985, p.30.

[4] Ibid., p.32.

[5] E. Cobb, *The Ecology of Imagination in Childhood*, Dallas: Spring Publications, 1993, pp.17 and 53.

[6] Ibid, p.83.

[7] Ibid. pp.90–91.

[8] Ibid, p.94.

[9] Ibid.

[10] Aino and Alvar Aalto, *Introduction to Villa Mairea*, Jyväskylä: Alvar Aalto Museum, 1982, p.2. Originally published in *Arkkitehti*, 9, 1939.

[11] Le Corbusier and Pierre Jeanneret, *Oeuvre Complete Volume 2, 1929-1934*, Zurich: Les Editions d'Architecture, 1995, p.28.

[12] Ibid., p.31.

[13] Le Corbusier, *Precisions*, p.136.

[14] Le Corbusier, *Oeuvre Complete Volume 2*, p.24.

[15] Le Corbusier, *Precisions*, p.136.

[16] Le Corbusier, *Journey to the East*, Cambridge, MA: MIT Press, 1987, p.62.

[17] Le Corbusier, *Decorative Art of Today*, London: Architectural Press, 1987, p.190.

[18] Ibid., p.89.

[19] Le Corbusier, *Oeuvre Complete Volume 2*, p.54.

[20] Le Corbusier, *Journey to the East*, p.240.

[21] 在勒·柯布西耶基金会收藏的一本他当年使用的拉伯雷《巨人传》卷头插画中，有一处标为1915年的笔记——似乎专门为了后世，他记录了哥哥阿尔伯特在1905年曾向他介绍4种炼金术金属的概念。他在书中第52页又重复了这一信息。

[22] John Winter, 'Le Corbusier's Technological Dilemma' in R. Walden (ed.), *The Open Hand*, Cambridge, MA: MIT Press, 1982, p.334.

[23] See F. Samuel, 'Le Corbusier, Women, Nature and Culture', *Issues in Art and Architecture* 5, 2 1998, pp. 4–20 for a development of this theme.

[24] 'Reportage sur un toit-jardin', Le Corbusier, *Oeuvre Complete Volume 4, 1938-1946*, Zurich: Les Editions d'Architecture, 1995, p.140.

[25] Le Corbusier, *A New World of Space*, New York: Reynal & Hitchcock, 1948, p.116.

[26] Le Corbusier, *Le Corbusier Talks with Students*, New York: Orion, 1961, p.70.

[27] Ibid., p.71.

[28] Le Corbusier referred to '*Un toit! Autres dieux lares*' in Le Corbusier, *Vers une Architecture*, Paris: Editions Vincent, 1958, p.6.

[29] 阿尔托将此花瓶命名为"爱斯基摩女人的皮革马裤"——而从1937年起被称为萨沃伊花瓶。

[30] "您会认识到这些快乐：感受花瓶丰腴的腰腹，抚摸修长的脖子，然后玩味其轮廓的微妙变化。" Le Corbusier, *Journey to the East*, p.14.

[31] 勒·柯布西耶是鲍尚最重要的支持者。Le Corbusier and De Fayet, 'Bauchant', *Esprit Nouveau*, 17 (1922).

[32] A. Ruegg (ed.) *Le Corbusier Photographs by Rene Burri: Moments in the Life of a Great Architect*, Basel: Birkhauser, 1999, p.18.

[33] J. Petit, *Le Corbusier Lui-même*, Paris: Forces Vives, 1970, p. 120.

[34] C. Jencks, *Le Corbusier and the Tragic View of Architecture*, London: Allen Lane, 1973, p.100.

[35] C. Constant, 'The Nonheroic Modernism of Eileen Gray', *Journal Society of Architectural Historians* 53, 1994, p. 275.

[36] Le Corbusier and P. Jeanneret, *Oeuvre Complete Volume 3, 1934-1938*, Zurich: Les Editions d'Architecture, 1995, p.125.

[37] Ibid.

[38] Ibid., p.125.

[39] Le Corbusier, *The Marseilles Block*, London: Harvill, 1953, p.20.

[40] Le Corbusier, *Oeuvre Complete Volume 5, 1946-1952*, Zurich: Les Editions d'Architecture, 1995, p.190.

[41] Aalto, 'The Dwelling as a Problem',

1930; repr. in G. Schildt (ed.) *Alvar Aalto Sketches*, Cambridge, MA: MIT Press, 1985, p.29-33.

[42] Aalto, cited in *Alvar Aalto's Own House and Studio*, originally printed in *Arkkitehti* 8, 1937, Jyväskylä: Alvar Aalto Museum, 1999, unpaginated.

[43] Aalto, ibid.

[44] The application of Häring's notion of *Leistungsform* (content-derived form) to this context is examined in S. Menin, 'Aalto, Sibelius and Fragments of Forest Culture', *Sibelius Forum, Third International Jean Sibelius Symposium*, Helsinki: Sibelius Academy, 2002.

[45] This episode is explored in S. Menin, 'Soap Bubbles Floating in the Air', in *Sibelius Forum, Second International Jean Sibelius Conference 1995*, Helsinki: Sibelius Academy, 1998, pp.8-14.

[46] Aalto, *Alvar Aalto's Own House and Studio*, p.3.

[47] K. Fleig, *Alvar Aalto, Volume 1*, Zurich: Les Editions d'Architecture Artemis Zurich, 1963, p.65.

[48] Aalto, 'Architecture in the Landscape of Finland', 1925; repr. in G. Schildt, *Alvar Aalto in his Own Words*, New York: Rizzoli, 1997, p.21.

[49] Aalto, in 'Villa Mairea', *Arkkitehti*, 9, 1939, reprinted in *Villa Mairea*, Jyväskylä: Alvar Aalto Museum, 1981, unpaginated.

[50] 参见: S. Menin, 'Fragments from the Forest: Aalto's Requisitioning of Forest, Place and Matter' *Journal of Architecture*, 6, 3, 2001, pp.279-305 for further explanation of this theme.

[51] G. Schildt, *Alvar Aalto: The Decisive Years*, New York, Rizzoli, 1986, p.154.

[52] 阿尔托宣称:"就赖特而言，我对他一无所知，直到 1939 年我来到美国"，参见: 'Conversation', in Schildt, *Sketches*, p.171.

[53] K. Jormakka, J. Gargus and D. Graf in *The Use and Abuse of Paper*, Datutop 20, Tampere: Tampere University, 1999, p.21.

[54] Schildt, *Decisive Years*, pp.107-114; R Weston, *Alvar Aalto*, London: Phaidon, 1995, pp, 69, 90 and 110-111.

[55] 阿尔托本人在"理性主义与人"中曾提

到日本文化。参见: 'Rationalism and Man', 1935, Schildt, *Sketches*, pp.47-51.

[56] Aalto, 'Rationalism and Man', 1935, Schildt, *Own Words*, p.93.

[57] 在纳粹分子的思想中，他们试图吸收技术进步而同时抵制其他方面，使它们回到乡村的过往之中。参见: B. Hinz, 'Die Malerei im deutschen Faschismus', *Kunst and Konterrolution*, Munchen: Carl Hanser Verlag, 1974, pp.131, 166 and 185. See also Jormakka, Gargus and Graf, *Use and Abuse of Paper*, p.25.

[58] Cobb, *Ecology of Imagination*, p.94.

[59] Aalto, 'Interview for Finnish Television', 1972 in Schildt, *Own Words*, p.273.

[60] 对这一主题更全面的解释可参见: S. Menin, 'Relating the Past: Sibelius, Aalto and the Profound Logos', unpub. PhD thesis, University of Newcastle, 1997.

[61] Aalto, in 'Villa Mairea', *Arkkitehti*, 9, 1939, reprinted in *Villa Mairea*.

[62] Aalto, 'Erik Gunnar Asplund — In Memoriam', 1940 in Schildt, *Own Words*, pp.242-243.

[63] Ibid.

[64] Riema Pietila, 'A Gestalt Building', *Architecture and Urbanism*, May 1983, Extra Edition, pp.12-13.

[65] Aalto, 'Muuratsalo', 1953, in Schildt, *Own Words*, pp. 234-235.

[66] Jormakka, Gargus and Graf, *Use and Abuse of Paper*, p.41.

[67] 参见: J. Pallasmaa, 'Image and Meaning', in *Villa Mairea*, Helsinki: Alvar Aalto Foundation, 1998, p.85. 康纳认为，这种表达是阿尔托作品夸张的"过度表达"的一个例证。R. Connar, *Aaltomania*, Helsinki: Rakennustieto, 2000.

[68] Pallasmaa, 'Image and Meaning', p.93.

[69] Jormakka, Gargus and Graf, *Use and Abuse of Paper*, p.41.

[70] Anna Hall, interview with Sarah Menin, Noormarkku, August 2001.

[71] 例如: M. Lahti, *Alvar Aalto Houses: Timeless Expressions*, Tokyo: Architecture and Urbanism, 1998, p.11.

[72] Le Corbusier, *Modulor 2*, London: Faber, 1955, p. 302.

第 7 章
构筑世界: 自然、生态与缤纷的形式

构筑自然的连接

Chapter 8

Building Natural Attachment

在试图为自己的生活创造一种和谐的自然秩序的同时，阿尔托和勒·柯布西耶也试图改善他人的生活，最引人注目的是他们在集合住宅领域的实验。1935年阿尔托明确提出"除了技术与普遍生理的特性外，我们必须理性地研究个体健康方面的具体需求，穷尽心理领域，甚至超乎其外。"[1]他认为人与自然的接触对于避免"心理上的贫民窟"至关重要[2]，他的这一体验现在被用以将自然生长过程的精髓引入标准化过程。二人都为自己的洞察力和创造力赋予某种普适的色彩，就勒·柯布西耶而言，柯蒂斯认为那是"某种天真的环境决定论，仿佛正确的建筑本身就可以产生人类福祉"。[3]

接下来的讨论关乎自然在设计构思中的角色，而那些构思引发勒·柯布西耶在马赛公寓（1945—1952年）以及阿尔托在麻省理工学院贝克宿舍楼（1946—1949年）中的设计理念。本章也对二人在1957年柏林住宅展览会（Berlin Interbau Exhibition）中的贡献进行了总体考察，由于他们面对相同的设计任务而工作，二人作品的异同更为历历可辨。

自然与标准化
Nature and Standardisation

集成与辉煌
United and Radiant

从第2章中我们可以看到，在随勒普拉特尼埃工作时，勒·柯布西耶就对城镇规划产生了兴趣。受到英国田园城市运动的强烈影响，勒·柯布西耶花费数年时光试图发明一种居住单元模块，适合批量生产，并可聚集一定数量以形成一个社区。在《走向新建筑》中，他以这些语句作为"批量生产的住宅"一章的开头：

我们必须创造出批量生产的精神，
那是建造批量生产住宅的精神，
那是生活于批量生产住宅中的精神，
那是构想批量生产住宅的精神。[4]

这些住宅代表了一条新的思考世界的途径。那些希望创造批量生产住宅的人将为公共利益而工作。幸福生活于批量生产住宅中的人，不再渴求任何徒有其表与标新立异的东西；他们因与邻居平等生活而感到幸福。这样的住宅建造得非常经济，完全符合他们的使用需求。[5]它们将改变人们的生活方式。正如勒·柯布西耶1919年为拱顶的蒙乃尔住宅项目所写下的："一个井然有序、成体系建造的村落，会给人一种安宁、有序、得体的印象。它不可避免地将准则植入居住者内心。"[6]

战争期间勒·柯布西耶在慕容丁斯之家（Maisons Murondins）中发展了这些想法，这座使用圆木与泥浆、可供自己建造的房子，后来依次影响了在圣波美建造的生土住宅社区以及与马赛公寓密切相关的单元网格结构的设计，并从一系列原型中的某个个体发展出其光辉城市的理想。[7]他在那些地方的混凝土表面留下同样粗朴的模板痕迹，仿佛要使现代性更为自然化。

勒·柯布西耶1933年为安特卫普所做的规划，是作为"各领域国际合作的实践手段"而进行的设计。[8]他对全球一体化的关注在后来的几个项目中得以表达，包括1947年纽约的联合国项目和圣波美的平安与宽恕礼拜堂。在他的观念中，有必要创造一种"世界范围的融合，关乎需求与手段、经济计划，以及心智方面的观念"，以期带来和平。[9]
在勒·柯布西耶的愿景中，模度作为标准化的工具，在此
过程中将发挥核心作用，它使所有的事物熠熠生辉、相互
联系并与自然和谐共处。

弹性标准
Elastic Standards

阿尔托哲学的核心是"灵活的标准化"观念，这源自他对
大自然生长方式的观察；"允许变化，尽管（或者更确切地
说——因为）建筑构件是批量生产的"（图8.5）。[10]这一时
期他开始为芬兰的50万无家可归者工作。他走访麻省理工
学院的主管当局，以求获得对一个住宅建造研究项目的资
助，从而使这些设想可以在他的祖国进行试点。

1941年在瑞士的演讲中，阿尔托触及欧洲重建的主题，他
的演讲展示了几幅"农妇"做饭的画面，家中除一个石头
灶台外尽为废墟。他认为房子应该在那片基地中重新生长
起来，根植于本土并满足个体的需求。他同时主张"房子
的用途是充当一件器具，收纳自然赋予人类的所有积极影
响"。[11]在他的信念中"自然"是"最卓越的标准化机构"。
通过舒展枝叶，植物从太阳获取能量，以这种方式作为一
个案例，他提出"灵活的标准化"与某种"生长的住宅"。[12]
作为对这一诉求的回应，玛丽·古利克森曾支持阿尔斯特
伦公司在其瓦尔考斯（Varkaus）工厂批量生产阿尔托的
战前款（pre-war-type）房子，而结果却令人失望。其规
模与布局导致这些房子令人难以接受。这些基本的住房缺
乏任何变化以及对基地的适应，这样的事实令阿尔托心生
厌恶。[13]

社区建筑
Community Building

对于建在马赛米什莱大道（Boulevard Michelet）一片开敞基地上的这座居住单元联合体（图8.1），勒·柯布西耶将其描述为25年研究的成果，那项研究始于他对中世纪修道院建筑的探索。[14]1945年首任重建与都市发展部长拉乌尔·多特里（Raoul Dautry）批准勒·柯布西耶建造马赛公寓，以之作为一个政府投资的实验性项目。为此勒·柯布西耶获得特许突破建筑规范并超过此类项目通常的预算。对勒·柯布西耶而言，马赛公寓是一个"原型"，一种解决普遍性问题的方案，标志着建筑的一个新开端，并具有无限复制的能力（几个其他的联合体公寓也被建造起来）（图版27）。经过与政府当局旷日持久的斗争，建筑最终于1947年10月14日奠基。

联合、博爱、平等
Unité, Fraternité, Égalité

依据光辉城市原则建造的马赛公寓对战后一代建筑师产生了巨大影响，勒·柯布西耶的设计毋庸赘述。这个庞大的横向居住盒子由肌理明显的混凝土塑形，支承于粗朴的现浇柱廊之上（图版26）。彼此扣合的单元（一些是单人公寓，一些则是复式）设置于其单元网格框架（cellular frame）内（图8.2）。复式公寓拥有一个两层高的宽敞阳台，并且都有一个嵌入式桌子，让人想到一座圣坛，映衬着外面山与海的壮丽景致。勒·柯布西耶后期众多作品的一个关键特征是两层高的"悬空花园"，对马赛公寓产生了巨大影响（图版30）。巨幅的折叠门使室内空间向外开放，将阳台区域纳入其中，形成一个具有亲和力的居住单元，内外交融。建筑体块的底部布置公共设施，包括铺满基地的景观设施，

◆ 原文中的cell依据语境分别被译作"单元""单元网格"或"单元模块"等，cellular structure被译作"单元网格结构"。英文中的cell另有"细胞"之意，原文具有双关意味，将居住单元联合体中的单元网格类比为细胞。

中部有贯穿建筑的内街，而顶部的托儿所、健身房与剧场构成具有雕塑感的壮观屋顶场景的一部分（图8.3、图版24）。

正如第4章所讨论的，勒·柯布西耶对身心两方面的健康以及周遭对此产生的影响很感兴趣。[15]生活在这个依据模度比例建造的"垂直田园城市"中，将会引领居住者回归与自然以及彼此间的接触。[16]同时，它的单元网格结构将把大规模居住与生物有机体之间的联系表现出来。他认为"关键点（the key）=单元网格（the cell）=人=幸福……由单元网格支配"（图8.4）。[17]将勒·柯布西耶的这种单元网格结构草图与阿尔托的木材实验并置，形成了有趣的对照，显示出他们对于细胞◆生长本质的个体解读存在某种差异（图8.5）。

在居住单元联合体中，家庭可以生活在简朴的独立套房中，与此同时可以参与建筑中的集体生活。勒·柯布西耶志在创造一幢能培养居民间和谐意识的联合体。对于个体单元的设计他无微不至，不论是在灵活性（通过可转动墙面的使用）还是私密性（例如使用隔声处理）方面，都希望取得最佳效果。他将整个建筑设想为"一种均衡的状态"，其中各项条件需要"有益于群体，同时又为其成员提供充分的自由"。[18]因此，为每个个体提供一处空间至关重要，以便他们在其中不受干扰地自在生活。[19]

我们有必要重提德日进的理论，以图理解勒·柯布西耶何以如此强调创造一座建筑，以满足个体与集体两方面的需求。耶稣会信徒设想一种社会，人们在其中开始更为紧密地协同劳动，正如在意念中所形成的那样。[20]德日进要求我们超越于世界的"不确定性"（uncertainties）之上，再俯身观察，以便将此现象看作一个整体。他将自身置于某处，从而可以看到"主要宇宙进程"（major cosmic process）的结果；这一进程倘若"需要一个好名字"，他称

第8章
构筑自然的连接

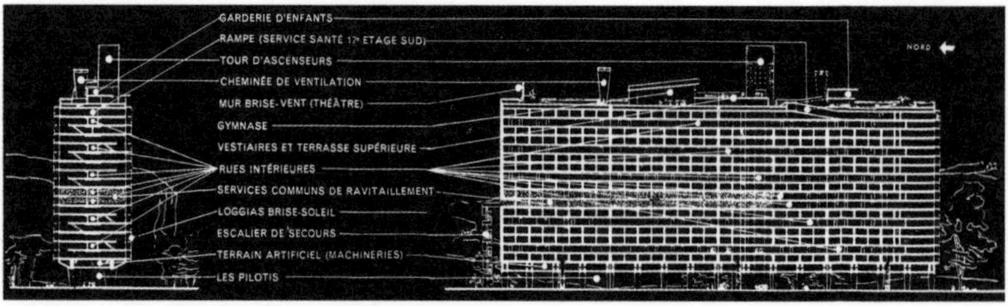

图8.1

图8.2

图8.3

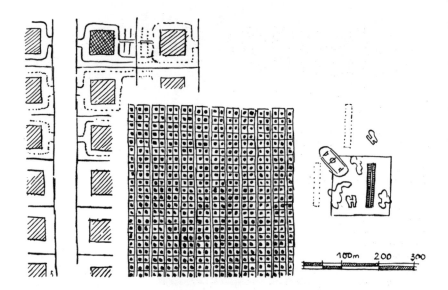

图8.4

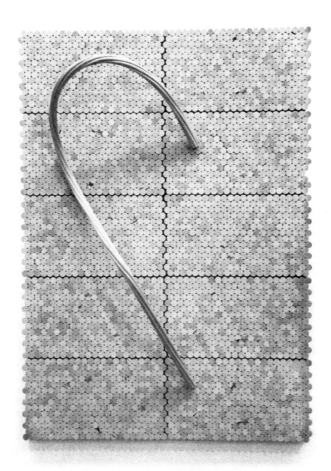

图8.5

之为"人类的行星化"（human planetisation）。[21]只有那样才有可能把握形势。勒·柯布西耶与他具有相同的关注，观点也出奇的相似——在《马赛的大厦》（*The Marseilles Block*）中，第2章被他冠以"让我们具有更广阔的视野"的标题。[22]

在这位牧师的观点中，当人们变得更为内向、自省并有见识，反而恰恰能变得更容易与他人协调。他们开始理解集体生存的重要性。通过这些他们将促发导致进化的缘由。而以这种途径，他们将因彼此的意气相投而聚拢，却不存在任何与之相伴的人性损耗。[23]爱，这种"精神的能量"，具备将人与万物结合成一个牢固并彼此相联的整体的能力。[24]

对于"神圣艺术派"（Just L'Art Sacré）的多明我会修士（Dominicans）而言，居住单元联合体显然是一幢具有某种宗教重要性的建筑，他们将一些图片登载于奉献给神圣艺术的杂志上。值得关注的是《人与建筑》（*L'Homme et L'Architecture*）杂志描述它的方式，勒·柯布西耶对其影响很大。[25]在其中一幅图片中，支撑大厦结构的巨大架空柱廊，勾勒出一幅黑暗地下世界中神秘主宰的画面。勒·柯布西耶将柱廊下的空间称作"主厅"以及"荣光之地"（place of honour），表明此处对于他尤为特殊。[26]确乎可以设想，他认为从柱廊下的黑暗空间上升至充满阳光的壮丽屋顶平台的路途，可以类比于某种宗教入会仪式，像是在圣波美穿过巴西利卡的那条路线。[27]而在这幢大厦的建筑方面，它极具触感的洞穴状表面与形态、和谐的颜色、多彩的玻璃（图版29）、戏剧化的光影以及它的比例，会使来访者从诸多方面发生微妙的改变。[28]

在一个居住单元联合体架空柱廊的入口处，勒·柯布西耶设置了一块宛若圣坛装饰物的大石头（图4.1）。石头依据模度比例切割，特意设计以帮助来访者理解在建筑中至关重要的核心问题。关于这块石头他曾写道："整个建筑物都象征性地坐落在它上面。"[29]石头的一侧刻画出一个模度人的形象，另一侧则是一天二十四小时的符号，其目的是提醒人们关注自然的节律。他这样写道："如果，在机器文明的变异过程中，我曾有能力奉献什么……那就是这个标志。"[30]入口的这块石头将对立的双方合为一体，夜之黑暗与昼之光明，生命中的两面，以及像电流一样形成循环的波峰波谷。它掌控了关键所在，勒·柯布西耶谓之"知晓如何生活"（savoir habiter）："知晓如何生活！如何利用上帝的祝福：他曾将太阳与精神赐予人类，使他们可以领略生活在大地上的愉悦，并找回失落的天堂。"[31]

貌似实用主义的这种居住体块、单元联合体或光辉城市，体现出某种复杂的精神计划，它名为联合体（Unité），而"联合"（united）一词作为勒·柯布西耶的表达，反映出他对实现与自然间和谐状态的渴望，而不仅仅是在居住者之间。勒·柯布西耶写道："引入神性的自然，在天宇之下面对太阳"，单元联合体将成为"一个建筑中的庄严杰作"。[32]它作为一个被全世界争相效仿的原型，却罕有人能复刻出其完整的精髓。

自然、房屋与微妙差异的探索
Nature, Housing and the Search for Nuance

在完成了帕伊米奥疗养院的员工住宅后，阿尔托于1935年受阿尔斯特伦公司委托，在其苏尼拉纸浆厂（Sunila Pulp Plant）设计一系列不同类型的住宅，这项工作一直持续到20世纪50年代。这是一些工人、工程师与管理人员的住宅，尽管希尔特认为它遵循了无阶级的原则，但其规模与舒适程度仍反映出等级观念。[33]

迎着阳光展开生命
Splaying Life Towards the Sun

在苏尼拉项目中，阿尔托展示出如何应对心理疏离的尝试，他认为很多德国的集合住宅项目都会产生这样的问题。利用灵活的标准化理念，他为人们提供私密的感受与自然环境中的体验。而工程师住宅街区舒展开放的布局，则预示着扇形母题在后续其他项目中的使用（图8.6）。

阿尔托描述苏尼拉项目总体方案的起点是山岩地势。"仅有山的南坡适合居住，山谷用作交通与花园。北坡的松林应当被安然保留。"[34]在其作品集中，对于这个项目的描述由卡尔·弗莱格编辑并经阿尔托仔细审阅，它以强调的语气表明："绝对避免构图上的集中化"，并且每个组团"都有自己的建筑方式，而从形式上彼此独立"。[35]第一组团（工人的联排住宅）两层、没有阳台，但各自拥有进入景观的直达通路。第二组团三层，带一个很小的、"缺乏实用价值的"阳台，让人想起格罗皮乌斯的包豪斯学生宿舍。[36]第三组团开始进行重新配置，阿尔托构思出斜向退台，台阶状的屋顶平台提供了实用的外部阳台空间，让所有家庭"直接接触自然"（图8.7）。接下来提供给工程师的联排住宅组团则在两方面都实现最佳，拥有直达自然的阳台以及一个灵活、交错的平面，将住户的主要朝向与相邻住户错开，由此加强私密性（图8.6）。白色体块屋顶平台错落的美，很大程度上被这种丛林地带残存的风土语汇中简洁的细木栅栏所调和。

阿尔托试图摆脱小阳台"缺乏实用价值"的现代象征主义的束缚，去发展自己的理念，从项目的剖面以至平面实现彻底的灵活性，以提供直达自然环境的途径、新鲜空气与绿化——这些勒·柯布西耶同时在追求的内容，而阿尔托却是通过自己的、全然不同的视角。

直抵丛林
Direct Contact with the Forest

在弗莱格对阿尔托作品的考察中，在他聚焦于考图阿住宅项目（1937—1940年）自身特性所作的描述之前，有一段长长的关于芬兰南部地形与居住模式的介绍。"这一地区以高高的冰川冰碛以及松林为标志"。[37]这种人烟稀少的区域并非适合即刻用作城镇规划的试验场地，但阿尔托坚信"本地的区域地形使得选择其为生物学意义上有益的场地进行住宅开发成为可能"。[38]在这里他试图将曾在苏尼拉尝试的台阶状南向住宅方案进一步发展，"以便每个住户都获得与森林的直接接触"（图版25）。考图阿的住宅实际上不需要楼梯间，通过侧面的路径连通住房，另外利用低半层的屋顶作为平台，以此保证四个层面的住户拥有各自完整的私密性。平台上的绿廊藤架用带皮的细木制成，与住房白色粉刷的墙面形成鲜明对照。对此进行的描述应和着勒·柯布西耶对垂直城市的得意，"唯一有效的解决方案是采用城市规划中的竖向原则……以便人们……不必被迫生活于如今交通带来的有害废气里"。[39]从考图阿的住宅望去，土路确实几乎消隐于丛林之中。

与勒·柯布西耶一样，阿尔托不断发展并回溯一些理念与母题。例如在考图阿采用的棚架以及对低矮地面入口的控制，也曾出现在玛丽亚别墅中，并在其他的集合住宅中再度出现。然而，在其自宅与工作室中，通过对古代及风土村镇观念的重新组合，在空间配置的革新方面采取了更多措施。而这些内容后来又再度发展，渗透并成为新瓦尔（Neue Vahr, 1958—1962年，图8.12）与卢塞恩（Lucerne，1965—1968年）公寓项目的精髓。

阿尔托力主展现"基于典型布局并遵循社会导向的住宅建

第 8 章
构筑自然的连接

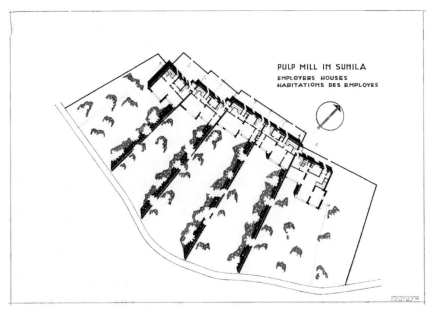

PULP MILL IN SUNILA

EMPLOYERS HOUSES
HABITATIONS DES EMPLOYES

图8.6

图8.7

图8.6

工程师住宅平面图，苏尼拉，阿尔托，
1935—1939年

（引自：https://wiki.ead.pucv.cl/Viviendas_
de_la_fabrica_de_celulosa,_Sunila._
Alvar_Aalto.）

图8.7

台阶状屋顶平台的工人住宅，苏尼拉，
阿尔托，1935—1939年

（引自：https://navi.finnisharchitecture.
fi/sunila-pulp-mill-and-residential-
area/#&gid=1&pid=3.）

造", 据此组织的赫尔辛基住宅展览在1939年10月芬兰战争爆发的时候开幕, 仅仅4天后被全民总动员组织强迫关闭。这一展览表现出阿尔托渴望研究类型住宅的问题以及标准化的机遇与局限。与此同时, 他还决定为每个人提供悠然亲近自然的重要机会, 并促使人们更多地意识到自然"魔力"的丰饶[40]——那种被诸如帕拉斯玛这样的评论家认定为"丛林几何法则"的东西。[41]

波动的平面与颠覆的肌理
Undulating the Plan and Subverting the Context

阿尔托经常提及设计应当适应情感生活的微妙差异。[42]从1930年起, 他就在设计领域提出了持续发展的"弹性系统"的理念。[43]与此同时, 他开始撰文提出"有机性"[44]以及"有机建筑"。[45]自此, 他的文章时常提及"自然的生物组织方式"。[46]居住者在居所之中或由此出发而触及自然都意义非凡, 通过推进这一想法, 并通过发展私密性需求的观念以及为每个居所都保有个性的意识, 在麻省理工学院贝克宿舍楼复杂冗长的设计过程中, 阿尔托努力实现某种方案设计成效, 借此收获一种设计方法——而这成为他后来许多项目的核心(图8.8)。

在探索了多个布局后, 阿尔托确定了一个波状平面。这一想法部分基于使所有房间都可以看到查尔斯河上下游的景色(而非径直望向河对岸)[47], 尽享南面朝向的益处, 并傲逸于空当处那些树的枝叶之上(图8.9)。[48]在波状形态众多的缘起里, 一个构思源自对波士顿后湾连排住宅中凸窗的演绎。同时, 它也可能是水的象征, 与北面代表功能性的直线形态相对照。这种对立统一假使在勒·柯布西耶的

◆约尔马卡(1959—2013年), 芬兰建筑师、历史学家、评论家和教育家, 全名Kari Juhani Jormakka。他最初在赫尔辛基大学学习哲学, 尔后于1985年毕业于赫尔辛基理工大学(Helsinki University of Technology)建筑学专业, 又于1992年在坦佩雷理工大学(Tampere University of Technology)获得建筑理论博士学位, 博士论文题为《建造建筑》(Constructing Architecture)。

◆◆阿泰克是一家芬兰家具公司。它由建筑师阿尔托与妻子艾诺、视觉艺术促进者玛丽亚·古利克森以及艺术史学家尼尔斯-古斯塔夫·哈尔于1935年12月共同创建。创建者选择了一个非芬兰的名字——Artek, 意在表达将艺术与技术结合在一起的愿望。这与国际风格运动, 特别是包豪斯运动的主要思想相呼应。强调对于生产技术和材料质量方面的重视, 而不是基于历史的、折中或轻浮的装饰。

方案中，或许表现为阳刚与阴柔以及理性思维与直觉的权衡。当然阿尔托在对立统一中确也与这些现象产生关联，但他始终要为形态赋予功能性缘由，使得那些象征性的意义理所当然地生长于兹。阿尔托因道出那句真理而名扬天下：建筑存在于建造中，而非话语中。约尔马卡（Jormakka）◆、贾格丝（Gargus）与格拉夫（Graf）认为，建筑会退缩"于它的立足之地"。[49]当蜿蜒的形态退让居于基地与河流之间车流繁忙的纪念公路（Memorial Drive）时，这座建筑俨然成为一个范例。但无论怎样的象征手法，这条创造了形态上差异的波状曲线，实际上还是被绑缚于一个功能性的直线入口立面之上。

此处阿尔托设计了一条单廊，北侧的凸出部分提供大面积开窗的社交空间，意在促发邂逅，并开放联结着剪刀楼梯的巨大体量。服务性房间也居于笔直的北侧。阿尔托设计了一片巨大的金属网格，以培养长青藤在波状的砖砌体块上蔓延生长。然而如同悬臂楼梯的金属外饰一样，作为削减经费的策略，它被主管当局删除了。圣约翰·威尔逊认为，在波状元素与"平直的背面之间，理性分析的平面与梦幻的嬉玩之间"，阿尔托作品中的基本对比就此呈现。[50]

尽管MIT主管当局力求获得更多的房间，但阿尔托的底线始终是"没有不采光的厅"[51]，这导致建筑最终形成独创性的弯曲形态，以容纳更多住宿。在1947年MIT的某次会议上，阿尔托的一张草图展示了一段朝着阳光舒展的树枝，表明了这个想法的缘起（图8.10、图8.11）。后来，他描述了建筑的东西两端是如何像"一棵松树的枝干，松针与细枝都更加紧密地簇拥在枝干末端。作为一个吸收阳光的单体，这座建筑堪比自然所呈现的普遍系统。"[52]总的来看，在平面形态上所有房间尽可能彼此不同。阿尔托设计了多件家具，由阿泰克（Artek）公司◆◆生产，可依据学生的意愿，以多种方式摆放。

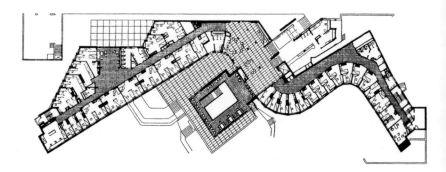

图8.8

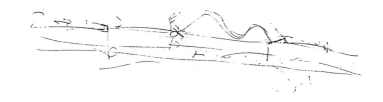

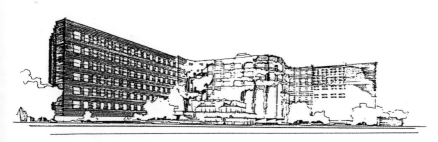

图8.9

第8章
构筑自然的连接

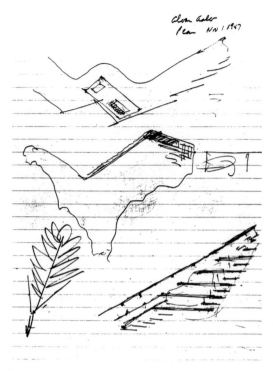

图8.10

图8.11

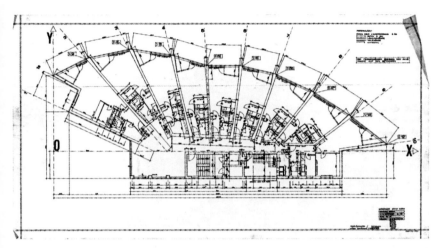

图8.12

图8.10

贝克宿舍楼最终解决方案草图，草图标注日期为1947年11月1日，麻省理工学院，阿尔托，1947年

图8.11

花楸枝叶

（引自：https://free-images.com/display/rowan_leaf_spring_green.html.）

图8.12

不来梅新瓦尔公寓大楼平面图，阿尔托，1958—1962年

图8.13

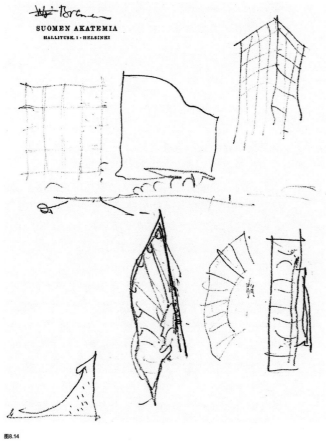

SUOMEN AKATEMIA

HALLITUSK. 1 · HELSINKI

图8.14

第 8 章
构筑自然的连接

作为阿尔托典型组合技巧的体现，这座建筑同时融合并置了来源迥异的早期范例：风土的石砌壁炉、餐厅的古典下沉庭院，以及按照有机方式设置的细胞一样的自习室——尽可能面对阳光或是风景。他于1938年写道："任何形式上的约束……都阻碍建筑在人类的生存斗争中充分扮演自己的角色"，并且"削弱它的意义与功用"。[53]他认为"建筑的内在本质是自然界有机生命波动与演进的某种投射"[54]，通过这一认识，他力戒那种过分形式化的趋势。立面上不规则、扭曲的砖块所带来的非正式感，平添某种充满个性的建构宣示，以及某种挑战——挑战任何一种凌驾于一切之上的信条、任何一种被他视作"强大而又非人性的乏味"。[55]

独树一帜

Going Vertical Against the Grain

不来梅新瓦尔公寓大楼（1958—1962年，图8.12）的扇形形态当年曾多次矗立于阿尔托的抽象油画中（图8.13），他声称借此对抗众多方形小公寓中"令人情绪低落且封闭的感觉"。[56]他曾明确表达对高层建筑的厌恶；然而，在确认这幢22层的大厦专为独居或无子女的夫妇设计，而非供家庭居住后，他才接手了这项委托。

在这个项目中，阿尔托借用贝克大楼房间朝开窗面舒展开放的特征，为西向的阳台空间提供"一种放飞的感觉"。[57]与他早期住宅的通常做法一样，这些外向的房间均后退于邻居视线之外。文丘里赞成这种处理，认为与贝克大楼类似，阿尔托顺从于"对光与南向空间的内在需求，宛如花儿向着太阳生长"。[58]他察觉到这是对勒·柯布西耶居住单元联合体方形平面的拉伸，文丘里认为某种对角线的力量发挥了作用。[59]然而依据阿尔托对贝克大楼存在理由的草图，这种力量似乎更像源自真实的自然而非纯粹的几何；渴求着阳光与美景，向往个性特征。[60]

在1946年一篇有关建筑高度的文章中，阿尔托认为理想的家庭住宅应该在地面上，并可通达自然。但他同样认识到这一理想遥不可及，而精心设计的高层建筑，具备某种"和谐融入自然和周边社区"的品质，带着"对阳光和风景无可挑剔的朝向，以及众多其他纯粹品质的提升"，或可成为一时之需。[61]阿尔托意识到高层方案存在一个弱点——"这关系到家与自然之间神秘的联接"。[62]针对这一问题，他的不来梅方案采用勒·柯布西耶在多米诺住宅中建立并融入居住单元联合体中的方形秩序，再拉伸变形。阿尔托曾以草图绘出这一变化的某些内容，表现他尝试以柔性灵活的标准化方案毗邻一个标准、正交的塔楼（图8.14）。这或许不是他所参照的勒·柯布西耶的组团居住概念，尽管阿尔托或曾轻率地暗示于此。

世界重建：1957年柏林住宅展览会
World Rebuilding: Interbau, Berlin 1957

1954年勒·柯布西耶与阿尔托协同数位国际知名建筑师，开始为1957年的柏林住宅展览会设计公寓。尽管作为结果的建筑并非这一类型的最佳范例，但都代表了他们各自有关组团居住问题的成果。

阿尔托的汉萨维尔特尔（Hansaviertel）公寓楼（1955—1957年，图8.15）展现出最小尺度公寓的某些原则、灵活的标准化以及外向的房间或阳台。这个8层的公寓大楼被分成轻盈灵活的两翼。项目可容纳78个住户，以预制混凝土构件建造。每户公寓都围绕着中心起居空间以及享有支配地

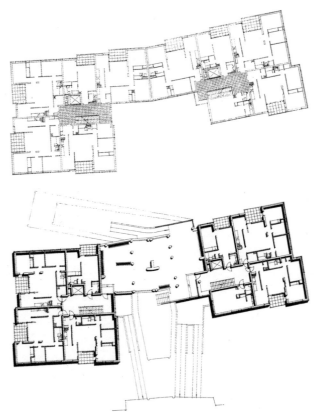

图8.15

图8.15

汉萨维尔特尔公寓楼平面图，柏林，阿尔托，1955—1957年

位的阳台。阿尔托将其构思为一个"开放的中庭"（open atrium），意在沟通自然与建筑之源，并经由他自己的瓦伊诺别墅回溯到庞贝。弗兰姆普敦指出，"这一具有独创性的设计，跻身第二次世界大战后创造的最具非凡意义的公寓类型之一"。[63]他描述其基本品质在于，"在小户型的种种限制中，提供了满足单身住宅特性需求"的方式。在这里"一个宽阔的中庭平台被置于起居室与餐厅的一侧，而它又被两侧的私用房间所围合"。[64]公寓簇拥着自然采光的楼梯间，其空间变化避免了某种单调感，以实现其满足个体身心需求的毕生追求。在这里，阿尔托又一次展示了他的"系统化环境整合"。[65]1972年他概括灵活标准化的理念，"目标是某种标准化，它不会强制生活陷入某个模子，而实际上恰恰会促发其多样化"。[66]

勒·柯布西耶对柏林住宅展览会的贡献并非其最好的居住联合体，但仍意在恢复针对简单居住的建筑尊严。依据勒·柯布西耶的要求，那个公寓样板被设置于展览场地之外的奥林匹克山上。在他不知晓的情况下，承包商采用战后德国标准化的UNI系统而非模度理论建造了建筑的下半部分。[67]这一系统不仅缺乏模度标准化中与人的身体关联的动态自然，并且意味着顶棚高度足足增加了一米。总的结果是一个横向尺度夸张的公寓，同时失去了"典型带形窗所构成的非对称不规则的开窗方式"。[68]在察看现场的时候，勒·柯布西耶的惊恐瞬间被表现于一幅题为"欺瞒"的着色草图（已佚）中[69]，并坚决要求项目剩下的部分依据模度的尺寸建造。勒·柯布西耶不承认最终的建筑与自己有任何关系，那幢建筑也的确缺乏他所坚信的对居住者健康生活至关重要社会功能。它包含着一对形式上的鲜明矛盾——粗鄙的体块之上，一个比例精心权衡的体量，透露出某种内在的空中邀约，以体验更为充实的生活——尽管勒·柯布西耶可能会质疑。事实上，勒·柯布西耶认为

"垂直田园城市" 通过使人与自然以及与他人之间相互接触，提供了某种生活的复兴。[70]

小结
Conclusion

不论勒·柯布西耶还是阿尔托，都批评那些他们认为受最小空间需求驱使而建造的违反人性并消磨精神的集合住宅。他们希望创造本质上更为人性的某种东西，正如勒·柯布西耶所表述的"结合人的尺度"，鼓励人们去憧憬新鲜空气、阳光与绿化。这包含了他们两位对于现代主义已确立原则的修正，那是勒·柯布西耶早期所阐明的，却被某些缺乏技巧与想象力的建筑师奉若圭臬。

克里斯蒂安·诺伯格−舒尔茨（Christian Norberg-Schulz）指出，他们二人都具备赖特所谓的某种"对现实的渴望"（hunger for reality）。[71]然而，正如前面那些章节所阐明的，他误以为阿尔托相比勒·柯布西耶，曾体验过更为"自然"的生活方式，也就意味着后者要花费更长的时间才能实现马赛公寓那类"面貌与特征"的建筑。[72]从第1章我们可以看出，二人都生长于深深浸淫着自然气息的世界，并渴望有机会在创造中注入那种对自然的依恋。阿尔托作品中异位（heterotopic）的组合方式被普遍接受为对现代理性主义与"同质化网格"的抵制。[73]而我们试图展现，在勒·柯布西耶的作品中同样存在由自然灵感引发的反叛，即便这并非真的由某种在他自己所缔造的现代王国中被认作离经叛道的东西所驱动——而那个王国从20世纪30年代中期开始，便日益清晰地显现出来。勒·柯布西耶对简朴形态与内饰的追求被很多人描述为疏于提供人性化的建筑——尽管如我们所表明，极少建筑师曾比他更为坚定地尝试应对现代人的全部现实需求。怀着与日俱增的苦闷，勒·柯布西耶开始回忆起他的《新精神》愿景：

**城镇规划表达一个新时代的生活，
而建筑则透露出它的精神。**

他发现，"一些人拥有独创性的想法，却因自己的辛苦努力而被重重踹了一脚"。[74]

注释

[1] Aalto, 'Rationalism and Man', 1935; repr. in G. Schildt (ed.) *Alvar Aalto in his Own Words*, New York: Rizzoli, 1997, p. 92.
[2] Aalto, 'Reconstruction of Europe', 1941 in Schildt, *Own Words*, p.152.
[3] W. Curtis, *Le Corbusier, Ideas and Forms*, London: Phaidon, 1986, p.12.
[4] Le Corbusier, *Towards a New Architecture*, London: Architectural Press, 1982, p.210.
[5] Ibid., p.222.
[6] Le Corbusier and P. Jeanneret, *Oeuvre Complete Volume 1, 1910-1929*, Zurich: Les Editions d'Architecture, 1995, p.30.
[7] F. Samuel, 'Orphism in the Work of Le Corbusier with Particular Reference to his scheme for La Sainte Baume', unpublished PhD thesis, Cardiff University, 2000.
[8] Le Corbusier, *The Radiant City*, London: Faber, 1967, p.285.
[9] Le Corbusier, *Sketchbooks Volume 2*, London: Thames & Hudson, 1981, sketch 662.
[10] Aalto, 'An American Town in Finland', 1940 in Schildt, *Own Words*, pp.122-131.
[11] Aalto, 'The Reconstruction of Europe', 1941 in ibid., p.154. 1941年阿尔托在瑞士的巡回演讲由吉迪恩与罗斯主持。
[12] Ibid.
[13] G. Schildt, *Alvar Aalto: The Decisive Years*, New York: Rizzoli, 1986, p.54.
[14] 这是1955年夏天的记录。 参见: Le Corbusier, *Sketchbooks Volume 3 1954-1957*, Cambridge, MA: MIT Press, 1982, sketch 520.
[15] Le Corbusier, *Modulor*, London: Faber and Faber, 1954, p. 111.
[16] Le Corbusier, *Radiant City*, p.83.
[17] 勒·柯布西耶曾提及昆虫学家让·亨利·法布尔（Jean-Henri Fabre）的著作，后者对蚂蚁之间的社会关系进行了许多观察。"我们意识到自然现象是有组织的，这让我们大开眼界。1900年。真的，一个美好的时刻!" Le Corbusier, *The Decorative Art of Today*, London: Architectural Press, 1987, p.13.
[18] Le Corbusier, *The Marseilles Block*, London: Harville Press, 1953, p.17.
[19] Le Corbusier, *Radiant City*, p.113.
[20] P. Teilhard de Chardin, *The Future of Man*, London: Collins, 1964, p.125.
[21] Ibid.
[22] Le Corbusier, *Marseilles Block*, p.13.
[23] Le Corbusier, *Radiant City*, p.160.
[24] P. Teilhard de Chardin, *L'Énergie Humaine*, Paris: Editions du Seuil, 1962, p. 147.
[25] Le Corbusier, *L'Homme et l'architecture*, 12–13, 1947, p.5.
[26] Le Corbusier, *Modulor*, p.140.
[27] F. Samuel, 'Le Corbusier, Rabelais and the Oracle of the Holy Bottle', *Word and Image*, 17, 4, 2001, p.336.
[28] Le Corbusier, 'Température', preface to the third edition of Le Corbusier, *Vers une Architecture*, Paris: Éditions Vincent: 1958, p.xi.
[29] Le Corbusier, *Modulor*, p.140.
[30] Le Corbusier, *When the Cathedrals were White: A Journey to the Country of the Timid People*, New York: Reynal & Hitchcock, 1947, p.xviii.
[31] Ibid.
[32] Le Corbusier, *L'Homme et l'architecture*.
[33] Schildt, *Decisive Years*, p.150. 希尔特指出，尽管每个居住组团实际上是分开的，但不同收入组团位于同一郊区的事实却是革命性的。
[34] Le Corbusier in K. Fleig (ed.) *Alvar Aalto, Volume 1, 1922-1962*, Zurich: Verlag fur Architektur Artemis, 1990, p.96.
[35] Ibid.
[36] Ibid.
[37] Ibid., pp.105–106.
[38] Ibid.
[39] Ibid.
[40] Aalto, 'Architecture in the Landscape of Finland' in Schildt, *Own Words*, p.21.

[41] J. Pallasmaa, 'The Art of Wood', in *The Language of Wood*, Helsinki: Museum of Finnish Architecture, 1989, p.16.

[42] For example, Aalto, 'Senior Dormitory, M.I.T.', *Arkkitehti*, 1950, p.64.

[43] Aalto, 'Housing Construction in Existing Cities', 1930 in G. Schildt, *Alvar Aalto Sketches*, Cambridge, MA: MIT Press, 1985, pp.3–6.

[44] Aalto, 'The Dwelling as a Problem', 1930 in ibid., pp.29–33.

[45] Aalto, 'Letter from Finland', 1931 in ibid., pp.34–35.

[46] Aalto, 'The Geography of the Housing Question', 1932 in ibid., pp.40–46.

[47] Aalto, 'Senior Dormitory M.I.T.', and Aalto in Fleig, *Alvar Aalto vol. 1*, p.134.

[48] Ibid.

[49] K. Jormakka, J. Gargus and D. Graf in *The Use and Abuse of Paper*, Datutop 20, Tampere: Tampere University, 1999, p.76.

[50] C. St. John Wilson, *Architectural Reflection*, London: Butterworth, 1992, p.92.

[51] Letter from William Wurster to Aalto, 15 July 1947. MIT Archives, and Alvar Aalto Foundation hereafter known as AAF.

[52] Aalto, 'Senior Dormitory M.I.T.'.

[53] Aalto, 'The Influence of Construction and Materials on Modern Architecture', 1938 in Schildt, *Sketches*, p.61.

[54] Ibid. p.63.

[55] Aalto, 'Senior Dormitory M.I.T.'.

[56] Aalto, in Fleig, *Alvar Aalto Vol.1*, p.262.

[57] Ibid.

[58] R. Venturi, *Complexity and Contradiction in Architecture*, New York: Museum of Modern Art, 1977, p.82.

[59] Ibid, p.50.

[60] 格里菲斯认为，古典剧院的类型学也发挥了作用——它似乎成为重振现代主义的工具。G. Griffiths, *The Polemical Aalto*, Datutop 19, Tampere: University of Tampere, 1997, p.85.

[61] Aalto, 'Building Height as a Social Issue', 1946 in Schildt, *Own Words*, p.208.

[62] Ibid.

[63] K. Frampton, *Modern Architecture a Critical History*, London: Thames & Hudson, 1997, p.201.

[64] Ibid, p.202.

[65] Aalto, 'Karelian Architecture', 1941 in Schildt, *Own Words*, p.118. See also S. Menin, 'Fragments from the Forest: Aalto's Requisitioning of Forest Place and Matter', *Journal of Architecture*, 6, 3, 2001, pp.279–305, and S. Anderson, 'Aalto and Methodical Accommodation to Circumstance', in T. Tuomi, K. Paatero, E. Rauske (eds), *Alvar Aalto in Seven Buildings*, Helsinki: Museum of Finnish Architecture, 1998, p.143.

[66] Aalto, 'Interview for Television', 1972 in Schildt, *Own Words*, p.271.

[67] L. Benevolo, *History of Modern Architecture 2*, Cambridge, MA: MIT, 1971, p.738.

[68] P. Blake, *No Place like Utopia*, New York: Norton, 1996, p.225.

[69] 同上。布雷克（Blake）见证勒·柯布西耶制定了这项恢复计划，描述他对此把控的程度，还评述了自从伊冯娜去世以来他的变化。Ibid., p.226.

[70] Le Corbusier, *Radiant City*, p.83.

[71] C. Norberg-Schulz, *Genius Loci: Towards a Phenomenology of Architecture*, New York: Rizzoli, 1980, p.196.

[72] Ibid.

[73] D. Porphyrios, *Sources of Modern Eclecticism: Studies of Alvar Aalto*, London: Academy Editions, 1982, p.2.

[74] Le Corbusier, *My Work*, London: Architectural Press, 1960, p.147.

与自然的关系以及建筑的核心

Conclusion

Nature Relations and the Heart
of Architecture

随着本书讨论进程的推进，勒·柯布西耶与阿尔托对于自然所持态度的方方面面、他们的早期生活经验以及他们后来的个性特征都逐一显露。显然，这一切都已渗透进他们作品的核心之中。

在《大英百科全书》（*Encyclopedia Britannica*）中可以看到，"自然这一术语具有极其不确定的范围"。[1]这一主题令几代哲学家费尽心思，而这一词语终也无法被定义。在这个结论部分，我们将尝试界定对于勒·柯布西耶与阿尔托而言自然的不同含义。一般来说，自然对于二人只是环境，是装点了宇宙的地球、太阳、水与星辰。在理想形式下，它也是一个具有神性原点的秩序系统（在阿尔托的观念中具有灵活性）。自然也代表某种生产、创造事物的方式，以适应更大范围的系统。她可经由爱与做爱的行为得以触及，同样可以是恐怖、不可宽恕的，甚至是根本上致命的——她支配着生与死的循环。然而，对于自然的内涵与意义，他们二人似乎从未彻底达成共识。二人对于这一主题的态度存在若干微妙差异，在此我们也希望凸显这些差异。

生长与持续的创造
Growth and Incessant Creativity

不论勒·柯布西耶还是阿尔托都同样拥有沉浸于自然之中的童年体验，并且二人都将生物界的知识细节与自然的生长秩序融入直觉之中，这一切都已经明确。年轻时至关重要的自然，在他们的创造性工作中继续成为一个范本，尤其是那些关乎人居供给，以及在更基本的层面上，关乎人性实现的内容。

不难看出，勒·柯布西耶作为一个生长于高山地区的青年，怀着对山野的渴望成长起来。詹克斯确也认为，他决意去直面这个在其持续的创造过程中不断变幻的恶魔。[2]我们的结论无意反对这一点，但要指出不论是其引发的原因还是表现特征都需要不断更新变革。如果勒·柯布西耶生活的更多细节被公之于众，这将被阐释得更加充分。[3]

阿尔托这个编剧则似乎始终双手叉腰，以某种方式伪装并守护着那个更加岌岌可危的自我。我们力图避免否认他那具有创造性传奇的个人经历，并且试图强化一种怀旧的观点——建筑师英雄们生长于宛若阿卡迪亚（arcadia）◆的世外桃源。而事实肯定远非如此，因为那充其量只是一再重复的抑郁低落的发作（而且最糟的是，近乎精神错乱的行为打断了他原本狂热的创造性生活）；这绝不可能没有任何缘由，也不可能不令他遭受痛苦。

从古代世界观到现代世界建筑
From an Ancient World-View to Modern World-Building

自然提供一个和谐一致的范本，使得两位建筑师都渴望在其设计中从根本上重现（或促发）这一典范，从而将他们的兴趣同古希腊思想构成本质上的关联。勒·柯布西耶与阿尔托秉持古代的世界观或宇宙观，伴着自然的潮起潮落蜿蜒前行，走向某种永远艰辛抑或因此而更为真实的和谐。

回溯希腊词源非常重要，因为它将形而上的和谐理念与物质上某个"联结点"（joint，在希腊语中是harmos）的形态论（morphology）关联起来。借此获得一种思路，它可以被转译为整合不同事物的某种形态合成技巧——这被阿尔托不断

◆传说中在古希腊伯奔尼撒半岛中部的一个城邦，在那儿生活的人们以游牧、渔猎为生，过着田园牧歌式的生活；因此，阿卡迪亚在西方有"世外桃源"之意。

使用（图8.13），而非仅仅是一个抽象的哲学信条。

勒·柯布西耶在"东方之旅"的过程中，几乎彻底为这一世界观所倾倒。他曾受古代先哲思想萌芽的感染，被深深触动，直到1911年的这场哲学危机，引发他摆脱自己业已承托之衣钵，再度以东方思想为参照调整自我，并得以将对宇宙的思考注入随后那无以避免的变革。这些思考曾在他早期的现代主义实践中发挥作用。

尽管在早期的形态中阿尔托使用古典主义或许是合适的，一位评论者也指出他将其视作"一种风格而非对世界的看法"，但若说"功能主义是他最初深度内化的建筑理念"显然是错误的，因为这忽略了阿尔托对古希腊世界观的深刻理解。[4]圣约翰·威尔森在亚里士多德的实用艺术与功能观念之间所画的界线在此发挥着作用。[5]功能主义对于阿尔托的实用主义充满诱惑，同时又对其崭露头角时的创作存在不利影响；然而，更深层的理念却与他从各方面重建自我的需求密不可分。

还有观点认为，当勒·柯布西耶放弃，而阿尔托拒绝新艺术运动形式的衣钵时，他们与过往充斥着自然的对话存在某种割裂，这样的看法同样存在问题。抽象的自然生长支撑着勒·柯布西耶多米诺框架概念的根基，恰如仪式化的俄耳甫斯主义弥散于萨伏依别墅一般。阿尔托与根基不深的现代主义的戏谑更为直白，但即便如此，自然还是表露于帕伊米奥那胚胎状入口雨篷的曲线中，以及维普里木质天棚的波浪里。

诺伯格-舒尔茨认为，尽管勒·柯布西耶渴望重现古希腊的环境适应性与可理解性，但他还是将古典的"有机"方式替换为某种更加抽象和无关的东西。[6]我们在此也引述了这类疏离、超然的观点，来讨论勒·柯布西耶对待自然的立场。尽管他的建筑鼓励居住者接近自然与他人，却与阿尔托的方式大相径庭。相比后者，它们从形式上更少让人想到有机流动与不规则的自然空间。所谓的"自然"材料虽被使用，但从方式上则迥异于它们最初的原型——例如，替代石头的混凝土。相比同行，勒·柯布西耶更为倚重象征主义与几何形态唤起对自然的联想。例如，光被勒·柯布西耶用于象征性或戏剧性的意图，却很少被用在阿尔托那精致且令人回味无穷的建筑中——他似乎更适应自然的变幻莫测。勒·柯布西耶希望构建并掌控他的对象，将其组织成一个确定的模式，把它看作更大范围整体中的一个缩影。甚至可以说，勒·柯布西耶寻求构建自然，表现于萨伏依别墅（图版21）以及日内瓦湖畔为母亲建造的小屋（Petite Maison，1935年）中桌边形似圣坛的窗户[7]，而后被转译为马赛公寓的阳台（图版30）。自然居于核心，也同时居于外部甚至天际。勒·柯布西耶写道，人们需要学会"如何生活"，实际上表明了需要应对"人居状态恶劣"的问题。[8]或许为了表明他意识到了自己难以全身心地拥抱自然，在《当大教堂还是白色的时候》中他写道："知道如何生活是摆在现代社会面前的基本问题，在世界各地都是如此。这是一个天真的问题，一个或许被认为是幼稚的问题。如何生活？我的读者，你知道吗？你知道如何生活得明智、坚定、欢快、摆脱习惯、风俗以及都市的杂乱无章所造成的愚蠢行为吗？"[9]

二人都曾提及居住的问题，对勒·柯布西耶而言，这恰是那个时代各种问题深层与真实的缘由。因此，他打算以田园城市的理想对抗工业城市的恐怖，而这一回采取了竖直的方式。以这种方式，从基本的居住过程开始，人们将遵循日常活动与"生存的有机发展"。[10]基于这个原因，勒·柯布西耶试图创造一种建筑，随时提醒居于其中的人们关注生活里平衡与和谐的重要性。而这是以象征性的方式实现的，通过景致的构建，通过材料，通过创造室内外空间，通过引入艺术品与自然物品，以及通过几何形态。

阿尔托的第二任妻子埃莉萨曾回忆：

自然无疑对他产生了影响。这或许是他曾赞美的某种东西，某种特殊的东西，虽未在建筑中发挥直接作用，但确已深入潜意识，而后这种自然体验被证实用于设计之中。在莫拉特赛罗画画的过程中，阿尔托时常感叹："唉，这自然如此困扰着我！"但显而易见，他在很多方面都依赖自然。 [11]

阿尔托寻求将自然引入建筑，冲破住房与室外之间的边界观念。那是对某种交流互动的渴望的一再实现，在其中隐含某种邀约，而实际上是怂恿着损毁与破败，也渴望着自然去吞噬住屋与文明。从这层意义上讲，阿尔托的作品存在某种固有的氛围，即参与人类生活的进程，但却处于一个更广阔的自然文脉之中。

强制重新建立交互关系抑或疏离、超然，正如前文所述，造成这一差异更为深层，也更具争议的原因，或许在于两位建筑师与各自母亲的关系本质不同。简而言之，阿尔托与母亲曾有过挚爱深情，却被残忍地切断；而勒·柯布西耶与母亲看似更多磕磕绊绊，却持续终生。

狂热、多义与想象力的生态
Mania, Multivalency and the Ecology of Imagination

勒·柯布西耶的内在驱动力召唤他全力投入自己对人类愿景的发展中，这种个性特征尤为重要。它表现得如此忘我，耗费巨大的时间与精力，甚至可以说影响了他养育子女与享受家庭生活。然而，这是他一贯的选择——将尼采超人的生活、查拉图斯特拉（Zarathustra）的生活付诸现实。1908年，当他第一次感受巴黎，还没有开始真正的辛劳与战斗，他写道："我希望与真理本身决战。它会折磨我；但我并不期待平静，抑或来自世界的认可。我会生活于真诚之中，快乐地忍受暴虐。"[12]这显示着某种程度上对于拒绝与不受赏识的预判，从而带有一种自我应验预言的腔调。很久以后，历经多年的真实征战，他于1947年抱怨道："有时我会绝望。人是如此愚蠢，而我却乐于赴死。在我这一生中，人们都试图打压我……幸运的是，我始终怀有坚强的意志。虽然年轻时有些胆小，我仍强迫自己破釜沉舟。我是个拳击手（Je suis un type boxeur）。"[13]詹克斯认为，当他的宏伟计划被维希政权推翻以后，诗人的勒·柯布西耶开始主宰先前技术官僚的身份。[14]一个如此持续战斗的生命裹挟着他，不断重新审视自己的原则与愿景的方向。而其中的每一轮战斗，他使自然从最广泛的意义上介入自己作品的决心都与日俱增。

阿尔托则将大家的注意力转向"潜意识"的直觉引领他解决设计问题的方法上。[15]波尔菲里奥斯认为，"通过利用那些已经行之有效并合乎社会情理的图像类型的丰富联想，阿尔托实现了语言诗性特征的极限：那种多义性（多重层级复合的意义；第二层与第三层意涵的丰富性）"。[16]阿尔托宣称，他凭直觉将这些联想提炼为全新的、复合的表现形式。这一过程需要他具备技巧与实力，以权衡无数的想法、形态以及不可避免的情感，那种生态（一个使差异得以协调的网络）使人联想到科布有关想象力生态系统的理念。这里提出的理念是两位建筑师恰是从"裂隙"中获得了他们的力量——或者更为确切地说——他们的驱动力；而从自然中，他们获取了基本的权衡模式。

阿尔托决意克服现代建筑环境中所见到的疏离，这或许是他内心中疏离感受的直接移情。通过他的建筑作品，这一问题在创造的层面被克服，满足了人、地理因素以及环境的共同需求，这一点尤为可贵。然而，他的个人悲剧还是留给了亲人与挚友，成为生命中长久的伤痛。想象力或许已经成为阿尔托保持大体稳定的关键、交流的载体，以及赖以权衡内心与外部现实的潜能空间——这也许可以被称作相互影响的生态领地。[17]

尽管时常被其掌控，从某种层面上阿尔托还是意识到了自己的悲剧。他坚信"真正的建筑仅存在于以人为核心的地方。这是他的悲剧，也是他的幸运"。[18]的确，对于"亲近自然"[19]的自身渴望，在他表现自然的深层建筑议题中变得具有专业特征，成为"某种自由的象征"；[20]此外，还"存在某种更为深层的，或许是神秘的居住诉求，即对构筑于普遍心智与纯粹地理条件之上的思想与作品的诉求"。[21]

现实主义或理想主义：建筑生长的观念
Realism or Idealism: A Growing Sense of Architecture

透过两位建筑师对城镇发展的基本态度，可以清晰地勾画出他们各自对自然的不同理解。一位评论家将阿尔托的城镇规划项目描述为小型却不断扩展，且具有人性化的尺度；而勒·柯布西耶的城镇规划则是限定范围且没有比例的，特别是其早期作品。[22]这些并非全面的评价，却抓住了有关自然理念的真正核心——一个动态的过程抑或更趋静止的现象。勒·柯布西耶将生物学视作其城镇规划项目的灵感之源，并非因为他对有机体的生长方式感兴趣；实际上，他对于细胞结构将一切联为一体的观念更加兴味盎然（图8.4）。[23]与此同时，阿尔托则关注生物有机体进化与变异的方式，承认本质上的差异性（图8.5）。阿尔托的想法无非是希望以细微开端实现生长，而将尽可能大的权力交由业主去左右生长的方向（在其典型的住宅中），并且将形态扩张的细节纳入一个质朴、包容的整体。而勒·柯布西耶则利用自然构思了完整系统背后的原则——阳光、空气、绿化。

正如帕拉斯玛在一篇有关玛丽亚别墅的评论中所指出的，这一差异或许隐含于二人感兴趣的两种自然哲学体系中。他将阿尔托归为"柏格森派的感官现实主义者"而非"笛卡儿派的理想主义者"，暗中刻画出勒·柯布西耶的形象。[24]然而，并不应仅依据充满说教的笛卡儿哲学辩证法给勒·柯布西耶定位，因为这只是他众多角色中的一个。

神圣的（非）安全感与生活纷争的附带问题
Sacred (In)Security and Life's Quarrelling Sub-problems

似乎远离了笛卡儿的哲学观点，勒·柯布西耶的作品开始包含非欧几何的形态。这引发了一些人对诸如"理性主义的危机"（crisis of rationalism）、"有意识的非完美主义"（conscious imperfectionism）[25]以及"新非理性主义"（new irrationalism）[26]的写作。在朗香教堂支配一切的世界观中，勒·柯布西耶确信与流动形态关联的某种神圣的安全感；它提供了超自然的信心，以改善对生命的纯粹理性控制的缺失。

通过研究勒·柯布西耶利用自然为生活提供某种象征性的结构，凯瑟琳·弗雷泽·费希尔（Katherine Fraser Fischer）写道：

在通常的背景下，将弯曲、自然与直线、机器加工相结合，引发更进一步的结论：建筑宛如身体或器皿，是一个容器，也是一个在更大、更趋混沌的背景中的适宜环境。在这方面值得注意的是，尽管这些事物带有自然主义色彩，但它们仍然是从自然中构建一个世界的人工工具。[27]

那些在朗香教堂中发现不完美与困惑的作者，却认同阿尔托在抗拒直线方面的相同做法，这或许因为当时还没有据此形成一种学说。的确，从维普里图书馆的顶棚开始，作为多样性的表达方式，阿尔托探索了波状曲线与直线的关系，但结合建筑功能以及与之相伴的日常活动与经验。与其众多作品一样，在武奥克森尼斯卡教堂中，阿尔托展现了表达自由形态与掌控长长的几何形态墙体固定片段之间的对话。而这些墙体根植于波浪起伏的动态感。或许在精神领域阿尔托不如勒·柯布西耶那般大胆，需要确保自己形而上的"自由线条涌动的节奏"[28]始终在欧几里得几何的掌控之中。对于任何关于和谐的理念（无论在生活中还是建筑中），阿尔托都不得不紧扣他的综合主题，而他创造性借鉴的基本模式错综复杂，影响范围广泛（包含历史、当代、场所与人）。毕竟，他的精神或许更为脆弱。

以这种方式联结不同的事物，阿尔托或许是在叙写着自己的生活。他写道："某种普遍的本质有助于我将众多彼此矛盾的组成部分化归和谐"。[29]正如在第4章中所引用的关于"纷争的附带问题"（quarrelling sub-problems）一词的早期解读，是一处有助于我们破译阿尔托想法的细节。[30]这极其重要，代表阿尔托的信条——驱使生活中以及本案例的事物中原本错位的因素整合在一起，这是理性的需求——尤其是当你最根本的心智依赖它的时候。在这里他拥有了一个极其重要的点，一个锚固"有机线条"[31]的点，它似乎已经成为一种保险机制。尽管不喜欢有限制的理性主义，但阿尔托时常狂躁的幻想需要根植于这种客观性。这种延伸的理性主义观点（接受成长与变化的自然过程）不仅源自当时在欧洲广为流传的生物中心论（通过诸如莫霍伊–纳吉与格罗皮乌斯之类的朋友获取），而且正如我们所讨论的，源自其自身心理的脆弱。

远离现代主义阵营的其他人赞美勒·柯布西耶在朗香教堂中形式表现的自由。事实上，文丘里通过将阿尔托和勒·柯布西耶与其他建筑师进行对比，开启了《建筑的复杂性与矛盾性》的写作，并且称赞二人通过提升"整体中的复杂性"来避免单调的能力。[32]这种复杂性代表某种对天地万物，尤其是个人的关照。他们二人自如地游走于两个领域之间，正如他们游走于当下与过往之间，贯通人性与建筑的层面。勒·柯布西耶写道，如果不相信"绝对真理"，我们就会被"卷入每个问题之中"。[33]通过同时解决人类生活中的基本需求（阳光、空气与绿化）、人体工程学中的点滴细节以及自身在柏拉图哲学方面的抱负，他把自然注入自己的作品之中。这一切都齐聚于模度之中，正如模度也深深浸淫着毕达哥拉斯的原理与宇宙论的神话。

自然与潜能空间："裂隙"与创造的力量
Nature and Potential Space: The 'Gap' and the Power of Creativity

概括而言，温尼科特有关人类生活中固有的"自然"生长过程的观念为上面的研究提供了框架，其基本原则便是证实早期环境的障碍会导致某种原初的"裂隙"——婴儿环境中的挫败以及"最初的"心理创造力过程的紊乱。[34]在一个"足够好的环境中"（换句话说，促进而非阻碍最初的、懵懂的创造力）不应存在"裂隙"。温尼科特相信，最初的环境是被抱持的经验，出生之前便已开始，在养育期间不断发展，它促发身心合一以及"自然的"生长过程。[35]

温尼科特认为"裂隙"妨碍了个体的成长，并且影响了个体本应拥有的"潜能空间"。[36]这可被推演至成年时期的创造现象，在这个过渡的世界（介于主客观之间），游戏和创造力是联系在一起的。实际上，科布曾独立描述儿童何以从他们无法预知的环境中掌握秩序系统，将其内化，并用它来寻求为内在的紊乱带来某些秩序：寻求通过创造性演变"构筑一个世界"。[37]这就像是一个庇护所，也是未来创造性旅程的一个重要的组成部分。

我们可以得出结论，阿尔托对建筑的渴望有一个神秘的维度，这个维度的灵感来自于他对生活的喜怒哀乐的亲身体验[38]，他试图通过形式化的细节与象征性的现象，使自然领域的不同方面渗透进建筑之中，并将其与"地理本土主义哲学"（a philosophy of geographical localism）相结合。[39]"房子的用途是充当一件器具，汇集自然赋予人类的所有积极影响，……我们还必须懂得，作为其所从属自然环境的永恒组成部分，如果房子本身不能拥有与周边环境同样丰富的细节，它便无法实现它的用途。"[40]

一般来说，在一项设计的早期，阿尔托的期待都饱含泥土气息，恰如他那6B铅笔草图所表现的，充斥着通过细节的身体感受所凸显的形态与材料的丰富性。这种直接性跟创造一样具有个性特征，也可以说明相比勒·柯布西耶，大多数人何以更易于与阿尔托交往。有趣的是，冯·莫斯认为勒·柯布西耶总是如此激烈地与人争论，他的生活充满紧张与冲突，以至其作品从未实现阿尔托那样的"宁静、亲和与社交的"特征。[41]同样，大多数人更乐于将阿尔托与自然联系起来，而非勒·柯布西耶。尽管如此，本书仍试图阐明自然对二人生活与工作的支撑究竟触及怎样的深度。勒·柯布西耶在临终前几个月回忆道："我确实拥有一位出色的老师，他让我看到了造化奇观……他帮助我们从大自然的植物元素中，而非风景中，获取创作素材。他推动我们去理解世间万物如何相互协调。"[42]经由严格的提纯与结晶，这一过程将自身幻化为某种哲学，其中自然与建筑实际上具有相同的含义。勒·柯布西耶在"调节焦点"中写道："我将庙宇带回家庭，带回房舍；将自然的状态交还人们的生活"。[43]

注释

[1] *Encyclopedia Britanicca*, 11th Edition, Cambridge: Cambridge University Press, 1911, p.274.

[2] C. Jencks, *Le Corbusier and the Continual Revolution in Architecture*, New York: Monacelli, 2000, p.13.

[3] 尼古拉斯·韦伯利用许多以前无法获取的资源，正在撰写一部勒·柯布西耶的传记。

[4] T. Koho, *Alvar Aalto: Urban Finland*, Helsinki: Rakennustieto, 1995, p.157.

[5] C. St John Wilson, *Architectural Reflections*, London: Butterworth, 1992. pp.29–31.

[6] C. Norberg-Schulz, *Genius Loci: Towards a Phenomenology of Architecture*, New York: Rizzoli, 1980, p.76. 他指的是勒·柯布西耶所追求的"在光的辉映下组合在一起的精巧、准确、宏伟的体块表演"。Le Corbusier, *Towards a New Architecture*, London: Architectural Press, 1982, p.31.

[7] 1951年，地方当局认为日内瓦湖上的这所小屋具有"危害自然的罪行"。Le Corbusier, *Une Petite Maison*, Zurich: Aux Éditions d'Architecture, 1993, p.80.

[8] Le Corbusier, *La Maison des Hommes*, Paris, 1942, p.5. Cited in Norberg-Schulz, *Genius Loci*, p.191.

[9] Le Corbusier, *When the Cathedrals were White: A Journey to the Country of the Timid People*, New York: Reynal & Hitchcock, 1947, p.xvii.

[10] Le Corbusier, *Towards a New Architecture*, p.268.

[11] Elissa Aalto in L. Lahti, *Ex Intimo*, Helsinki: Rakennustieto, 2001, p.25.

[12] Le Corbusier, letter to L'Eplattenier, 22 November 1908, cited in Jean Petit, *Le Corbusier lui-même*, Paris: Forces Vives, 1970, p.34.

[13] C. Jencks, *Le Corbusier and the Continental Revolution*, New York: Monacelli, 2000, p.26.

[14] C. Jencks, *Continual Revolution*, pp.228~241.

[15] Aalto, 'The Trout and the Stream', 1947; repr. in G. Schildt, *Alvar Aalto in his Own Words*, New York: Rizzoli, 1997, p.108.

[16] D. Porphyrios, 1979, 'The Burst of Memory: An Essay on Alvar Aalto's Typological Conception of Design',

in *Architectural Design*, 49, 5/6, 1979, p.144.

[17] S. McNiff, Foreword to E. Cobb, *The Ecology of Imagination in Childhood*, Dallas: Spring Publications, 1993, p.xi.

[18] Aalto, 'Instead of an Article', 1958; repr. in G. Schildt (ed.) *Alvar Aalto: Sketches*, Cambridge, MA: MIT Press, 1985, p.161.

[19] Aalto, 'Experimental House, Muuratsalo', 1953, ibid., p.116.

[20] Aalto, 'National Planning and Cultural Goals', 1949, ibid., p.102.

[21] Aalto, 'Art and Technology', 1955, ibid., p.129.

[22] H. Wesse, 'Alvar Aalto', in *ARK*, 7–8, 1976, p.46.

[23] 有关勒·柯布西耶回应自然界更加混乱、不安等方面的讨论，见柯利（Colli, L.）所写《隐藏的色彩，带信号的色彩》（*La Couleur qui cache, La Couleur qui Signalle*）一文，详见：J. Jenger (ed.),

Le Corbusier at la Coleur, paris: FLC 1992, pp.24–25.

[24] J. Pallasmaa, *Villa Mairea*, Helsinki: Mairea Foundation and Alvar Aalto Foundation, 1998, p.86.

[25] J. Stirling, 'Ronchamp: Le Corbusier's Chapel and the Crisis of Rationalism', *Architectural Review*, 119, March 1956, pp.155–161.

[26] N. Pevsner, *An Outline of European Architecture*, London: Pelican, 1982, p.429.

[27] K. Fraser Fischer, 'A Nature Morte', *Oppositions*, 15–16, 1979, pp.156–165.

[28] R. Pietilä, 'Influences', in M.–R. Norri, R. Connah, K. Kuosma and A. Artto, *Pietilä: Intermediate Zones in Modern Architecture*, Helsinki: Museum of Finnish Architecture, 1985, p.10.

[29] Aalto, 'The Trout and the Stream', 1947, in Schildt, *Sketches*, p.108.

[30] Ibid., p.97.

[31] Aalto, letter to Gropius, autumn 1930. Cited in Schildt, *Alvar Aalto: The Decisive Years*, New York: Rizzoli, 1986, p.66.

[32] R.Venturi, *Complexity and Contradiction in Architecture*, New York: Museum of Modern Art, 1977, pp. 18–19.

[33] Le Corbusier, *Precisions on the Present State of Architecture and City Planning*, Cambridge, MA: MIT Press, 1991, p.32.

[34] D.Winnicott, *Collected Papers: Through Paediatrics to Psycohanalysis*, London: Tavistock, 1958, p. 145.

[35] D.Winnicott, *Home is Where We Start From: Essays by a Psychoanalyst*, London: Pelican, 1987, pp. 142–149.

[36] D.Winnicott, *Playing and Reality*, Harmondsworth: Penguin, 1971, pp. 2–10.

[37] Cobb, *Ecology of Imagination in Childhood*, p.17.

[38] Aalto, 'Instead of an Article', 1958 in Schildt, *Sketches*, p.161.

[39] R. Pietilä, 'Architect's Approach to Architecture', in Norri, Connah, Kuosma and Artto, *Pietila*, p.116.

[40] Aalto, 'The Reconstruction of Europe is the Key Problem for the Architecture of Our Time' in Schildt, *Own Words*, pp.150 and 152.

[41] S. Von Moos, *Le Corbusier: L'architecture et son mythe*, paris: Horizons de France, 1971, p.299.

[42] 这是1965年5月15日勒·柯布西耶最后一次接受休格斯·德萨尔（Hugues Desalle）采访时所说的，详见：'The Final Year' in I. Žaknić, *The Final Testament of Père Corbu*, New Haven: Yale University Press, 1997, p.105.

[43] Le Corbusier, 'Mise au Point', in ibid., p.96.

结　语
与自然的关系以及建筑的核心

参考文献

Bibliography

Aalto, A., (under pseudonym of Ping), 'Benvenuto's Christmas Punch', Kerberos, 1-2, 1921.
— 'Painter and Mason', Jousimies, 1921. Repr. in G. Schildt, Alvar Aalto in his Own Words, New York: Rizzoli, 1997, pp. 30-32.
— 'Motifs from the Past', Arkkitehti, 2, 1922. Repr. in G. Schildt, Alvar Aalto Sketches, Cambridge: MIT Press, 1985, pp. 1-2 and as 'Motifs from Times Past' in G. Schildt, Alvar Aalto in his Own Words, New York: Rizzoli, 1997, pp.32-35.
— 'The Hill Top Town', 1924. Repr. in G. Schildt, Alvar Aalto in his Own Words, New York: Rizzoli, 1997, p.49.
— 'Urban Culture', Sisä-Suomi, 12 December 1924. Repr. in G. Schildt, Alvar Aalto in his Own Words, New York: Rizzoli, 1997, pp. 19-20.
— 'Finnish Church Art', Käsiteollisuus, 3, 1925. Repr. in G. Schildt, Alvar Aalto in his Own Words, New York: Rizzoli, 1997, pp.37-38.
— 'The Temple Baths on Jyväskylä Ridge', Keskisuomalainen, 22 January 1925. Repr. in G. Schildt, Alvar Aalto in his Own Words, New York: Rizzoli, 1977, pp.17-19.
— 'Abbé Coignard's Sermon', 6 March 1925. Repr. in G. Schildt, Alvar Aalto in his Own Words, New York: Rizzoli, 1997, pp.56-57.
— 'Architecture in the Landscape of Central Finland', Sisä-Suomi, 28 June 1925. Repr. in G. Schildt, Alvar Aalto in his Own Words, New York: Rizzoli, 1997, pp.21-22.
— 'From Doorstep to Living Room', Aitta, 1926. Repr. in G. Schildt, Alvar Aalto in his Own Words, New York: Rizzoli, 1997, pp. 49-55.
— 'Armas Lindgren and We', Arkkitehti, 10, 1929. Repr. in G. Schildt, Alvar Aalto in his Own Words, New York: Rizzoli, 1997, pp.241-242.
— 'Housing Construction in Existing Cities', Byggmästaren, 1930. Repr. in G. Schildt, Alvar Aalto Sketches, Cambridge: MIT Press, 1985, pp. 3-6.
— 'The Dwelling as a Problem', Domus, 1930. Repr. in G. Schildt, Alvar Aalto Sketches, Cambridge, MA: MIT Press, 1985, pp. 29-33, and as 'The Housing Problem', 1930, G. Schildt, Alvar Aalto in his Own Words, New York: Rizzoli, 1977, pp.76-84.
— 'The Stockholm Exhibition I and II', 1930. Repr. in G. Schildt, Alvar Aalto in his Own Words, New York: Rizzoli, 1997, p.716.
— 'Letter from Finland', Bauwelt, 1931. Repr. in G. Schildt, Alvar Aalto Sketches, Cambridge, MA: MIT Press, 1985, pp. 34-35.
— 'The Geography of the Housing Question', 1932. Repr. in G. Schildt, Alvar Aalto Sketches, Cambridge, MA: MIT Press, 1985, pp. 44-46.
— 'Rationalism and Man', Speech to the Swedish Craft Society, 1935. Repr. in G. Schildt, Alvar Aalto in his Own Words, New York: Rizzoli, 1997, pp. 89-93.
— 'The Influence of Construction and Materials on Modern Architecture', 1938. Repr. in G. Schildt, Alvar Aalto Sketches, Cambridge, MA: MIT Press, 1985, pp. 60-63, and as 'The Influence of Structure and Materials on Modern Architecture', 1938, G. Schildt, Alvar Aalto in his Own Words, New York: Rizzoli, 1997, pp.98-101.
— 'An American Town In Finland', 1940. Repr. in G. Schildt, Alvar Aalto in his Own Words, New York: Rizzoli, 1997, pp.122-131.
— 'E.G. Asplund Obituary', Arkkitehti, 11-12, 1940. Repr. in G. Schildt, Alvar Aalto in his Own Words, New York: Rizzoli, 1997, pp. 242-243 and G. Schildt, Alvar Aalto Sketches, Cambridge, MA: MIT Press, 1985, pp. 66-67.
— 'The Architecture of Karelia', 1941, Uusi Suomi. Repr. in G. Schildt, Alvar Aalto Sketches, Cambridge, MA: MIT Press, 1985, pp.80-83, and as 'Karelian Architecture', in G. Schildt, Alvar Aalto in his Own Words, New York: Rizzoli, 1997, pp.115-119.
— 'The "America Builds" Exhibition, Helsinki, 1945', Arkkitehti, 1, 1945. Repr. in G. Schildt, Alvar Aalto in his Own Words, New York: Rizzoli, 1997, pp. 131-136.
— 'Building Height as a Social Issue', Arkkitehti, 1946. Repr. in G. Schildt, Alvar Aalto in his Own Words, New York, Rizzoli,

1997, p.208, and as 'Building Heights as a Social Problem' in G. Schildt, *Alvar Aalto: Sketches*, Cambridge, MA: MIT Press, 1985, pp. 166–167.

— 'Culture and Technology', *Suomi-Finland*–USA, 1947. Repr. in G. Schildt, *Alvar Aalto Sketches*, Cambridge, MA: MIT Press, 1985, pp. 94–95.

— 'The Trout and the Mountain Stream', *Domus*, 1947. Repr. in G. Schildt, *Alvar Aalto Sketches*, Cambridge, MA: MIT Press, 1985, pp. 96–98, and G. Schildt, *Alvar Aalto in his Own Words*, New York: Rizzoli, 1997, pp.107–109.

— 'Finland as a Model for World Development', 1949. Repr. in G. Schildt, *Alvar Aalto in his Own Words*, New York: Rizzoli, 1997, pp. 167–171.

— 'National Planning and Cultural Goals,' *Suomalainen-Suomi*, 1949. Repr. in G. Schildt, *Alvar Aalto Sketches*, Cambridge, MA: MIT Press, 1985, pp. 99–102, and as 'Finland as a Model for World Development' in G. Schildt, *Alvar Aalto in his Own Words*, New York: Rizzoli, 1997, pp. 167–171.

— 'Finland Wonderland', Architectural Association London, 1950. Repr. in G. Schildt, *Alvar Aalto in his Own Words*, New York: Rizzoli, 1997, pp. 184–190.

— 'Senior Dormitory M.I.T.', *Arkkitehti*, 4, 1950, p.64.

— 'Experimental House, Muuratsalo', *Arkkitehti-Arkitekten*, 1953. Repr. in G. Schildt, *Alvar Aalto Sketches*, Cambridge, MA: MIT Press, 1985, pp.115–116.

— 'Experimental House at Muuratsalo', *Arkkitehti*, 9, 9–10, 1953. Repr. in G. Schildt, *Alvar Aalto in his Own Words*, New York: Rizzoli, 1977, pp. 234–235.

— 'Art and Technology', Inauguration into Finnish Academy, 1955. Repr. in G. Schildt, *Alvar Aalto Sketches*, Cambridge, MA: MIT Press, 1985, pp.125–129, also in G. Schildt, *Alvar Aalto in his Own Words*, New York: Rizzoli, 1997, pp.171–176.

— 'Between Humanism and Materialism', 1955. Repr. in G. Schildt, *Alvar Aalto Sketches*, Cambridge, MA: MIT Press, 1985, pp. 130–133.

— 'Form as a Symbol of Artistic Creativity', 1956. Repr. in G. Schildt, *Alvar Aalto in his Own Words*, New York: Rizzoli, 1997, pp. 181–183.

— 'Wood as a Building Material', *Arkkitehti-Arkitekten*, 1956. Repr. in G. Schildt, *Alvar Aalto Sketches*, Cambridge, MA: MIT Press, 1985, p. 142.

— 'The Architect's Concept of Paradise', 1957. Repr. in G. Schildt, *Alvar Aalto Sketches*, Cambridge, MA: MIT Press, 1985, pp. 157–159.

— 'The Architectural Struggle', RIBA, 1957. Repr. in G. Schildt, *Alvar Aalto Sketches*, Cambridge, MA: MIT Press, 1985, pp. 144–148, and as 'Enemies of Good Architecture', in G. Schildt, *Alvar Aalto in his Own Words*, New York: Rizzoli, 1997, pp.201–206.

— 'Instead of an Article', 1958, *Arkkitehti-Arkitekten*. Repr. in G. Schildt, *Alvar Aalto Sketches*, Cambridge, MA: MIT Press, 1985, pp. 161–162, and G. Schildt, *Alvar Aalto in his Own Words*, New York: Rizzoli, 1997, pp.263–264.

— 'Speech for the Centenary of Jyväskylä Lycée', 1958. Repr. in G. Schildt, *Alvar Aalto Sketches*, Cambridge, MA: MIT Press, 1985, pp. 162–164.

— 'Vuoksenniskan Kirkko', *Arkkitehti-Arkitekten*, 12, 1959, p.201. Repr. as *The Church of the Three Crosses*, Vuoksenniska, Parish Leaflet, 2001.

— 'Town Planning and Public Buildings', 1966. Repr. in G. Schildt, *Alvar Aalto Sketches*, Cambridge, MA: MIT Press, 1985, pp. 166–167.

— 'Riola Church', *Domus*, February 1967, p.447.

— 'The Relationship between Architecture, Painting and Sculpture: Discussion with Karl Fleig, 1969', in B. Hoesli (ed.), *Alvar Aalto, Synopsis: Painting Architecture Sculpture*, Zürich: Birkhäuser, 1980, pp.24–26. Also repr. in G. Schildt, *Alvar Aalto in his Own Words*, New York: Rizzoli, 1997, pp. 265–269.

— 'Interview for Finnish Television', July 1972. Repr. in G. Schildt, *Alvar Aalto in his Own Words*, New York: Rizzoli, 1997, pp.269–275.

— 'Centenary Speech of Helsinki University of Technology, 5 December 1972. Repr. in G. Schildt, *Alvar Aalto in his Own Words*, New York: Rizzoli, 1997, pp.281–285.

— 'Introduction' to A. Christ–Janer, *Eliel Saarinen*, Chicago: Chicago University Press, 1979 (orig. pub. 1948).

— 'Conversation', in G. Schildt, *Alvar Aalto Sketches*, Cambridge, MA: MIT Press, 1985, pp.170–172.

— 'The Human Factor' (undated), in G. Schildt, *Alvar Aalto in his Own Words*, New York: Rizzoli, 1997, pp.280–281.

Aalto, A. and A., 'Alvar Aalto's Own House and Studio', *Arkkitenti*, 8, 1937. Repr. as *Alvar Aallon Orna Talo ja Toimisto*, *Heslinki* (Alvar Aalto's Own House and Studio), Jyväskylä: Alvar Aalto Museo, 1999, p.2.

Aalto, A. and A., 'Mairea–Introduction', *Arkkitehti*, 9, 1939. Repr. in *Villa Mairea*, Jyväskylä: Alvar Aalto Museum, 1982, p.2.

Aalto, E., 'Contacts', in T. Hihnala and P.–M. Raippalinna, *Fratres Spirituales Alvari*, Jyväskylä: Alvar Aalto Museum, 1991, pp.6–11.

Agrest, D., *The Sex of Architecture*, New York: Harry N. Abrams, 1996.

Anderson, S., 'Aalto and Methodical Accommodation to Circumstance', in T. Tuomi, K. Paatero and E. Rauske (eds) *Alvar Aalto in Seven Buildings*, Helsinki: Museum of Finnish Architecture, 1998, pp. 143–149.

Apollinaire, G., *L'Esprit nouveau et les poètes*, Paris: Jacques Haumont, 1946.

— *Le Bestiaire ou Cortège d'Orphée* in M. Décaudin, (ed.), *Oeuvres Complètes de Guillaume Apollinaire*, Paris: André Balland et Jacques Lecat, 1966.

Bacon, M., *Le Corbusier in America*, Cambridge, MA: MIT Press, 2001.

Baker, G.H., *Le Corbusier: The Creative Search*, London: Spon, 1996.

Belot, M. le Chanoine, Curé de Ronchamp. *Manuel du Pelerin*, 1930 p. 13 in FLC.

Benevolo, L., *History of Modem Architecture* 2, Cambridge, MA: MIT Press, 1971.

Benton, T. (ed.) *Le Corbusier Architect of the Century*, London: Arts Council of Great Britain, 1987.

Bergson, H., *Creative Evolution*, London: Macmillan, 1911.

— *Mélanges*, Paris: Presses Universitaires de France, 1972.

Birkerts, G., 'Aalto's Design Methodology', *Architecture and Urbanism*, May 1983, Extra Edition, 12. pp. 13–14.

Blake, P., *No Place like Utopia*, New York: Norton, 1996.

Brookes, H.A., *Le Corbusier's Formative Years*, Chicago: Chicago University Press, 1997.

Buchanan, S. (ed.), *The Portable Plato*, Harmondsworth: Penguin, 1997.

Carl, P., 'Ornament and Time: A Prolegomena', *AA Files*, 23, 1992, pp.55–57.

Carrel, A., *Man the Unknown*, New York: Harper, 1935.

Christ–Janer, A., *Eliel Saarinen*, Chicago: Chicago University Press, 1979.

Cobb, E., *The Ecology of Imagination in Childhood*, Dallas: Spring Publications, 1993.

Cohen, J.–L., 'Le Corbusier's Nietzschean Metaphors', in Alexandre Kosta and Irving Wohlfarth (eds), *Nietzsche and 'An Architecture of Our Minds'*, Los Angeles: Getty, 1999, p.311.

Coll, J., 'Structure and Play in Le Corbusier's Art Works,' *AA Files* 3I, summer 1996, pp.3–15.

Colli, L.M., 'La Coleur qui Cache, La Couleur qui Signale', in J. Jenger (ed.), *Le Corbusier et la Couleur*, Paris: FLC, 1992, pp.24–25.

Colomina, B., 'Le Corbusier and Photography', *Assemblage*, 4, 1987, pp.12–13.

Connar, R., *Aaltomania*, Helsinki: Rakennustieto, 2000.

Constant, C., 'The Nonheroic Modernism of Eileen Gray', *Journal Society of Architectural Historians*, 53, September 1994, p.275.

Curtis, W., *Le Corbusier, Ideas and Forms*, London: Phaidon, 1986.

— *Modern Architecture Since 1900*, London: Phaidon, 1996.

de Rougemont, D., *Passion and Society*,

London: Faber & Faber, 1958.

Durkin, T., *Hope in our Time: Alexis Carrel on Man and Society*, New York: Harper & Row, 1965.

Eisenstadt, J. M., 'Parental Loss and Genius', *American Psychologist*, 1978, 33, pp.211–223.

Eliel, C. S., *Purism in Paris*, New York: Harry N. Abrams, 2001.

Eriksen, E., *Insight and Responsibility*, New York: Norton, 1964.

Evans, R., *The Projective Cast*, Cambridge, MA: MIT Press, 1995.

Fagan–King, J., 'United on the Threshold of the Twentieth Century Mystical Ideal', *Art History*, 11, 1 1988,pp.89–113.

Fairbairn, W. R. D., *Psycho-Analytical Studies of the Personality*, London: Tavistock, 1952.

Fenichel, O., *The Psycholanalytical Theory of Neurosis*, London: Routledge Kegan Paul, 1947.

Fleig, K. (ed.) *Alvar Aalto Vol. 1, 1922–1962*, Zürich: Verlag für Architecktur Artemis, 1990.

— *Alvar Aalto Vol. 2, 1963–1970*, Zürich: Verlag für Architecktur Artemis, 1990.

— *Alvar Aalto Vol. 3, Projects and Finland Buildings*, Zürich: Verlag für Architecktur Artemis, 1990.

Foucault, M., *The Order of Things*, Bristol: Arrow Smith, 1977.

Frampton, K., *Modern Architecture; A Critical History*, London: Thames & Hudson, 1997.

— *Le Corbusier*, London: Thames & Hudson, 2001.

Ghyka, M., *Nombre d'or: rites et rhythmes Pythagoriciens dans le développement de la civilisation Occidental*, Paris: Gallimard, 1931.

Giedion, S., 'Space, Time and Architecture', Cambridge, MA: MIT Press, 2nd edn, 1949.

Griffiths, G., *The Polemical Aalto*, Datutop 19, Tampere: University of Tampere, 1997.

Grisleri, G., *Le Corbusier, il viaggio in Toscana*, 1907, exhibition catalogue, Florence: Palazzo Pitti, 1987, p.17.

Guthrie, W.K.C., *Orpheus and Greek Religion,* London: Methuen, 1935.

Häring, H., 'Wege zur Form', in *Die Form*, 1, 1925, pp.3–5.

Heinonen, R.-L., *Funktionalism läpimurto Suomessa*, Helsinki: Museum of Finnish Architecture, 1986.

Hellman, G.,'From Within to Without', *New Yorker Magazine,* 26 April and 3 May 1947.

Hervé, L., *Le Corbusier The Artist/Writer*, Neuchatel: Éditions du Grifon, 1970.

Hihnala, T., and Raippalinna, P.-M., *Fratres Spirituales Alvari*, Jyväskylä: Alvar Aalto Museum, 1991.

Hinz, B., 'Die Malerei im deutschen Faschismus', *Kunst und Konterrolution*, München: Carl Hanser Verlag, 1974.

Illingworth, R.S., *Lessons from Childhood*, London: Livingstone, 1966.

Infinitum Publications and Fondation Le Corbusier (eds), *Le Corbusier architecte artiste*, CD Rom Fondation le Corbusier, 1996.

Jaeger, W., *The Theology of the Early Greek Philosophers*, Oxford: Oxford University Press, 1947.

Jencks, C., *Le Corbusier and the Continual Revolution in Architecture,* New York: Monacelli, 2000.

Jenger, J., *Le Corbusier: Architect of a New Age*, London: Thames & Hudson, 1996.

John, A., 'Creativity and Intelligibility in Le Corbusier's Chapel at Ronchamp', *Journal of Aesthetics and Art History*, 163, March 1958, pp. 293–305.

Jones, O., *The Grammar of Ornament*, London: Dorling Kindersley, 2001. Orig. pub. in 1856.

Jormakka, K., Gargus, J. and Graf, D., *The Use and Abuse of Paper*, Datutop 20, Tampere: Tampere University, 1999.

Klein, E., *A Comprehensive Etymological Dictionary of the English Language*, London: Elsevier, 1971.

Koho, T., *Alvar Aalto– Urban Finland*, Helsinki: Rakennustieto, 1995.

Krustrup, M., *Porte Email*, Copenhagen: Arkitektens Forlag, 1991.

Labasant, J., 'Le Corbusier's Notre Dame du Haut at Ronchamp', *Architectural Record*, 118, 4, 1955, p.170.

Lacey, A. R., *Bergson*, London: Routledge,

1989.

Lahti, L., *Ex Intimo*, Helsinki: Rakennustieto, 2001.

Lahti, M., *Alvar Aalto Houses: Timeless Expressions*, Tokyo: A&U, 1998.

Lake, F., *Tight Corners*, London: DLT, 1981.

— *Clinical Theology*, London: DLT, 1986.

— *The Dynamic Cycle*, a Lingdale Paper no. 2, Oxford: CTA, 1986.

Langer, S. k., Mind: An Essay in Human Feeling, abridged edn, Baltimore: John Hopkins University Press, 1988.

Le Corbusier, *Une Maison–un palais: A la recherche d'une unité architecturale*, Paris: Crès, 1928.

— *The City of Tomorrow*, London: Architectural Press, 1946.

— *When the Cathedrals were White: A Journey to the Country of the Timid People*, New York: Reynal & Hitchcock, 1947. Orig. pub. as *Quand les cathédrales étaient blanches*, Paris: Pion, 1937.

— *A New World of Space*, New York: Reynal & Hitchcock, 1948.

— *Modulor*, London: Faber, 1954. Orig. pub. as *Le Modulor,* Paris Éditions d'Architecture d'Aujourd'hui, 1950.

— *Modulor 2*, London: Faber, 1955. Orig. pub. as *Le Modulor 11*, Paris Éditions d'Architecture d'Aujourd'hui, 1955.

— *The Chapel at Ronchamp*, London: Architecural Press, 1957.

— *Le Poème éléctronique*, Paris: Les Cahiers Forces Vives aux Éditions de Minuit, 1958.

— *My Work*, London: Architectural Press, 1960.

— *Le Corbusier Talks with Students*, New York: Orion, 1961. Orig. pub. as *Entretien avec les étudiants des écoles d'architecture,* Paris: Denoel, 1943.

— *Mise aus Point*, Paris: Éditions Forces Vives, 1966.

— *The Radiant City*, London: Faber, 1967. Orig. pub. as *La Ville radieuse*, paris: Éditions de l'Architecture d'Aujourd'hui, 1935.

— *Urbanisme*, Paris: Editions Arthaud, 1980. Orig. pub. 1925.

— *Sketchbooks Volume 1*, London: Thames & Hudson, 1981.

— *Sketchbooks Volume 2*, London: Thames & Hudson, 1981.

— *Sketchbooks Volume 3, 1954-1957*, Cambridge, MA: MIT Press, 1982.

— *Sketchbooks Volume 4, 1957-1964*, Cambridge, MA: MIT Press, 1982.

— *Towards a New Architecture*, London: Architectural Press, 1982. Orig. pub. as *Vers une Architecture*, Paris: Crés, 1923.

— *The Decorative Art of Today,* London: Architectural Press, 1987. Orig. pub. as *L'Art decoratif d'aujourd'hui*, Paris: Crès, 1925.

— *Journey to the East*, Cambridge, MA: MIT Press, 1987. Orig. pub. as *Le Voyage d'Orient*, Paris, 1966, 1987.

— *Le Poème de l'angle droit*, Paris: Éditions Connivance, 1989. Orig. pub. 1955.

— *Precisions on the Present State of Architecture and City Planning*, Cambridge, MA: MIT Press, 1991. Orig. pub. as *Précisions sur état present d l'architecture et de l'urbanisme*, Paris: Crès, 1930.

Le Corbusier and De Fayet, 'Bauchant,' Esprit Nouveau, 17, 1922.

— and Jeanneret, P., *Oeuvre Complète Volume 2, 1929-1934*, Zürich: Les Éditions d'Architecture, 1995. Orig. pub. 1935.

— and Jeanneret, P., *Oeuvre Complète Volume 1, 1910-1929*, Zürich: Les Éditions d'Architecture, 1995. Orig. pub. 1937.

— and Jeanneret, P., *Oeuvre Complète Volume 3, 1934-1938*, Zürich: Les Éditions d'Architecture, 1995. Orig. pub. 1938.

— *Oeuvre Complète Volume 4, 1938-1946*, Zürich: Les Éditions d'Architecture, 1995. Orig. pub. 1946.

— *Oeuvre Complète Volume 5, 1946-1952*, Zürich: Les Éditions d'Architecture, 1995. Orig. pub. 1953.

— *Oeuvre Complète Volume 6, 1952-1957*, Zürich: Les Éditions d'Architecture, 1995. Orig. pub. 1957.

— *Oeuvre Complète Volume 7, 1957-1965*, Zürich: Les Éditions d'Architecture, 1995. Orig. pub. 1965.

Liddell, H.G., and Scott, R., *A Greek-English Lexicon*, Oxford: Clarendon, 1961.

Loach, J.,'Le Corbusier and the Creative use of Mathematics', *British Journal of the*

History of Science, 31, 1998, pp. 185–215.
— 'Jeanneret becoming Le Corbusier: Portrait of the Artist as a Young Swiss', Journal of Architecture, 5, 2000, pp.91–99.
McEwan, I.K., Socrates Ancestors, Cambridge, MA: MIT Press, 1993.
McLeod, M. 'Urbanism and Utopia: Le Corbusier from Regional Syndicalism to Vichy', Dphil Thesis, Princeton, 1985, p.245.
Mahler, M., On Human Symbiosis and the Vicissitudes of Individuation, New York: International Universities Press, 1968.
Menin, S., Relating the Past: Sibelius, Aalto and the Profound Logos, Unpub. PhD thesis, University of Newcastle, 1997.
— 'Aalto and Sibelius, 'Children of the Forest's Mighty God", in A. Barnett, (ed.), The Forest's Mighty God, London: UK Sibelius Society, 1998, pp. 52–59.
— 'Soap Bubbles Floating in the Air', in Sibelius Forum, Second InternationalJean Sibelius Conference 1995, Helsinki: Sibelius Academy, 1998, pp.8–14.
— 'Fragments from the Forest: Aalto's Requisitioning of Forest Place and Matter', Journal of Architecture, 6, 3, 2001, pp.279–305.
— 'Aalto, Sibelius and Fragments of Forest Culture', Sibelius Forum, Third International Jean Sibelius Symposium, Helsinki: Sibelius Academy, 2002.
Mikkola,K., 'Aalto the Thinker', Arkkitehti, 7/8, 1976, pp.20–25.
— Aalto, Jyväskylä: Gummerus, 1985.
Miller, W., 'Thematic Analysis of Alvar Aalto's Architecture', A & U, October 1979, pp. 15–38.
Milner, M., On Not Being Able to Paint, London: Heinemann Educational, 1950.
Moholy-Nagy, L., The New Vision, Chicago: Institute of Design, 1947. Orig. pub. in 1930.
Mosso, L., Alvar Aalto. Catalogue 1918-1967, Helsinki: Otava, 1967, p. 129.
Naegele, D., 'Photographic illusionism and the New World of Space' in M. Krustrup (ed.) Le Corbusier, Painter and Architect, Aalborg: Nordjyllands Kunstmuseum, 1995.
Norberg-Schuiz, C., Genius Loci: Towards a Phenomenology of Architecture, New York: Rizzoli, 1980.
Ochse, R.E., Before the Gates of Excellence: The Determinants of Creative Genius, Cambridge: Cambridge University Press, 1990.
Ott, R., 'Surface and Structure', in M. Quantrill and B. Webb (eds), The Culture of Silence, Architecture's Fifth Dimension, Texas: A & M University Press, 1998.
Paatero, K., 'Vuoksenniska Church', in T. Tuomi, K. Paatero and E. Rauske (eds) Alvar Aalto in Seven Buildings, Helsinki: Museum of Finnish Architecture, 1999, pp. 113–115.
Pallasmaa, J.,'The Art of Wood', in The Language of Wood, Helsinki: Museum of Finnish Architecture, 1989, p. 16.
— Villa Mairea, Helsinki: Mairea Foundation and Alvar Aalto Foundation, 1998.
Pauly, D.,' The Chapel of Ronchamp', AD Profile 55, 7/8, 1985, pp.30–37.
Petit, J., Le Corbusier Lui-Même, Paris: Forces Vives, 1970.
Pevsner, N., An Outline of European Architecture, London: Pelican, 1982.
Phillips, A., Winnicott, London: Fontana, 1988.
Pianizzola, C., 'Sole e Tecnologia per una Architettura della Luce', unpublished thesis, Istituto Universitario Architettura Venezia, 1996.
Pico della Mirandola, G., On the Dignity of Man, Indianapolis: Hackett, 1998. Written in 1486.
Pietilä, R., 'A Gestalt Building', Architecture and Urbanism, May 1983, Extra Edition, 12.
— 'Architect's Approach to Architecture', in M.-R. Norri, R. Connah, K. Kuosma and A. Artto, Pietilä: Intermediate Zones in Modern Architecture, Helsinki: Museum of Finnish Architecture, 1985.
— 'Influences', in M.-R. Norri, R. Connah, K. Kuosma and A. Artto, Pietilä: Intermediate Zones in Modern Architecture, Helsinki: Museum of Finnish Architecture, 1985.
Plato, Symposium, in S. Buchanan (ed.) The Portable Plato, Harmondsworth: Penguin, 1997.
— The Republic III, in S. Buchanan (ed.) The Portable Plato, Harmondsworth:

Penguin, 1997.

Porphyrios, D., 'The Burst of Memory: An Essay on Alvar Aalto's Typological Conception of Design', *Architectural Design,* 49, 5/6, 1979, p. 144.

— *Sources of Modern Eclecticism: Studies of Alvar Aalto*, London: Academy Editions, 1982.

Pottecher, F., 'Que le Fauve soit libre dans sa cage', *L'Architecture d'Aujourd'Hui*, 252, 1987, pp. 58–66.

Provensal, H., *L'Art de Demain*, Paris: Perrin, 1904.

Rabelais, F., *Oeuvres Complètes*, Paris: Gallimard, 1951 in FLC.

Reed, P.,'Alvar Aalto and the New Humanism of the Postwar Era', in P. Reed, (ed.) *Between Humanism and Materialism*, New York: Museum of Modern Art, 1998, pp. 110–111.

Renan, E., *The Life of Jesus*, London: Watts, 1947.

Reunala, A., 'The Forest as an Archetype', special issue of *Silva Fennica*, 'Metsä Suomalaisten Elämäss', 21,4, 1987, p.426.

— 'The Forest and the Finns', in M. Engman *et al.*'*People, Nation, State*, London: Hurst, 1989, pp. 38–56.

Richards, J.M., *Memories of an Unjust Fella*, London: Weidenfeld & Nicholson, 1980.

Riikinen, K., *A Geography of Finland*, Lahti: University of Helsinki, 1992.

Rosenblum, R., *Modern Painting and the Northern Romantic Tradition*, London: Thames & Hudson, 1994.

Rüegg, A. (ed.) *Le Corbusier Photographs by René Burri: Moments in the Life of a Great Architect*, Basel: Birkhäuser, 1999.

Samuel, F.,'Le Corbusier, Women, Nature and Culture', *Issues in Art and Architecture*, 5, 2, 1998, pp. 4–20.

— 'Le Corbusier, Teilhard de Chardin and the Planetisation of Mankind', *Journal of Architecture*, 4, 1999, pp. 149–165.

— '*Orphism in the Work of Le Corbusier with Particular Reference to his Scheme for La Sainte Baume*,' PhD thesis, Cardiff University, 1999.

— 'The Philosophical City of Rabelais and St Teresa: Le Corbusier and Edouard Trouin's Scheme for St Baume', *Literature and Theology*, 13, 2, 1999, pp.111–126.

— 'A Profane Annunciation: The Representation of Sexuality in the Architecture of Ronchamp', *Journal of Architectural Education*, 53, 2, 1999, pp.74–90.

— 'Le Corbusier, Teilhard de Chardin and La planétisation humaine: spiritual ideas at the heart of modernism', *French Cultural Studies*, 11, 2, 32, 2000, pp. 163–288.

— 'Le Corbusier, Rabelais and the Oracle of the Holy Bottle', *Word and Image*, 17, 4, 2001, pp. 325–338.

Schildt, G., *Alvar Aalto: The Early Years*, New York: Rizzoli, 1984.

— *Alvar Aalto Sketches*, Cambridge, MA: MIT Press, 1985.

— *Alvar Aalto: The Decisive Years*, New York: Rizzoli, 1986.

— 'Alvar Aalto's Artist Friends', in T. Hihnala and P.-M. Raippalinna, *Fratres Spirituals Alvari*, Jyväskylä: Alvar Aalto Museum, 1991.

— *Alvar Aalto: The Mature Years*, New York: Rizzoli, 1992.

— *Alvar Aalto: The Complete Catalogue of Architecture, Design and Art*, London: Academy Éditions, 1994.

— *Alvar Aalto in his Own Words*, New York: Rizzoli, 1997.

Scully, V., *The Earth, the Temple and the Gods*, New Haven: Yale University Press, 1962.

Seiveking, A., *The Cave Artists*, London: Thames & Hudson, 1979.

Spate, V.,'Orphism', in N. Stangos (ed.) *Concepts of Modern Art*, London: Thames & Hudson, 1997.

St. John Wilson, C., *Architectural Reflections*, London: Butterworth, 1992.

— *The 'Other' Tradition of Modern*

Architecture, London: Academy Editions, 1995.

Standertskjöld, E., 'Alvar Aalto's Standard Drawings 1929–1932' in R. Nikula, M.-R. Norri, and K. Paatero (eds) *The Art of Standards, Acanthus*, Helsinki: Museum of Finnish Architecture, 1992, pp.89–111.

—'Alvar Aalto and Standardisation', in R. Nikula, M.-R. Norri, and K. Paatero (eds) *The Art of Standards, Acanthus*, Helsinki: Museum of Finnish Architecture, 1992, pp.74–84.

Stirling, J., 'Ronchamp: Le Corbusier's Chapel and the Crisis of Rationalism', *Architectural Review*, 119, 711, March 1956, pp. 155–161.

Storr, A., *The Dynamics of Creation*, Harmondsworth: Penguin, 1991.

— *Solitude*, London: Harper Collins, 1997.

Teilhard de Chardin, P., *L'Énergie Humaine*, Paris: Éditions du Seuil, 1962.

— *The Future of Man,* London: Collins, 1964.

— *The Appearance of Man*, London: Collins, 1965.

Treib, M.,'Aalto's Nature', in P. Reed (ed.) *Alvar Aalto Between Humanism and Materialism,* New York: Museum of Modern Art, 1998, pp.46–67.

Tuomi, T., Paatero, K. and Rauske, E. (eds) *Alvar Aalto in Seven Buildings*, Helsinki: Museum of Finnish Architecture, 1998.

Tuovinen, E. (ed.) *Alvar Aalto: Technology and Nature*, dir. Y. Jalander, New York: Phaidon Video, PHV 6050.

Turner, P., *The Education of an Architect*, New York: Garland, 1977.

Udovickl-Selb, D.,'Le Corbusier and the Paris Exhibition of 1937', *Journal of the Society of Architectural History*, 56, 1, March 1997, pp.42–63.

Venturi, R., *Complexity and Contradiction in Architecture*, London: Architectural Press, 1983.

Vernant, J.-P., *Mythe et Pensée chez les Grecs*, Paris: La Découverte, 1985.

Vogt, A.M., *Le Corbusier: The Noble Savage*, Cambridge, MA: MIT Press, 1998.

Walden, R. (ed.) *The Open Hand,* Cambridge, MA: MIT Press, 1982.

Weisberg, R.W., *Creativity: Beyond the Myth of Genius*, New York: W.H. Freeman & Co., 1993.

Wesse, H., 'Alvar Aalto', in *ARK*, 7–8, 1976, p.46.

Weston, R., *Alvar Aalto*, London: Phaidon, 1995.

Winner, E., *Invented Worlds*, Cambridge, MA: Harvard University Press, 1982.

Winnicott, D.W., 'Primitive Emotional Development', 1945, in *Collected Works*, London: Tavistock, 1958.

— 'Transitional Objects and Transitional Phenomena' 1951, in Winnicott, *Playing and Reality*, Harmondsworth: Penguin, 1971, p.26.

— *Collected Papers: Through Paediatrics to Psychoanalysis*, London: Tavistock, 1958.

— 'Cure', 1970. Repr. in D.W. Winnicott, *Home is Where We Start From: Essays by a Psychoanalyst*, Harmondsworth: Penguin, 1986.

— *Playing and Reality*, Harmondsworth: Penguin, 1971.

— 'The Concept of a Healthy Individual', in D.W. Winnicott, *Home is Where We Start From: Essays by a Psychoanalyst*, Harmondsworth: Penguin, 1986.

— *Home is Where We Start From: Essays by a Psychoanalyst*, Harmondsworth: Penguin, 1986.

Wogenscky, A., *Les Mains de Le Corbusier*, Paris: Éditions de Grenelle (no date).

I. žaknić, *The Final Testament of Père Corbu*, New Haven: Yale University Press, 1997.

译
后
记

Postscript

正如这本书开篇所说，这的确是一本很特别的专著。其特别之处，首先表现在由两位女性研究者针对两位男性建筑大师——勒·柯布西耶与阿尔瓦·阿尔托进行的专题研究，从历史、个性及才智等因素着手，探讨他们对自然的态度以及由此而生发的创造性工作取向；其次是将二人并置，逐一分析他们自身的性格特征及形而上的哲学观念，依托作品揭示他们将自然构筑于建筑核心的意图，据此进行"比较研究"。当然，本书的特别之处也表现在通过较系统地对比分析二人多种类型的创作，审视自然在他们的建筑中所扮演的角色，展现相近背景的两位建筑师在具体创作过程中所采取的迥异路径，从而提出对现代主义核心多样性的全新解读。

进行建筑师的比较研究，当然需要关注二人的可比性。他们都是出生于18世纪末的欧洲现代主义大师，都亲身参与了现代主义的探索与初创，包括参与国际现代建筑协会（CIAM）的早期活动。学生时代的阿尔托曾于1920年出国旅行，而此前勒·柯布西耶的壮行则更为著名。他们都经历了第二次世界大战的洗礼，甚至经受了战时来自不同势力的重压，表现出相似的软弱与妥协。他们都曾踏上美洲大陆，却都返回欧洲，坚持在本土从事设计实践。他们都是从新艺术运动的沃土中成长起来的。但随着年纪渐长，乱花迷眼的时尚风格并没有引发他们更多的眷顾，与同时期的现代主义大师类似，"勒·柯布西耶放弃，而阿尔托拒绝了新艺术运动形式的衣钵"。特别是后者，宁可从更为传统的新古典主义寻找路径。

在私人交往方面，勒·柯布西耶年长阿尔托十多岁。前者在社会中表现得更为积极，而阿尔托相对略显拘谨——互补的性格反倒使他们更容易结交彼此。从创作个性上，二人都不墨守成规，穷其一生都在寻求设计上更新的突破，从而在艺术生命中都展现出较明显的风格变化。而所有的变化都可以从他们对自然的态度中获得解释，也都从未背离与自然的关系。这些风格的变化也表现为战后二人对现代主义的反思。这对于远离欧洲大陆核心区域的阿尔托而言，更便于他我行我素地发展自己心目中的现代建筑；而勒·柯布西耶则"由某种在他自己所缔造的现代王国中被认作离经叛道的东西所驱动"，表现出更为直白的反叛。这些反思抑或反叛，在具体途径上都更远离某种柏拉图式的理念，而更真实地与滋养他们的自然相结合。

作为女性研究者，本书的两位作者的关注角度在很多层面迥异于男性，即便是对先前的研究者已普遍关注的童年经历，她们也会找到自己的焦点。作为母亲，她们关注两位大师的早期教育问题。她们利用唐纳德·温尼科特关于婴儿与母亲形象之间的"潜能空间"理论，认为两位母亲都无法真正为自己的儿子提供"足够好的"环境，从而形成充分的潜能空间。这促使两位大师在自然天地中寻找具有母性色彩的某个替代，而这种替代又以母婴游戏的方式激发了他们的创造性工作。

他们都生长于一个充满自然气息的环境，并且都有一个主动将他们带入自然的父亲。勒·柯布西耶的童年导师也引领他去做一个"丛林中的男人"，学习自然的"缘起、形态和勃发的生长……满怀激情地从当下的环境中学习"，从而鼓励他选择曾经惧怕的建筑作为自己的专业。随着实践中对建筑的理解日益深入，他们作品中与自然关系的表达也由单纯的细部装饰纹样，转变为更深层的构造处理。甚至从人类最基本的居住空间需求出发，类比自然中生命体发挥效能的最小形式，从而探索某种功能完备的住宅单元。

随着对住宅单元的思考不断成熟，两位建筑师也将其中的某些想法付诸设计实践，而别墅可以被视为一种最完备的居住细胞。相对于更早时期的欧洲建筑，萨伏依别墅与玛丽亚别墅表达出建筑师对周遭自然更深层的关照。从对基地秀美景致的呵护，到建筑师赋予其形态的风土依据，以至西方哲学源头中四大元素的应用，无不映射出建筑师童年便已熟识的丛林景象。

他们都曾深入思考自然中标准化单元的问题，勒·柯布西耶提出"多米诺体系"，而阿尔托推进为"灵活的标准化"。前者将这些住宅单元有机交融的典范之作无疑是以马赛公寓为代表的居住单元联合体。这源自他对英国"田园城市"的思考，并表现在他提出的若干现代城市模型以及以《明日之城市》为代表的论述中，表达出对于阳光、绿地与开放空间的坚守，以及自然与人工之间必要的交融。阿尔托的集合住宅实践就类型而言显得更为丰富。在苏尼拉纸浆厂住宅社区、考图阿住宅项目、麻省理工学院贝克宿舍楼，以至1958年开始的不来梅新瓦尔公寓大楼的设计中，他不断发展自己的自然理念。他对自己先前提出的灵活标准化原则念念不忘，在1957年的柏林住宅展览会中，他的设计更是"展现出最小尺度公寓的某些原则、灵活的标准化以及外向的房间或阳台"。阿尔托将其构思为一个"开放的中庭"（open atrium），意在沟通自然与建筑之源，并回溯历史。

他们对居住建筑中自然的思考也表现在各自使用的住宅设计中。勒·柯布西耶的自宅与工作室，严格意义上算是集合住宅的一部分。毗邻巴黎绿肺之一的布劳涅森林，表现出大自然的吸引力。小小的屋顶花园，更是自然力量的象征——它柔化了建筑的硬性轮廓，"风和阳光主宰了创作，半人工，半自然"。而对于室内空间，两位女作者从女人的曲线、胴体甚至子宫等更具性指向的象征提出解读。而建于同一时期的阿尔托自宅则采用完全不同的表达。它以现代建筑的结构方式围合出一个L形平面，立面局部覆以木质板条面层，以积极的方式与芬兰特有的自然环境进行对话。建筑基部设置绿化，常青藤生机勃勃的枝叶，恰到好处地柔化了建筑立面，并与花园中某种废墟般的空间构造形成鲜明对比，更凸显自然与人造环境之间的某种和谐，并为其赋予某种自然美学甚至伦理价值，成为一座根植于风土与自然的"现代涅梅莱农舍"。

除了上述位于各自首都边缘的自宅，书中还特别关注了他们于20世纪50年代初期设计的远离大城市的隐身之所。这一时期，他们相继进入自己的中老年阶段，经历了事业的探索，也感受到战乱的苦痛，从而引发其更深层人生观念的蜕变。勒·柯布西耶相信马丹角以某种方式与祖先根脉相连，选择那里为自己营造一个隐身之所，成为柯蒂斯所谓"高贵的野蛮人"。这个简单的小木屋极具对身体的关照，并且在建造中基于对模度理论的充分遵循，它的每个细部都合乎比例。

相比之下，位于莫拉特赛罗小岛上的夏季住宅同样沉浸于自然之中，成为阿尔托的一片世外桃源。他在外墙面、结构以及采暖方式等建筑设备方面进行了诸多专业测试，因而这里又被称作"实验住宅"。对此他曾描述，"亲近自然可以获得鲜活的灵感，不论形式还是建造"。除了以这些物质的方式亲近自然，这座湖岸边的隐身之所还以更深层的方式表达出阿尔托某些形而上的实验。高墙与建筑围合的庭院，宛如风土农庄的畜舍。其中的灶坑沿袭了远古自然中的火塘，同时也像是芬兰家庭中特有的"图帕"（tupa）空间，于是这个庭院又俨然变作一个"室外的房间"。此外，高高围墙的上下两部分处理，仿佛在废墟上生长出芬兰民间神圣的白桦林，表达源自然的生命思考；同时，也是形而上层面上自然所提供的最坚实的庇护。

他们二人都不是基督徒，也没有其他更为明显的宗教倾向。但正如每一个最平凡的人都可能有丰富、深邃的精神世界，通过创作，他们对于生命也具有超乎常人的形而上思考，这在教堂之类的项目中尤为凸显。并且在这些思考中，随处可见自然的身影。对于朗香教堂的标志性形态，作者追溯至1911年东方之旅中建筑师对于新教缺乏"感官体验"的反思；同时，叠加了更为古老的自然崇拜。作者认为奉献给玛丽亚的这座建筑，融入了对抹大拉的玛丽亚的崇拜，并同时奉献给勒·柯布西耶的母亲玛丽以及他的妻子伊冯娜。而建筑形态中对于女性意象更深层的表达，存在于某些细部之中。教堂后部向外出挑一件硕大丰满的滴水构件，作者认为是一对抽象的乳房，将水注入下面宛若子宫的储水箱。而另一个子宫的意象来自忏悔室，那部分墙体外凸，仿佛是孕妇隆起的腹部。以超越宗教且更为自然的方式，信众被召唤进去，因忏悔而重获新生。

阿尔托在教堂建筑中对于自然的表现则完全不同。他最著名的位于武奥克森尼斯卡的三位一体教堂建在密林之中，建筑的外部界面不动声色地与自然紧密贴合。而在室内空间中，阿尔托利用机械手段以两面活动隔墙将大厅划分为三个部分，而每一部分都形成一个独立的洞穴空间。如同其他作品，阿尔托一如既往地发掘建筑在深层功能方面的潜能，例如声音与自然采光的精心设计。于是构成均匀的室内自然声场，而由天窗投射进来的阳光则成为类似木材、石材的建筑材料，并被赋予预想的形态。这个教堂还具备令人津津乐道的"模糊性"，由此实现了人性化的极致。它的内外呈现两种形态感受：外部是金属质感冷峻、硬朗的直线条，宛如男性的面孔；而内部则是由曲面构成的明亮、温柔的连续洞穴，仿佛阴柔的女子。内外之间的"中间介质"对于使用者而言不露声色，对于研究者却充满技术上的神秘感。信众步入教堂的过程，是从现实场域经由"中间介质"而进入一个神性充盈的空间，似乎骤然间超脱凡尘。另外，"模糊性"还表现在某些细部节点的处理上。阿尔托特意抹除某些纯功能性的痕迹，表现出更为人性化的妥协，将一个纯技术性的功能节点转化为几个不同功能复合的空间形态，从而化解了原本硬性相交的技术感，以某种更趋自然的温和态度顺从于室内空间的性格特质。

自然的主题本身就具有多样的侧重点，本书作者以女性的视角，由两性之间的自然关系作为切入点，似乎表现出东方天地阴阳观念的色彩。但她们所使用的研究方法，却完全是由西方理念所主导的。从反方向更深层的角度审视，自然不仅为两位建筑师的作品提供了可以参照的范例，更可作为他们创造行为本身的极致典范，"两位建筑师将他们的设计看作某个有机过程的产物"。而自然本身的万千变化，加上东西方文化借由自然而形成的深层交融，更成为他们可资参照的不尽泉源，由此构成了现代主义建筑核心的异彩纷呈。

诚如每一部优秀的著作都不可能尽善尽美，这本书中仍存在一些值得深入探讨的内容。比如书中多次提到多米诺体系，但都是作为一个概念匆匆带过。而我恰恰认为多米诺体系代表着勒·柯布西耶建筑思想中最积极的生长性，它可以如植物覆盖大地一般，在一定的基址范围内蔓延开来，并且以某种有机的方式勾连彼此，形成如生命般的一个更大系统。这显然是自然属性在生长机理上的表现，并且在当下的空间设计中仍不乏生命力。再如勒·柯布西耶晚年设计的位于苏黎世的展亭，更是以直观的方式表达了书中多次提及的一天二十四小时意象，但书中对此却只字未提。

而对阿尔托的赛于奈察洛城镇中心项目，不论是未全部建成的规划方案，还是已建成的中心办公综合体建筑，都与那个芬兰中部小岛上的自然状态存在密切关系。并且作为他事业成熟的"红色时期"的代表作品，这个项目必然蕴含着阿尔托对于自然与生命的更多深层思考，但书中也并未对其给予足够的讨论。当然，以两位建筑师无比丰厚的设计遗产，或许一本书都不可能穷尽针对所有作品的相关议题。两位女作者以她们特有的细腻、缜密，加上她们充满魅力的叙事才华，已经为我们提供了一本充实而又极具可读性的论著。

本书作者之一的萨拉·梅宁在攻读博士学位期间曾完成了针对阿尔托和西贝柳丝相似之处的研究，在本书中更侧重对阿尔托的研究。弗洛拉·塞缪尔则以针对勒·柯布西耶在圣波美项目的研究获得博士学位，在本书中更多负责关于后者的部分。她坚持自己的视角，曾撰写专著首次深入探讨女权主义对勒·柯布西耶作品的重要影响，成为相关专业研究的重要补充。

杨绛先生认为翻译是一项苦差，"因为一切得听从主人，不能自作主张。而且一仆二主，同时伺候着两个主人：一是原著，二是译文的读者"。本书翻译历经数载，心中随时想着这两个主人，个中甘苦自不待言，好在任何研究都可以苦中作乐。同济大学朱晓明教授认为，翻译的过程使人更容易潜心完成深入的研究型阅读。翻译本书无疑就是一个抽丝剥茧、不断深入的研究过程。甚至随着译文的进展，我也开创出更大的研究面，在苦苦追索中乐不思返。面对语言技巧颇高的原著，随着翻译的不断深入，我甚至会被引入与原著作者之间的某种"比拼"；很显然，对方先出招。我此刻绝非被动应付，而是迅速以自己对语言的驾驭将原文内容尽可能准确地表达出来，积极应对。尽管是专业性原著，透过行文间的语气，我也需敏感察觉文字节奏以至情绪的变化，跟随着作者起承转合。或一时兴起，原著文本随时会挥洒出一片华彩。此刻我也会被瞬间激发，积极调动语言策略，以图更巧妙地拆解。当然更会陷入冥思苦想，只因自己随时记得，翻译的高妙永远建立在充分尊重原文的基础上，甚至恰是以最充分的尊重才得以表现。于是在这种苦乐交织的表达中，体验语言快感。本书原著文字精妙，不乏各种技巧，甚至会有谐音之类的语言游戏，从多种角度体现了作者的用心（甚至是女性作者特有的细密用心），表达出精深、微妙的专业内容——所有这些，都构成了本书翻译过程中的挑战与乐趣。

书中某些专业术语，若在日常使用中会相对随意，但作为译著须保证足够的规范，于是反复推敲。例如Unité d′ Habitation in Marseille依据习惯译作"马赛公寓"，但类似的公寓在欧洲不同地方还有几座，当原文以Unité d′ Habitation讨论的时候，就需要对于Unité一词进行甄别——是更倾向于unit（单元）之意，还是强调unite（联合）？在仔细请教了相关专业的法语、英语研究者后，我认为两种含义都存在，于是综合译作"居住单元联合体"。书中人名、地名等的音译，先前都有习惯译法，但如今已有更为规范的译法，于是都依规调整。如László Moholy-Nagy，先前更多译为"拉兹洛·莫霍利-纳吉"，现改为"拉斯洛· 莫霍伊-纳吉"；再如Paimio，先前译作"帕米欧"或"派米欧"，本书改为"帕伊米奥"。此外，由于英语并非两位建筑师的母语，而原著作者却以英语写作，因此某些内容本身就是翻译后的结果，难免已出现偏差。更由于本人的浅薄与疏漏，在理解及转译的过程，虽尽可能多地参照相关通行译本，也难免谬以千里，敬请读者谅解并不吝赐教。

我深知翻译的艰辛，更由于首次尝试整本书的翻译，不敢假手他人。但在整个过程中，欧阳蒿菁、倪璇、金成等三位研究生都陪伴着我。每每遇到一些需要推敲的困惑，都会请他们帮忙权衡。当然也会随时将一些翻译中的喜悦与他们分享，请他们成为第一批读者。在学校翻译过程中的喜悦，也会第一时间被相邻办公室的李影、沈一岚两位老师感受到，成为相伴共事中难忘的时光。

感谢朱晓明、刘磊、牛燕芳、王志磊、徐利、莫一骏等朋友在我遇到具体困难时的悉心鼓励与鼎力相帮！获得大家帮助所克服的困难，绝对超出我个人的能力范围。

感谢段卫斌、褚军刚、姜珺等老师的大力支持！承蒙一直以来的襄助与关照，才令我得以妥善处理教学与研创之间的平衡，受赐良多。

特别感谢张建等各位编辑！纸质校样中细致入微的各色笔迹一定让我终生难忘。感谢诸位老师悉数发现翻译文字中深藏的错讹，并提出让我信服的调整意见。若非诸位的慧眼，鲁鱼亥豕之误或难尽数。

还要感谢全程关注、指导本书的翻译，并在疫情期间认真提供"中文版序"的原著作者弗洛拉·塞缪尔教授！

本书献给各位读者，特别奉献给上面提到与未提到的各位提携者！

最后，也将本书献给母亲、胞妹与甥女顺顺。

李铮

2021年11月于上海

著作权合同登记图字：01-2019-1337号

图书在版编目（CIP）数据

自然与空间：阿尔托与勒·柯布西耶/（英）萨拉·梅宁（Sarah Menin），（英）弗洛拉·塞缪尔（Flora Samuel）著；李辉译.—北京：中国建筑工业出版社，2021.9

书名原文：Nature and Space: Aalto and Le Corbusier

ISBN 978-7-112-26355-4

Ⅰ.①自… Ⅱ.①萨… ②弗… ③李… Ⅲ.①勒·柯布西耶－建筑设计－研究 ②阿尔瓦·阿尔托－建筑设计－研究 Ⅳ.①TU201

中国版本图书馆CIP数据核字（2021）第150267号

责任编辑：张　建　董苏华
书籍设计：张悟静
责任校对：赵　菲

自然与空间
阿尔托与勒·柯布西耶
Nature and Space: Aalto and Le Corbusier
［英］萨拉·梅宁（Sarah Menin）　弗洛拉·塞缪尔（Flora Samuel）　著
李　辉　译
＊
中国建筑工业出版社出版、发行（北京海淀三里河路9号）
各地新华书店、建筑书店经销
北京锋尚制版有限公司制版
天津图文方嘉印刷有限公司印刷
＊
开本：889毫米×1194毫米　1/32　印张：12⅛　插页：18　字数：293千字
2022年3月第一版　2022年3月第一次印刷
定价：89.00元
ISBN 978-7-112-26355-4
（37774）